U0173646

王鲁辛　著

川北地区道教宫观建筑思想及历史文化研究

儒道释博士论文丛书

巴蜀书社

《儒道释博士论文丛书》编委会

《儒道释博士论文丛书》由上海城隍庙和北京东岳庙资助出版

《儒道释博士论文丛书》缘起

国家“985 工程”四川大学宗教、哲学与
社会研究创新基地首席科学家
《儒道释博士论文丛书》
编委会主编　卿希泰

儒道释是中华民族传统文化的三大支柱，源远流长，内容丰富，影响深远，它对中华民族的共同心理、共同感情和强大凝聚力的形成与发展，均起了极其重要的作用，是我们几千年来战胜一切困难、经过无数险阻、始终立于不败之地的精神武器，在今天仍然显示着它的强大生命力，并在新的世纪里，焕发出更加灿烂的光彩。

自从 1978 年中国共产党第十一届三中全会确立改革开放路线以来，我国对儒道释传统文化的研究工作，也有了很大的发展，在全国各地设立了许多博士点，使年轻的研究人才的培养工作走上了有计划有组织地进行的轨道，一批又一批的博士毕业生正在茁壮成长，他们是我国传统文化研究方面的一支强大的新生

力量，是有关各学科未来的学术带头人。他们的博士学位论文有一部分在出版之后，已在国内外的同行学者中受到了关注，产生了很好的影响。但因种种原因，学术著作的出版甚难，尤其是中青年学者的学术著作出版更难。因此还有相当多的博士学位论文难以及时发表。不及时解决这一难题，不仅对中青年学者的成长不利，且对弘扬中华优秀传统文化，促进学术交流也不利。我们有志于解决此一难题久矣，始终均以各种原因未能如愿。直到1999年，经与香港圆玄学院商议，喜得该院慨然允诺捐资赞助出版《儒道释博士论文丛书》，当年即出版了第一批共5本博士学位论文。此后的10余年间，在圆玄学院的鼎力支持及丛书编委会同仁的共同努力下，一批又一批优秀的博士学位论文通过这个平台展现在世人面前，到2013年，已出版了15批共130部；这些论著的作者，有很多已经成长为教授、博士生导师。2014年，圆玄学院因自身经济方面的原因，停止资助本丛书，我们深感遗憾，同时也对该院过往的付出与支持致以敬意和感谢！

令人欣慰的是，当陈耀庭教授得知本丛书陷入困境的消息后，即与上海城隍庙商议，上海城隍庙决定慷慨施以援手。2015年，慈氏文教基金有限公司董事长王联章先生也发心资助本丛书。学术薪火代代相传，施善之士前赴后继。在党中央弘扬中华民族优秀传统文化的英明决策指引下，本丛书必然会越办越好，产生它的深远影响。

本丛书面向全国（包括港澳台地区）征稿。凡是以研究儒、道、释为内容的博士学位论文，皆属本丛书的出版范围，均可向本丛书的编委会提出出版申请。

本丛书的编委会是由各有关专家组成，负责审定申请者的博士学位论文的入选工作。我们掌握的入选条件是：(1) 对有关学科带前沿性的重大问题做出创造性研究的；(2) 在前人研究的基础上有新的重大突破、得出新的科学结论从而推动了本学科向前发展的；(3) 开拓了新的研究领域、对学科建设具有较大贡献的。凡具备其中的任何一条，均可入选。但我们对入选论文还有一个最基本的共同要求，这就是文章观点的取得和论证，都须有科学的依据，应在充分占有第一手原始资料的基础上进行，并详细注明这些资料的来源和出处，做到持之有故、言之成理，避免夸夸其谈、华而不实。我们提出这个最基本的共同要求，其目的乃是期望通过本丛书的出版工作，在年轻学者中倡导一种实事求是地、一步一个脚印地进行学术研究的严谨学风。

由于编委会学识水平有限和经验与人力的不足，难免会有这样或那样的失误，恳切希望能够得到全国各有关博士点和博士导师以及博士研究生们的大力支持和帮助，对我们的工作提出批评和建议，加强联系和合作，给我们推荐和投寄好的书稿，让我们一道为搞好《儒道释博士论文丛书》的出版工作、为繁荣祖国的学术文化事业而共同努力。

2015年10月1日于四川大学宗教、哲学
与社会研究创新基地，道教与宗教文化研究所

编委会按：2017年，慈氏文教基金有限公司因自身原因中止资助，其资助金额由北京东岳庙管委会慷慨承担，谨此致谢。

目 录

序

道教与中国传统社会生活有着鲜活的联系。人们常说，理论是灰色的，而生命之树常青！生命之树之常青常新，得益于鲜活的生活之水浇灌。孟子有云："民非水火不生活。"中文"生活"一词的本义原指"生存"和"活计"，而在英文中，生命与生活本是同一个词 Life。可见生命与生活密不可分。承载着数千年历史积淀的古老道教文化，扎根于中华沃土之中，不仅与中国社会的精英文化生活耦联，而且渗入到普通民众的日常生活习俗当中。离开了时代社会火热的生活，道教文化的生命力和现实意义就无从谈起。因此，社会生活始终是古老道教文化赖以生存和发展的"道机"与"道理"。

同时，我们要意识到，这种耦联关系不仅仅是指在时间维度上而言，道教文化元素与古代社会乃至现代民众生活习俗有机契合；同时，在空间维度上，也阐明道教堪舆思想、仙居意识深刻影响了中国本土社会人居环境的选择与构建。

在漫长历史长河中汇流而成的道教建筑思想与法式十分宏富，影响至今。从建筑思想理念出发这一视角来审视和挖掘古老道教文化的现代意义就显得尤为必要。道教建筑是目前国内外道教学术研究高度关注的前沿课题，虽说这一领域学界已有一些成果，例如吴保春博士的《天师府道教建筑思想研究》等，但是从地域文化史角度来梳理道教建筑思想的历史形成及其影响尚未多见，呈现在读者面前的王鲁辛博士论文就是在这一领域进行的开拓之作。

衣食住行是人类须臾不可或缺的四大基本要素。从人类建筑学发展的历史来考察，住宅是历史上最早出现的建筑类型，也是最普遍和数量最多的类型。《周易·系辞》云："上古穴居而野处，后世圣人易之以宫室，上栋下宇，以待风雨。"我国境内已知最早的人类住所是北京猿人居住的岩洞。旧石器时代原始人居住的岩洞在辽宁、贵州、广东、湖南、浙江、福建等地也有发现，可见天然洞穴是当时被利用作为住所的一种较普遍方式。从穴居到土楼，人类建筑技术在时空隧道中发生了质的飞跃。在我国古代文献中，曾记载有巢居的传说，如《韩非子·五蠹》云："上古之世，人民少而禽兽众，人民不胜禽兽虫蛇，有圣人作，构木为巢，以避群害。"《孟子·滕文公》亦云："下者为巢，上者为营窟。"据此可推测，巢居也可能是地势卑下潮湿而多虫蛇的地区被采用过的一种原始居住方式。在漫长的岁月里，我们的祖先从艰难地建造穴居和巢居开始，逐步掌握了营建地面房屋的技术，创造了原始的木架建筑，满足了最基本的居住需求。

唐宋时期中国建筑选址技艺已形成两大流派，即江西形法派与福建理气派。这两大流派与道教文化的关系都很密切，其中江西形法派的祖师杨筠松及其门徒多为道门中人。

形法派也称形势派、峦头派，其堪舆理论侧重于观测山川地势，以寻找龙、穴、砂、水、向为主要目标，该派创始人为杨筠松，主要代表人物还有曾文遄、赖大有、谢子逸等。关于杨筠松的生平事迹，历代地理著作多有记述。据《地理正宗》记载，杨筠松“字叔茂，窦州人。寓江西，号‘救贫先生’。作《疑龙经》《撼龙经》《立锥赋》《黑囊经》《三十六龙》等书”①，另据《江西通志》所载，杨筠松，唐代窦州人，唐僖宗朝国师，曾掌灵台地官之职，官至金紫光禄大夫。后因黄巢之乱，避难南迁江西，居于赣州，“以地理术行于世，称救贫仙人是也。卒于虔。葬雩中药口”。关于这一经历，《葬书新注序》也记述颇详：“在唐之时，杨翁筠松与仆都监，俱以能阴阳录司天监。黄巢之乱，翁窃秘书中禁术与仆自长安来，奔至赣州宁都怀德乡，遂定居焉。后以其术传里人廖三，廖传其子禹，禹传其婿赠武功郎谢世南，世南复传其子武功大夫惠州巡检使永锡，遂秘不授云。”从上述记载内容来分析，杨筠松乃唐末因躲避战乱自长安而迁居江西赣州的客家人，其堪舆之术在江西一带代有传承，被后人称为江西派。杨筠松的堪舆思想以强调山龙络脉形势为特色，在中国堪舆理论流派中自成体系，产生了广泛的影响。《四库全书》术数类收有旧题唐杨筠松撰的堪舆著作《撼龙经》一卷、《疑龙经》一卷、《葬法倒杖》一卷、《青囊奥语》一卷、《天玉经内传》三卷、《天玉经外编》一卷。四库馆臣在提要中有一番点评：“《撼龙经》专言山龙落脉、形势，分贪狼、门、禄存、文曲、廉贞、武曲、破军、左辅、右弼九星，各为之说。《凝龙经》上篇言干中寻枝，以关局水口为主；中篇论寻龙到头，看

① 《地理正宗》，《古今图书集成》卷六七九。

面背朝迎之法；下篇论结穴形势，附以疑龙十问，以阐明其义。《葬法》则专论点穴，有倚盖撞沾诸说，倒杖分十二条，即上说而引伸之附二十四砂……"① 杨筠松的堪舆著作奠定了形势派堪舆理论基础，以其堪舆思想为核心，后来发展出一整套系统的选择住宅外界自然环境的"地理五诀"堪舆法术，即所谓寻龙认脉、察砂、观水、点穴、立向。这一套堪舆方法也成为民间在迁涉过程中选择村落定居点和布局的总体指导原则。

唐代，江西赣州领赣县、虔化、雩都、南康、大庾、信奉、安远等七县，杨筠松自长安来到此地后，便开始寻龙认脉，从事堪舆活动，并授徒传术，因其术高明，被世人呼为救贫仙人。今天赣州市沙河乡的杨仙岭、于都县宽田乡的杨公坝等地都留下了关于杨救贫为客家移民寻龙察砂、观水点穴的遗迹，并且人们将各种镇宅符称杨公符。从"救贫仙人"这一称号及杨筠松在堪舆活动中使用各种镇宅符看，种种迹象表明杨筠松堪舆术的道教色彩很浓。

曾文辿是杨筠松的入室弟子，江西雩都人，对天文、秘纬、黄庭内景之书，靡所不究，而尤精于地理，著有《阴阳问答》《寻龙记》等堪舆著作。值得一提的是四库馆臣考证出曾文辿传授杨筠松之术给高道陈抟："旧本（指《青囊奥语》一卷及《青囊序》）题唐杨筠松撰，其序则题杨筠松弟子曾文辿所作，相传文辿赣水人，其父求已，先奔江南，节制李司空辟行南康军事。文辿因得杨筠松之术，后传于陈抟，是书即其所授师说也。"② 由此可知，曾文辿与其师杨筠松一样，也是寓居江西的客家人。

① 《四库术数类丛书》六，上海：上海古籍出版社，1990年，第39—40页。
② 《四库全书总目（提要）·子部·术数考》。

陈抟是五代宋初华山名道士，曾经作《无极图》和《先天图》，其《无极图》被邵雍演绎为“象数”体系。曾文辿传授陈抟堪舆之术，这无可置疑地表明了杨筠松、曾文辿一系堪舆术的道教色彩。

据《堪舆集成·名流列传》的记载①，出自杨筠松门下的还有赖文俊、范越凤、厉伯绍、刘淼、叶七、邵庭监等人。赖文俊是宁都人，曾文辿婿，精地理，人呼赖布衣，著有《催官篇》，以天星阐龙穴砂水之秘，是江西形法派的第三代传人。赖文俊不仅在江西一带活动，还深入到福建客家地区为人相地立基，人称“先知山人”，是有名的堪舆师。赖文俊传曾十七。范越凤，字可仪，号洞微山人，缙云人，作《寻龙入式歌》。范越凤传苏粹明、丘延翰②、方十九、张五郎等。江西形法派的第四代传人是丁珏，第五代传人则是濮都监，濮都监乃道门中人。按《地理正宗》记载：“濮都监名应天，字则巍，号昆仑子。世居赣，荐太史不就。为黄冠师，作《雪心赋》。”③ 濮都监所作的《雪心赋》是道教堪舆的重要文献之一。这些堪舆师所代代相传的杨筠松堪舆术成为客家土楼营造不可或缺的理论指导原则；他们所制作的堪舆符，为客家人所沿用至今。尤其是杨筠松的杨公符，在土楼的“厌镇法术”方面被广为应用，而杨筠松本人也被客家人尊奉为土楼的保护神——杨太伯公，他与土地神一道受到民

---

① 《堪舆集成·名流列传》，《堪舆集成》第2册，重庆：重庆出版社，1994年，第312页。

② 《山西通志》记载：“丘延翰，闻喜人。……游太山于石室中，遇神人授玉经，即海角经也。洞晓阴阳，依法扦择，罔有不吉。”

③ 《堪舆集成·名流列传》，《堪舆集成》第2册，重庆：重庆出版社，1994年，第313页。

间社会的顶礼膜拜。

理气派也称方位派，本于八卦五行之学，取八卦五行以定生克之理，其说重卦例推算而轻地形观测。清人赵翼在《陔余丛考》中曾这样评价道："一曰屋宇之法，始于闽中，至宋王伋乃大行，其为说主于星卦，阳山阳向，阴山阴向，纯取五星八卦，以定生克之理。"这明确点出了理气派强调五行八卦、方位理气的特点。理气派堪舆术源起于秦汉间，《易经》卦象以及汉代流行的六壬法式奠定了其基本的理论基础，至赖文俊等人始集其大成。宋以后随着罗盘的广泛应用，方位理气之法颇为兴盛，尤以福建地区流行最广，故又称理气派为福建派。

值得特别说明的是，福建派堪舆术的创始人王伋也是一位民间道士，据文献记载："伋字卿，一字孔彰。其先人，祖讷，因议王朴金鸡历有差，众排之，贬居江西赣州。"王伋祖辈原籍中原，后贬居江西赣州。王伋本人因科举失意，遂弃家浪迹江湖，后居福建的建瓯，据说他凭借其堪舆术使其迁居地出了何太宰诸人，因此声名大振。值得一提的是，王伋所传授的堪舆术"纯取五星八卦"之法，源出于江西派的传统方法；而宋元时期的理气派堪舆著作亦多出自江西堪舆师之手。理气派的理论基础是太极阴阳八卦原理，其主要方法有五星相宅、九星相宅、游年变等，且将罗盘作为测定"气理"方位的必要工具。宋代以后，以福建为中心逐渐向浙江、广东、安徽等地传播，许多地方的民居如八卦门、"巽门"等都是受该派"方位理气"堪舆观念影响的结果。

江西派和福建派在堪舆理论上各有其特点，一个讲求"峦头形势"、一个强调"气之方位"。形势派从早期的选择地形、地势及环境条件出发，建立了自己的堪舆体系；而理气派从气、数、理的关系出发，希望寻得人与自然天理之间的某种规律和联系，达到人与环境间的气、理通畅，从而获得有利人类生活的“理想环境”；形势派与理气派并非决然对立，二者之间存在着共通之处，例如二者都注重“气”与“生气”，只不过形势派更注重“气之形”，而理气派强调的是“气之位”而已。讲求“气之位”与“气之形”在堪舆实践中是相互关联的。清代堪舆名著《地理辩证疏》中所提出的：“不知峦头者，不可与言理气，不知理气者，不可与言峦头。精于峦头者，其尽头工夫理气自合；精于理气者，其尽头工夫峦头自见。盖峦头之外，无理气；理气之外，无峦头也。夫峦头非仅龙穴砂水，略知梗概而已，必察乎地势之高下，水源之聚散，砂法之向世，龙气之厚薄……”① 实际上也的确如此，明清以降，形势派与理气派逐渐合流。土楼的选址、营造与布局，实际上是江西派与福建派堪舆理论综合运用的结果，道教堪舆师在土楼堪舆实践中，既操罗盘以定方位，又重视龙砂水穴与八卦方位的配合，其基本思想主干乃是《周易》所阐发的阴阳八卦原理。

冠居“群经”之首的《周易》，是我国现存最早的一部奇特的古代哲学专著，据《史记·孔子世家》所载，孔夫子读《易》“韦编三绝”，他深有感触地说：“加我数年，五十以学《易》，可以无大过矣。”《周易》所蕴含的丰富思想，对中国古代的社会政治、民俗文化产生了广泛的影响。正如四库馆臣所指出的：“《易》道广大，无所不包，旁及天文、地理、乐律、兵法、韵

① 引自刘沛林：《风水——中国人的环境观》，上海：生活·读书·新知三联书店，1995 年，第 86 页。

学、算术，以逮方外之炉火，皆可援《易》以为说。”① 阴阳八卦原理是川北道教宫观建筑布局的思想主干。此外，道教堪舆师受中国传统天人合一思想的影响，认为天地人相通，互为感应，天地是一个大宇宙，而人体则是一个小宇宙，将大地看作一个活生生的有机体，“大地有如人体”这正是道教一贯的看法。因此认为大地各部分之间是通过类似于人体的经络穴位相贯通的，“生气”是沿经络而运行的。如唐代曾文迪在《青囊正义》序言中说：“脉者呼吸之气，流贯百骸者为血，血脉相连，犹水不离气。”人体的穴位犹如大地之生气聚集之地，所以很多道教建筑多模仿人体结构进行内部空间布局，正是希冀以此来达到藏风聚气、获得“生气”之目的。

王鲁辛博士原来专业是建筑学，又在上海等地从事建筑规划设计工作多年，有比较扎实的建筑学知识背景。五六年前，鲁辛经过激烈竞争考入四川大学道教与宗教文化研究所，随我攻读道教研究方向博士研究生，在论文选题上，我就建议他选择一个可以结合其专业知识背景的研究课题，并且其将文献与田野结合起来，从区域角度来推进道教建筑历史文化学术研究。在川大学习期间，王鲁辛十分刻苦勤勉，克服了种种家庭生活困难，不畏辛劳，穿梭奔走在川东北的高山峻岭之中，探古访道，寻龙察脉，点线结合，围绕川北道教建筑历史脉络与法式特征，互证互释，终成此篇，顺利通过毕业答辩。

本书在篇章安排上体现了时空互补、多维视角、点面结合的理念。全书共分为五章，第一章从时间维度上梳理道教建筑的渊

① 《四库全书总目（提要）·易类小序》。

源、演变和成熟的历史过程。第二章至第五章均是从空间维度上结合川北地区的道教宫观建筑案例入手进行探究。第二章与第三章分别从道教建筑的营建思想和道教建筑空间神圣性的生成两方面来把握道教建筑的内蕴，它涉及道教建筑择址、布局、形制及道教宫观神像、壁画、楹联等多领域的内容。为了更好地阐释清楚其内在规律，此两章采用了多个案例交错结合的论证方式。第四章和第五章则属个案研究范畴，川北地区保存有不少具有历史文化价值的道教宫观，如梓潼七曲山大庙、三台云台观、南充舞凤山道观等，有必要对其渊源和流变过程进行专门研究。同时，川北地区道教文化又有着地域性、民俗性的特点，作者从这一角度分别选取南充和广元两地区进行深入田野调查研究。

本书有两个方面明显学术特色：一是，采用多维度视角，借助多学科交叉的方式展开理论建构；二是以大量的宫观样本为鲜活的第一手材料进行文化诠释。作者走访了川北地区几十处道教宫观，其中有相当大部分为乡间小庙，过去还未有相关学术界人士于此涉足，搜集到学界关注不够的第一手资料，例如广元朝天红庙子两通碑刻、明代墨本《云台胜纪》文本等；另本书中所有涉及川北地域的影像均是作者田野过程中拍摄所获。基于宏富的田野实物资料，作者试图达到对道教建筑更为透彻的理解和认识，从而为当下新的道教宫观建筑营建提供一些可以借鉴的方略，同时，我们也深信，读者诸君在阅读本书的过程中，可以获得不少有益的道教建筑思想的历史文化知识。当然，鲁辛的这部处女作也非十全十美，其对川北道教建筑历史脉络的梳理尚有缺环，书中对川北道教建筑内部形制思想的提炼、与其他地域道教建筑文化的比较等问题，还有待今后作者进一步深化完善。在本书即将面世之际，应作者之约，略述一二，是为序。

盖建民

辛丑初春于川大文科楼

导　言

一　本书选题因由和意义

改革开放四十年来，道学研究呈现出蓬勃发展的崭新态势，其领域已取得累累硕果。从这些成果看，研究热点主要集中在以下领域：在道教史方面，卿希泰先生主编有《中国道教史》四卷本，任继愈先生也主编有《中国道教史》上下册，汤一介先生著有《魏晋南北朝时期的道教》一书，樊光春著有《西北道教史》等。在道教文献研究整理方面，有陈国符先生的《道藏源流考》、任继愈先生的《道藏题要》、胡道静先生等编集的《道外藏书》、方勇主编的《子藏·道家部》等，另外，《中华续道藏》的编写正在如火如荼地开展中，可谓是当下最宏大的道教文献整理工程。在道教思想上，最大部头的著作当属卿希泰、詹石窗等先生编著的《中国道教思想史》。这一方面，道教研究分支学科也产生了不少成果，卢国龙的《道教哲学》、盖建民先生的《道教金丹派南宗考论：道派、历史、文献与思想综合研究》、张崇富的《上清派修道思想研究》等都是重要代表著作。

在道教医学养生领域，以胡孚琛先生的《内丹养生功法指要》、盖建民先生的《道教医学》、张钦教授的《道教炼养心理学引论》为代表。在道教斋醮科仪方面，有陈耀庭先生《道教礼仪》、张鸿懿《北京白云观道教科仪音乐研究》等重要成果。在道教器物研究上，有胡文和的《中国道教石刻艺术史》、王育成的《道教法印令牌探奥》等。

从这些研究热点领域出发，又结合本人之前土木工程专业和建筑行业学习工作背景以及博士期间就读的专业，笔者在导师盖建民先生建议下选择川北道教宫观建筑历史文化作为自己的学术研究方向。道教宫观建筑属于道教研究中道教形而下器物的研究范畴，但除了对其形制、功能做必要研究外，道教宫观建筑更是一种象征性符号，它是道教形而上思想和义理的具象物，因此，本书重点是对道教宫观建筑蕴含的哲学思想，及由此建构起的瑰丽多彩的道教文化进行深入揭示和探究。我国地域辽阔，其间分布的道教宫观建筑众多而零散，因此进行大范围的田野走访不现实，也不必要，笔者尽地利之便，主要选择川北地区的道教宫观建筑作为田野研究对象。川北地区历来是古代长安与成都两大城市间的交通要冲，著名的金牛古道贯穿其中，在长期的文化交流互动中，这一地区深受道教文化的浸润，留存有大量道教宫观资源，是研究道教建筑的难得素材。

关于道教宫观建筑的研究应是复合领域的。从建筑层面上讲，可以借此掌握目前川北地区道教宫观的地域分布情况，了解其建筑形制上的功能特点。更重要的是，以道教宫观建筑为引子，从其上挖掘出深厚的道学思想、儒学思想、古代的堪舆理论、古典建筑文化、道教艺术思想、道教史料以及当地道教文化和民间信仰特色等。正如鲁迅先生所说，“中国的根柢全在道教”，笔者希望通过自己的研究，对中国传统思想文化能获得更深入全面的理解，在当今“文化自信”的时代潮流下为传统文化、道学文化的繁盛添砖加瓦。

二　研究综述

《道藏》中多有涉及道教宫观建筑方面的内容，最系统论述的当属《洞玄灵宝三洞奉道科戒营始》，其中的《置观品》篇主要谈道教宫观各殿堂的布置轨仪以及需遵守的建筑形制要求，《立像品》篇主要谈道教宫观造像的制作仪范，《法具品》篇则谈宫观建筑内各道教法器的内涵及摆放要求。《天地宫府图序》与《洞天福地岳渎名山记》则从道教“洞天福地”胜境的角度来谈道教宫观建筑，为道教宫观的择址提供了指导性原则。《要修科仪戒律钞》与《真诰》中分别谈到二十四治治所与靖室的营建规制。《老君音诵诫经》《灵宝玉经》《太上洞玄灵宝本行宿缘经》《洞玄灵宝斋说光烛戒罚灯祝愿仪》等道经则从靖室斋仪的角度谈到靖室。《楼观本起传》中将“楼观”视作宫观之源，《上清道类事相》将道馆的兴起归于统治者“筑馆以招幽逸”，《三洞珠囊》谈到早期道馆崇虚馆的营建始末。

现代学者关于道教宫观建筑的研究，从研究着眼点看，可分为以下几个维度：（一）时间维度；（二）地域维度；（三）哲学及营建理论维度；（四）道教艺术维度；（五）神圣空间维度等。

（一）时间维度

重点对道教宫观建筑历史发展脉络进行梳理和考证。此方面专著类最有代表的当属王纯五著的《天师道二十四治考》，全书凡 23 万字，是迄今为止篇幅最大的有关道教宫观建筑源头二十四治考证的专著。由于作者不仅广征文献，且多用到数十年来的考古成就，不少遗址还亲为踏勘，所以书中观点也很有说服力。另曾召南、石衍丰《道教基础知识》第七章《道教仙境与宫观》对十大洞天、三十六小洞天及七十二福地的发展与完善过程提出了论述。学术期刊论文类也有不少关于此领域的考证，杨嵩林的《道教“宫观”的缘起》，从古代建筑形式——“观”入手，通过考察“观”从毫无神仙色彩到具有了通神能力的变化来找到道教宫观建筑的源头。姜生《道教治观考》一文提出了“阙、台、观：道教宫观的起源”，也论证了道教“治”“观”和“靖室”的宗教功能。赵益《三张“二十四治”与东晋南方道教“静室”之关系》一文提出了新的观点，“二十四治”是三张以后理论化的产物，与有着自身历史渊源的“静室”实质上有很大区别。另孙齐的博士论文《唐前道观研究》通过对“寺院主义”的界定来把握道观内涵，进而对唐前道观形成发展过程进行详细梳理，书中还将唐前道观的碑文和文献资料进行汇辑，是后续学者进一步深入研究的重要工具性材料。

（二）地域维度

以地域作为划分依据，结合某地域的文化特色来对道教宫观建筑进行细致研究。吴保春著的《龙虎山天师府建筑思想研究》，以江西龙虎山天师府道教建筑为研究对象，将建筑选址与神仙意识、建筑布局与宇宙理念、建筑体量与礼制自律、建筑空间与法术意境联系起来，对天师府道教建筑展开多层次、多维度探讨。四川省文物考古研究院著的《三台云台观》以宫观留存史料为据，对川内第二大道观云台观的历史沿革进行了梳理，此外对云台观的建筑、彩画、雕刻分别进行了细致研究。李星丽撰写的《四川道教建筑的地域特征探析》一文对四川道教建筑的地理分布状况做了介绍，从四川本土建筑和移民会馆两方面概括了四川道教建筑的总的特征，进而又从川西、川南、川北、川东、高原五个区域对道教建筑的风格做了具体说明。

（三）哲学及营建理论维度

通过对道教哲学的把握和对道教堪舆理论的探究来解析道教宫观建筑。《易传》讲“形而上者为之道，形而下者为之器”，宫观建筑相当于形而下的“器”，那么道教哲学及营建理论则相当于形而上的“道”。李欣遥与李星丽的《论〈周易〉哲学思想对中国道教建筑的影响》一文认为《周易》哲学在道教建筑的营建中产生诸多影响，全文从《周易》阴阳和谐对道教建筑形态的影响，《周易》八卦图式对道教建筑布局的影响及《周易》意象思维对道教建筑意蕴的影响几方面展开详细论述。续昕的《道教建筑的哲学理念初探》一文则通过静态的建筑自身来挖掘其蕴含的哲学理念，文章从道教建筑中所蕴含的道教生命哲学、易学、阴阳五行思想、天人感应理论等方面对道教建筑进行了透彻地解析。在营建理论上主要体现在对建筑堪舆术的研究上，詹石窗先生著的《道教风水学》提出了“道教风水”概念，进而又提出了“道教风水理论”“道教风水学说”以及“道教风水观”等概念，应该是较早提出此方面概念的著作。盖建民先生著的《道教科学思想发凡》指出：“道门中人在堪舆实践和堪舆理论这两方面都有不俗的表现和发挥，以致可以称之为‘道教堪舆’。”

（四）道教艺术维度

将道教宫观建筑及其壁画、书法、石刻等器物从文化艺术的视角进行研究。这方面的著作有：卿希泰先生主编的《中国道教史》第四卷第八编“文化艺术——道教建筑”，对道教建筑的整体情况做了简要梳理，并在第九编“仙境宫观”中介绍了道教的重要名山、宫观。乔匀著《中国古建筑大系》第7卷《道教建筑》从中国道教的兴起及其内容、道教建筑概说、洞天福地与丛林三个方面介绍道教建筑，该书提供了大量道教宫观建筑照片以及作者绘制的道教宫观平面图。学术论文中，张育英《道教与建筑艺术》指出：“就建筑艺术而言，道教‘崇尚自然’‘师法自然’、以‘自然为美’等观念，对中国传统建筑艺术产生了重要影响，并在建筑美学中占有重要地位。”学位论文方面，天津大学张一舟博士论文《众工之事——元代文化生态下的永乐宫壁画》，着重对永乐宫壁画的题材来源及对后世的影响两个方面进行了详细研究。中央美术学院赵伟博士论文《道教壁画五岳神祇图像谱系研究》，从五岳壁画神祇位业及谱系的视角进行了细致研究，对这些神祇也进行了功能性分类，如方位神祇、时序神祇、福佑神祇、惩处神祇等。

（五）神圣空间维度

包括各种宗教活动中有关宗教意境营造方面的研究。王宜峨在《道教宫观及其建筑艺术》中指出：“道教宫观平面铺开的建筑形式，把空间意识转化为时间进程，使人们身在其中好像是在漫游一个复杂而多层次的不断变化的进程中，会感到一种时间的流动美，像是把人们带向美好的神仙境界。所以道教的宫观既富有人情味，又具有浪漫色彩，也更加反映出道教既出世又入世的宗教特点。”吴保春、盖建民先生的《道教建筑意境与道教体道行法关系范式考论——以龙虎山天师府为中心》一文，从道教建筑意境这一研究新视野出发，以龙虎山天师府为案例，对道教建筑思想与道教思想关系新范式进行考论，揭示了道教建筑本质特征。该文认为，在道教行法宗教实践过程中，道教建筑意境主要表现为心性意境、神志意境等仙道意境，而这一仙道意境也为道教建筑本质特征，乃是道教建筑与其他传统建筑本质差异所在。北京林业大学陈连波博士论文《北京道教宫观环境景观研究》，对宫观内园林的设计从种植植物的种类、种植方式、广场道路的位置关系、特色小品的设置等方面展开论述，为道教意境如何营造给出了自己的建议。

需要说明的是，各维度间的区分并非绝对的，一项关于宫观建筑的研究往往会同时涉及以上几个维度，只是不同的研究会各有侧重。本书也是多维度均有涵盖，重点则放在地域道教宫观建筑的哲学及营建理论、神圣空间、宫观史等维度上面。

三、研究对象和方法

（一）“川北”概念的界定

在谈及研究对象前，需对研究对象所处范围“川北”区域先作下界定。“四川”之名渊源可追溯至唐代，李世民一改秦汉以来的“州郡”制为“道州县”制，现在的四川当时主要属“剑南道”。唐玄宗于公元 735 年将剑南道一分为二，分别置

“剑南西川节度使”和“剑南东川节度使”，可视作四川以“川”字命名的滥觞。北宋初年设为“川陕路”，宋真宗咸平四年（1001）将川陕路分置为益、梓、利、夔四路，总称“川陕四路”或“四川路”，在此基础上，元朝推行“行省制”，建立“四川行省”，为四川建省之源。本书中所指的川北地区，是以现今四川省行政区划为基准，以金牛古道沿线及邻近区域为依凭，将位于四川省北部的三个地市名之“川北地区”，即绵阳、南充、广元三市所管辖区域，笔者的田野考察材料主要来源于这一区域。

（二）道教建筑的界定

本书以道教宫观为基本研究单元，以宫观内建筑为研究的落脚点。不过，在具体田野调研中，面临的一个现实问题是，究竟应将哪类建筑纳入道教建筑范畴？因为以不同的标准往往会产生不同的归类结果，值得首先考究一番。例如，直接以“宫观”之名作为归类依据是过于肤浅的，位于南充高坪区龙门镇的万寿宫，虽冠以“宫”之名，却是清末一处供县城百姓看戏社交的戏场，与道教间并无太多联系。位于南部县丘垭乡的醴峰观，虽冠以“观”之名，却是一处建于元代的佛寺。另外，如果以寺观住持者的身份作为划分依据，则凡由道士住持的寺观，其内建筑则视为道教建筑，这样是否合适？再有，如果以寺观内举办的法事性质为依据，则凡是在其场域内从事的属道教法事活动，则视其建筑为道教建筑，这样又是否合适？笔者认为，以上这些划分标准均不能清晰体现出道教建筑的真正内涵，例如，文昌帝君祖庭梓潼七曲山大庙现已辟为旅游景点，由旅游部门专门管理，其内并无道士住持，依此而认定其建筑非道教建筑显然不妥。一些乡村道观，因各种历史原因早已没有道士住持，而由当地村民接管，并且当地村民主要在此行佛教法事，如广元朝天红庙子，此种情形也不能简单否定其道教建筑的属性。基于此，笔者认为，更为合理的界定当是以寺观中所供神像之身份为依据，如寺观内神像属道教仙真类，则应属道教宫观，其宫观建筑也应当归属为道教建筑，本书即采用此法界定。根据宫观中主殿所供奉神的身份，可将道教建筑分为以下四个类型：（1）天神宫观，包括三清、四御、真武大帝、西王母、文昌帝君、三官等神；（2）地祇宫观，包括五岳、土地神、城隍神等神；（3）人鬼宫观，一般指某一领域有过杰出贡献之人，包括关帝、妈祖、药王、许逊等仙真；（4）教祖宫观，指创教始祖及其他著名高道，包括老子、张道陵、王重阳、丘处机、张三丰、葛仙翁、陈抟老祖、八仙、三茅等。

（三）“思想及历史文化”内涵界定

本书的谋篇布局是以川北地区道教宫观建筑为引线，落脚点则放在对道教宫观建筑背后的思想及历史文化的探究上。在我国古人“天人合一”思想的影响下，塑造了本民族整体性、联系性的思维倾向，表现在道教宫观层面，则是其上丰富的思想文化内涵，因此，道教宫观建筑的探究并非仅限于建筑本身，而是其复合的符号体系。基于此，道教宫观建筑内的造像、壁画、楹联等要素均属道教建筑的有机组成部分，以道教宫观为载体的民间信仰文化和地域文化也应是道教建筑的研究范畴，所以本书在道教宫观建筑研究中涉及有道教建筑营建思想及文化、道教建筑艺术思想及文化、道教宫观流变史、道教民间及地域文化特色等几大部分。

（四）研究方法

概言之，论证材料获取主要有三大来源，第一是各种文献资料；第二是通过田野考察获取到的地上材料，这其中包括有形的实物材料和无形的口述材料；第三是借助考古发掘成果获得的地下材料。本书在研究方法上主要采用前两者，即文献研究与田野调研相结合的研究方法。关于文献研究，除了对《正统道藏》《道外藏书》《敦煌道经》和川北地区各市县地方志文献进行细致梳理外，也要结合其他传统文献材料，诸如二十五史、诸子著作及各种史料典籍，力图做到资料的全面翔实，论证的合理。在田野调研的程序上，采用从宏观视角入手，再逐步进入微观的研究路径，即先着眼于对宫观建筑基址外部大环境的考察，进而察看建筑群的平面布局特征，接着进入建筑单体形制及细部的研究，再进而对建筑内外的神像、壁画、楹联进行研究。这样的考察程序符合人类认识从宏观到微观的认识规律，并且易使田野过程更加有条不紊地推进，不易出错和遗漏。

四　本书篇章结构

本书在篇章安排上体现了时空互补、多维视角、点面结合的理念。全书共分为五章，第一章从时间维度上梳理道教建筑的渊源、演变和成熟的历史过程，是进一步研究道教建筑的基础性材料。第二章至第五章均是从空间维度上结合川北地区的道教宫观建筑案例入手进行探究。其中第二章与第三章分别从道教建筑的营建思想和道教建筑空间神圣性的生成两方面来把握道教建筑的内蕴，它涉及道教建筑择址、布局、形制及道教宫观神像、壁画、楹联等多领域的内容。为了更好地阐释清楚其内在规律，此两章采用了多个案例交错结合的论证方式。第四章和第五章则属个案研究范畴，川北地区保存有不少具有历史文化价值的道教宫观，如梓潼七曲山大庙、三台云台观、南充舞凤山道观等，有必要对其渊源和流变过程进行专门研究。同时，川北地区道教文化又有着地域性、民俗性的特点，笔者从这一角度分别选取南充和广元两地区进行深入研究。总之，笔者通过这样的篇章结构安排，希望能更好地展现本书的内在逻辑，更加全面地把握道教宫观建筑所承载的多维内涵及道教地域文化特色。

五　特色与创新之处

本书的特色与创新之处主要体现在以下几个方面：

第一，采用多维度视角，借助多学科交叉的方式展开研究。如前所讲，目前道教宫观建筑研究主要涉及五个领域的研究，本书中均会涉及。从时间维度上，对道教宫观建筑的产生、发展、成熟的历史脉络进行较为细致的梳理。从地域维度上，选取川北地区作为道教建筑研究的着力点。哲学与营建理论维度上，结合川北道教宫观建筑具体实例来揭示其中的传统哲学思想、堪舆理论及古典建筑营建技术。从道教艺术维度上，通过道教建筑的神像、壁画、楹联艺术来挖掘其内在的思想文化。从神圣空间维度上，探究道教神像、壁画、楹联等符号体系对神圣空间生成的发生机制，探讨道教建筑中道教意境的营造理念。在多维视角的研究中，需要多学科的参与，我国古代百家思想、堪舆学说、古典建筑理论、造像艺术、绘画艺术、书法艺术、地方文化、民间信仰等都包含其中，可谓是“采众家之术为我所用”。

第二，宫观样本为鲜活的第一手材料。笔者亲自田野走访了川北地区几十处道教宫观，其中有相当大部分为乡间小庙，过去还未有相关学术界人士于此涉足，搜集到的材料是全新的且广泛的，如绵阳三台云台观三通碑记、广元朝天红庙子两通碑刻、明代墨本《云台胜纪》文本等，都是难得的宫观史材料，另本书中所有涉及川北地域的照片均是笔者田野过程中亲自拍摄。

第三，本书最终的落脚点是现实应用层面。在写作中必然要用到各种理论资源，但毕竟道教建筑为形而下的器物，通过对形而上的思想文化本质的揭示，笔者试图达到对道教建筑更为透彻的理解和认识，从而为当下新的道教宫观建筑营建提供指导意见。在田野走访中，有很多处宫观正在进行殿堂的营建，如绵阳涪城玉皇观玉皇殿、广元昭化云台山道观三清殿、广元苍溪云台观山门等，笔者与现场人员也曾进行过交流，就殿堂的选址、朝向及艺术饰物装点等问题也提出了自己的看法。

第一章　道教建筑的起源与变迁

道教建筑究竟产生于何时目前学术界尚无统一说法，有学者认为，最早的道教建筑即天师道的“二十四治”，《广弘明集》中有：“张陵谋汉之晨，方兴观舍……杀牛祭祀二十四所，置以土坛，戴以草屋，称二十四治。治馆之兴，始乎此也。”[1] 有的学者则认为“楼观”为道教建筑的滥觞，其依据是《终南山说经台历代真仙碑记》中的“楼观为天下道林张本之地”[2] 一说。还有学者从道教建筑的宗教内涵上考察，认为南朝刘宋时期陆修静的崇虚馆才真正具备了道教建筑的各要素。以上几种说法都有各自的合理性，但须明晰所谓的“最早道教建筑”是从其标志性意义层面讲的，时间上并不存在一个明确的界限。正如道教的起源、发展、演变一样，道教建筑也不是一蹴而就的事情，而它

① （唐）释道宣：《广弘明集》卷12，爱如生数据库，《四部丛刊》景明本，第135页。

② （元）朱象先：《终南山说经台历代真仙碑记》，《道藏》第19册，上海：上海书店，北京：文物出版社，天津：天津古籍出版社，1988年，第549页。（本书后引《道藏》一书，皆从此本，出版者信息从略）

作为中国古典建筑的一部分，其渊源不可能脱离中国传统建筑发展背景，我国后世带有宗教性质的建筑，如宫、观、寺、庵、祠、庙等，都各自有着发展演变过程。因此，本文首先试图从这些建筑的早期内涵与形态上做简要探究，以此作为道教建筑研究的切入点。

第一节　我国宗教性建筑的早期形态探源

在我国古典建筑中，被冠名以宫、观、寺、庵、祠、庙的场所，往往是从事宗教活动或个人宗教修持之地，这一场域内建筑深深打上了宗教烙印，但这些建筑也是脱胎于我国本土上古时期的建筑形式，有一个传承流变路径，笔者以佛教的传入和道教的创立作为分界线，对宫、观、寺、庵、祠、庙这些建筑形式的早期形态和功能先做一番考究。

一　宫

“宫”字甲骨文写作“[illegible]”，其字形如同数室相连状、四周及顶部封闭的屋舍，《说文解字》说：“宫，室也……凡宫之属皆从宫。”[①]《尔雅》说：“宫谓之室，室谓之宫。”[②] 可见，“宫”

---

① （汉）许慎撰，汤可敬译注：《说文解字》，北京：中华书局，2018 年，第 1492—1493 页。

② 邹德文、李永芳注解：《尔雅》，郑州：中州古籍出版社，2013 年，第 202 页。

最初本义指普通屋舍，如《墨子·号令》说："父母妻子皆同其宫。"[①]《周易·困卦》有："入于其宫不见其妻，凶。"[②]"宫"用于专指帝王居所应是进入秦汉后的事，《经典释文》讲："古者贵贱同称宫，秦汉以来惟王者所居称宫焉。"[③]如秦代的阿房宫、林光宫，汉代的长乐宫、未央宫、建章宫、甘泉宫，唐代的太极宫、大明宫，宋代的延福宫，以及现今保存下来的明清故宫等。又因受到古人天人合一思想影响，古人常将各种天象比附于人事，天汉中各种星辰司有各自职责，而其中的主宰紫微星被称作帝星，其附近的北斗七星则比附为辅佐帝星的大臣。广袤的天汉如同一个等级森严而又井然有序的人类社会共同体，因而也常被视为"天宫"，所以"宫"又有"天穹"之意，《释名》就将其解释为"穹也，屋见于垣上，穹隆然也"[④]。

甘泉宫为西汉六大宫之一，其他五宫，长乐、未央、建章、桂、北等宫均建于长安城内，唯独此宫远离长安城，建于长安城北部的淳化县甘泉山南麓，秦代时称林光宫，武帝时进行了扩建，《长安志》云："林光宫，一曰甘泉宫……汉武帝建元中增广之。"[⑤]甘泉宫作为帝王离宫，除充当处理军国大事及出游驻足作用外，还是举行国家祭祀的场所。武帝极为迷信神仙之事，幻想着自己的生命能够永世长存，这使得严肃的国家祀典活动带上了鲜明的个人意志色彩，据《汉书·郊祀志》载，武帝"作

① 张永祥、肖霞译注：《墨子译注》，上海：上海古籍出版社，2016年，第586页。

② 黄寿祺、张善文译注：《周易》，上海：上海古籍出版社，2007年，275页。

③ （唐）陆德明：《经典释文》，济南：山东友谊书社，1991年，第1636页。

④ （汉）刘熙：《释名》，北京：中华书局，2016年，第77页。

⑤ （宋）宋敏求：《长安志》卷4，爱如生数据库，文渊阁《四库全书》本，第28页。

甘泉宫，中为台室，画天地泰一鬼神，而置祭具以祭天神”[①]。可见，甘泉宫作为一处开展宗教性质活动的场所，与其他宫室已有了区别，可视为后世皇家道教宫观的一种过渡形态。

二 观

“观”本义“仔细看”，《说文解字》说：“观，谛视也。从见，雚声。”[②] 段玉裁注解为“审谛之视也”[③]，在此义基础上衍生出多种引申义。例如，将“仔细看”赋予艺术性的鉴赏就有了“观赏”之义，《三国志·蜀书·诸葛亮传》中有“琦乃将亮游观后园”[④]。将仔细看到的事物内化于人们内心中所产生的想法，就有了“观点”“态度”之义。将所观看到的事物对象化，就有了“景物”“景象”之义，范仲淹《岳阳楼记》有“此则岳阳楼之大观也”。而后世道教道观以“观”字名之，则更多源于“观望”“观察”之义，《释名》中“观”释义为：“观也，于上观望也。”[⑤] 此处的“观”已不仅仅有“谛视”之义，还隐含有观看者所处位置信息，即处在高位向远处及高处观望。我国古代宫城大门两侧设有高耸建筑物，主要用于观察城外敌人情报，对高处观望所处位置进一步对象化、客体化，则“观”字

① （汉）班固撰，（唐）颜师古注：《汉书》，北京：中华书局，1962 年，第 1219 页。

② （汉）许慎撰，汤可敬译注：《说文解字》，北京：中华书局，2018 年，第 1754 页。

③ 同上。

④ （晋）陈寿撰，（南朝宋）裴松之注：《三国志》，上海：上海古籍出版社，2011 年，第 844 页。

⑤ （汉）刘熙：《释名》，北京：中华书局，2016 年，第 82 页。

又可指称高耸的建筑物。例如，《楼观本起传》云：“楼观者，昔周康王大夫关令尹之故宅也。以结草为楼，观星望气，因以名楼观。此宫观所自始也。”① 汉武帝时期，因其笃信神仙之事，在全国多地建有迎神候仙的台观，最为著名的为长安的蜚廉桂观和甘泉山的益延寿观。《史记·孝武本纪》载：“公孙卿曰：‘仙人可见，而上往常遽，以故不见。今陛下可为观，如缑氏城，置脯枣，神人宜可致。且仙人好楼居。’于是上令长安则作蜚廉桂观，甘泉则作益延寿观，使卿持节设具而候神人，乃作通天台，置祠具其下，将招来神仙之属。”② 尽管这些台观的形制现已不可考，仍可推知，不同于“宫室”建筑强调建筑群的整体性，“台观”建筑指其中的某一单体建筑且为宫室建筑群制高点者。

三　寺

“寺”在西周金文中写作“ ”，从又，小篆写作“ ”，将意符改为寸，隶书定为“寺”。古时，“又”和“寸”都有“手”义，因此“寺”最初本义有“持有”之义，加以引申，有了“控制”“法度”意涵，逐渐又演变为表征古代官署的名词。《说文解字》云：“寺，廷也。有法度者也。从寸，之声。”③ 朱骏声《说文通训定声》解释说：“朝中官曹所止、理事之处。”④ 例如，《后汉书·刘般传》有：“官显职闲，而府寺

① （元）朱象先：《终南山说经台历代真仙碑记》，《道藏》第19册，第543页。
② （汉）司马迁：《史记》，北京：线装书局，2010年，第211页。
③ （汉）许慎撰，汤可敬译注：《说文解字》，北京：中华书局，2018年，第642页。
④ 同上。

宽敞。"[①] 基于此，古代宫中小臣又有"寺人"一称，如《诗经·小雅·巷伯》的作者自称寺人孟子[②]，《周礼·天官·寺人》有："寺人掌王之内人及女宫之戒令，相道其出入之事而纠之。"[③]

作为我国最早佛寺白马寺，其成立之初同样带有官署性质，为汉明帝永平十一年（68）敕令兴建于洛阳西雍门外三里御道北，因佛寺里两位印度高僧曾暂住于汉代处理外交事务的官署鸿胪寺内，因而也以"寺"名之，这样，"寺"逐渐成为后世佛教寺院的泛称。关于白马寺的院落布局已与当时的官署有了很大差别，据《魏书·释老志》载："自洛中构白马寺，盛饰佛图，画迹甚妙，为四方式，凡宫塔制度，犹依天竺旧状而重构之。"[④] 可知，当时白马寺内的佛塔被置于庭院中心位置。

另据《释名》解释，"寺，嗣也，治事者嗣续于其内也"[⑤]，《释名》为东汉末年著作，此时佛寺在中国尚不常见，作者刘熙本人当是对佛寺内涵认识得不够深入，仅仅从寺院内僧侣收徒传法这些行为表象上来阐释其义的。

四 庵

"庵"字中"奄"有"覆盖"之义，广字旁表征"房屋"，因此其本义指圆形草屋，《释名》解释是："庵，奄也，所以自

---

① （南朝宋）范晔：《后汉书》，上海：上海古籍出版社，1986 年，第 918 页。
② 《诗经》，北京：北京出版社，2006 年，第 258 页。
③ 徐正英、常佩雨译注：《周礼》，北京：中华书局，2013 年，第 166 页。
④ （北齐）魏收：《魏书》，北京：中华书局，2017 年，第 3291 页。
⑤ （汉）刘熙：《释名》，北京：中华书局，2016 年，第 79 页。

覆奄也。”① 描绘了草屋屋顶由上往下覆盖之形貌。《南齐书·竟陵文宣王子良传》有“编草结庵，不违凉暑”②。较其他建筑，庵是一种较为简陋的屋舍，一般为广大平民所居，如村庵、草庵、庵庐、茅庵等。佛教传入中国后，尼姑居住修持之地逐渐用“庵”来指称，如水月庵、庵堂等。这是由于古代女子地位低下，官方层面对女子出家之事投入关注较少，较佛寺少有官修的庵堂，尼姑的经济来源也要少得多，因此尼姑庵多建得比较简陋，用“庵”指称更好地体现了这一内涵。

五　祠

考察“祠”字结构，右边“司”商代甲骨文写作“”，意指一人手指前方站立，并张着大嘴发布命令，引申为“掌管”“主持”之义。左边示字旁，最初甲骨文中写作“”，指祭祀时的石制供桌，后演变为“示”，盖供桌上摆放祭祀贡品之貌。将二者结合起来，即主持祭祀之义。如陆德明《经典释文》中讲：“祠，音‘词’。周，春祭名。”③《尔雅》中也指“春祭”，《说文解字》进一步解释说：“春祭曰祠。品物少，多文词也。从示，司声。仲春之月，祠，不用牺牲，用圭璧及皮币。”④“多文词”及“用圭璧及皮币”表明春祭之祠较其他祭祀具有更多

① （汉）刘熙：《释名》，北京：中华书局，2016 年，第 83 页。
② （南朝梁）萧子显：《南齐书》，北京：中华书局，2017 年，第 775 页。
③ （唐）陆德明：《经典释文》，济南：山东友谊书社，1991 年，第 1612 页。
④ （汉）许慎撰，汤可敬译注：《说文解字》，北京：中华书局，2018 年，第 21 页。

文化内涵，为后世其词义进一步流变做了先期铺垫。

“祠”由祭祀之义逐渐引申为代指祭祀和纪念的场所，称作祠堂，往往用于纪念伟人、名士而修建的供舍，相当于现在的纪念堂，例如成都的武侯祠、西安的杜公祠、郑州的列子祠等。祠堂最晚在汉代出现，据《汉书·循吏传》载：“文翁终于蜀，吏民为立祠堂，岁时祭祀不绝。”[①] 祠堂也可以是同姓宗族供奉其祖先牌位之地，这与古时的家庙有类似功用，但二者也存在区别，尤其入秦后，家庙多专属皇室成员所有，祠堂则在贵族及广大民众中更为普遍。司马光《文潞公家庙》有载：“先王之制，自天子至于官师皆有庙。君子将营宫室，宗庙为先，居室为后。及秦非笑圣人，荡灭典礼，务尊君卑臣，于是天子之外，无敢营宗庙者。汉世公卿贵人，多建祠堂于墓所，在都邑则鲜焉。”[②] 除祭祀祖先，祠堂也是族人办理婚、丧、寿、喜之所，族人间有重要事务也常聚在祠堂内商议。总之，较祀神场所，祠承担着更多的慎终追远、净化风气、教化世人的社会功能，具有明显的现世性和文化性的特点。

六　庙

“庙”在简化之前写作“廟”，广字旁多表示房屋式建筑，而“朝”甲骨文中写作“[illegible]”，表示月亮尚未完全落下，而太

---

① （汉）班固撰，（唐）颜师古注：《汉书》，北京：中华书局，1962 年，第 3627 页。

② （宋）司马光撰，李之亮笺注：《司马温公编年笺注》第 6 册，成都：巴蜀书社，2009 年，第 20 页。

阳已出于草丛中之时，表征“早晨”之义，读作“zhāo”。又因古时臣子们每天早上会见君主，所以又有“朝拜”“朝见”之说，读作“cháo”。因此，从字形上看，“廟”的功能是朝拜用的屋舍。《说文解字》云：“庙，尊先祖貌也。”[①] 段玉裁《说文解字注》云：“宗庙者，先祖之尊貌也，古者庙以祀先祖。”[②]《释名》讲：“庙，貌也，先祖形貌所在也。”[③] 由此知，早期的庙其内供奉的是一个族群的先祖。《礼记·王制》载：“天子七庙：三昭三穆，与大祖之庙而七。诸侯五庙：二昭二穆，与大祖之庙而五。大夫三庙：一昭一穆，与大祖之庙而三。士一庙。庶人祭于寝。”[④] 说明古代的庙因社会阶层的不同享有的建筑规模大小也不同，并根据昭穆制度排列祖先灵位，《礼记·祭统》有：“夫祭有昭穆，昭穆者，所以别父子、远近、长幼、亲疏之序而无乱也。”[⑤] 从建筑形制方面考察，庙不同于普通房屋，其东西两侧应设有厢房，前面应有序墙，如《尔雅》云：“室有东西厢曰庙，无东西厢有室曰寝，无室曰榭，四方而高曰台，陕而修曲曰楼。”[⑥]

汉代后，庙逐渐与远古时期的神社合流，庙不仅仅是祭祀祖先之地，还产生了各种供奉江山河渎之神的庙宇，如城隍庙、土地庙等。《说文解字注》云：“古者庙以祀先祖，凡神不为庙也。

① （汉）许慎撰，汤可敬译注：《说文解字》，北京：中华书局，2018年，第1902页。

② 同上。

③ （汉）刘熙：《释名》，北京：中华书局，2016年，第78页。

④ 李史峰编：《四书五经》，上海：上海辞书出版社，2007年，第143页。

⑤ 胡平生、张萌译注：《礼记》，北京：中华书局，2017年，第940页。

⑥ 邹德文、李永芳注解：《尔雅》，郑州：中州古籍出版社，2013年，第211页。

为神立庙者，始三代以后。”[①] 庙神发展的多元化与我们先民重视百姓日用的现世主义价值取向不无关系，《五礼通考》讲：“功施于民则祀之，能御灾捍患则祀之。”[②] 此外，具有巨大影响力的文化名人及历史人物也可以立庙以供奉，如文庙、张飞庙、关公庙等。

第二节　道教建筑的历史脉络

如今的道教宫观是道士们祀神、行法事、修炼及起居之所，从历史的维度看，道教宫观不论就形式还是功能上说，都是随着道教自身发展而演变的。例如，早期道教的“二十四治”是与道教的“领户治民”及“三会日”制度相适应的，而此时道教中的“治”确切地讲是指道教治理下的教区大本营，这里会设有茅屋、静室、玄坛等宗教性质建筑，但信徒们并不在此长住，这里主要是祭酒向道民们传达道令或为人施治之用。可见，道教的“治”与后世道教宫观内涵并不完全一样，但它们都当属于道教建筑范畴。因道教宫观发展自身的流变性，也不存在道教宫观产生的确切时间节点，但如果从道人们的“修道空间”视角审视，道教建筑的内涵又有着前后一致性，笔者试图以此为切入点来探究道教建筑的孕育、发展及成熟的脉络，而“修道空间”

---

① （汉）许慎撰，汤可敬译注：《说文解字》，北京：中华书局，2018 年，第 1902 页。

② （清）秦蕙田：《五礼通考》卷 45，爱如生数据库，文渊阁《四库全书》本，第 912 页。

最早又需从早期道人们修炼的山中石室说起。

一　早期修道空间——山中石室

我国自古就存在着一群隐士群体，他们远离政治，栖居山林，过着自食其力简单素朴的生活，《庄子》书中的许由、巢父，《论语》里的楚狂接舆、荷蓧丈人就是这一群体的代表。山中石室往往是这些隐士居住和修行之所，多处在人迹罕至的山林之野，这与道人们崇尚自然，追求远离尘嚣、超凡脱俗的心理需求相适应，《吕氏春秋·观世》讲："欲求有道之士，则于江海之上，山谷之中，僻远幽闲之所。"① 山林之地有着丰富的植被矿物资源，也更方便道人们就地取材研制各种长生之药及烧炼金丹。《抱朴子·内篇·明本》讲："山林之中非有道也，而为道者必入山林，诚欲远彼腥膻，而即此清净也。夫入九室以精思，存真一以招神者，既不喜喧哗而合污秽，而合金丹之大药，炼八石之飞精者，尤忌利口之愚人，凡俗之闻见，明灵为之不降，仙药为之不成，非小禁也。"②

古代典籍中记载有大量这类隐居修行的道人形象。《列仙传》记有："仇生者，不知何所人也。当殷汤时为木正，三十余年而更壮，皆知其奇人也，咸共师奉之。常食松脂，在尸乡北山

① （战国）吕不韦编，刘生良评注：《吕氏春秋》，北京：商务印书馆，2015年，第443页。

② （晋）葛洪撰，张松辉译注：《抱朴子内篇》，北京：中华书局，2011年，第324页。

上，自作石室。至周武王，幸其室而祀之。”① 又有：“修羊公者，魏人也。在华阴山上石室中，有悬石榻，卧其上，石尽穿陷。略不食，时取黄精食之。以道干景帝，帝礼之，使止王邸中。”②《神仙传》讲到：“刘根，字君安，长安人也。少时明五经，以汉孝成皇帝绥和二年举孝廉，除郎中，后弃世道，遁入嵩高山石室中。”③《后汉书·逸民传·矫慎》说矫慎乃扶风茂陵人，“少学黄老，隐遁山谷，因穴为室”④。《水经注》云：“郁州者，故苍梧之山也。心悦而怪之，闻其上有仙士石室也，乃往观焉。见一道人独处，休休然不谈不对，顾非己及也。”⑤《抱朴子·内篇·金丹》说：“又有岷山丹法，道士张盖蹹精思于岷山石室中，得此方也。”⑥

除了避世及自身修炼需要外，隐士及道人们认为山林之野的石室还是天神降临之所，于此更有机会获得神的点化及各种神仙异术。《抱朴子·内篇·遐览》说：“诸名山五岳，皆有此书，但藏之于石室幽隐之地，应得道者，入山精诚思之，则山神自开山，令人见之。”⑦《神仙传》里讲到张道陵获得异术的过程：“得黄帝九鼎丹经，修炼于繁阳山，丹成服之，能坐在立亡，渐

---

① （汉）刘向撰，王叔岷编：《列仙传校笺》，北京：中华书局，2007年，第36页。

② 同上，第90页。

③ （晋）葛洪撰，胡守为校释：《神仙传校释》，北京：中华书局，2010年，第298页。

④ （南朝宋）范晔：《后汉书》，上海：上海古籍出版社，1986年，第1044页。

⑤ （北魏）郦道元：《水经注》卷30，爱如生数据库，清武英殿聚珍版丛书本，第407页。

⑥ （晋）葛洪撰，张松辉译注：《抱朴子内篇》，北京：中华书局，2011年，第136页。

⑦ 同上，第613页。

渐复少。后于万山石室中，得隐书秘文及制命山岳众神之术，行之有验。”① 石室内还常常是天书显化之所，道教中著名的《三皇经》与《九丹金液经》就得于石室。《神仙传》讲：“帛和，字仲理。师董先生行炁断谷术，又诣西城山师王君，君谓曰：‘大道之诀，非可卒得，吾暂往瀛洲，汝于此石室中可熟视石壁，久久当见文字，见则读之，得道矣。’”② 又有：“（左慈）学道术，尤明六甲，能役使鬼神，坐致行厨，精思于天柱山中，得石室内《九丹金液经》，能变化万端，不可胜纪。”③

图 1.1　广元苍溪云台山石室（笔者摄）

由此可见，早期道人的修道空间更多的是利用天然的洞室，或在此基础上人为稍加整饬，并且这一修道空间仅为个人修持所用，不具有开展组织活动、集体祀神行法事的功用，空间上呈多

① （晋）葛洪撰，胡守为校释：《神仙传校释》，北京：中华书局，2010 年，第 190 页。

② 同上，第 251 页。

③ 同上，第 275 页。

点零散分布的特点，这些都与后世的道教修持空间有着不同。

二 汉末“领户治民”教区——二十四治

东汉末年乃道教正式形成时期，此时道教以民间团体形式存在，民众多因不堪统治阶级剥削压榨和为了医治病痛而加入道教，因而早期民间道教彼岸色彩并不浓厚，较多立足于解决现世问题，在宗教组织架构上也主要是因循借鉴现有的汉朝官僚等级制度。如五斗米教的首领称作“师君”，其下率领部众的道官为“祭酒”，道民被称之“鬼卒”，去掉修饰词，“君”“卒”均官僚组织中身份称谓，而“祭酒”即汉代一官职，《后汉书·百官志》载：“博士祭酒，一人六百石。本仆射，中兴转为祭酒。”① 刘昭引胡广注曰：“官名祭酒，皆一位之元长者也。古礼，宾客得主人馔，则老者一人举酒以祭于地，旧说以为示有先。”② 道教中的祭酒即分管某一教区的大首领，为了便于管理，五斗米道将自己宗教势力范围划分为二十四个区域，称作“二十四治”。由此可见，道教中的二十四治也是汉代行政区域管理体制“郡县制”的变体。

有关二十四治的由来，唐释明概《决对傅奕废僧佛事并表》载：“有沛人张陵客游蜀土，闻古老相传云：昔汉高祖应二十四气祭二十四山，遂王有天下。陵不度德遂构此谋。杀牛祭祀二十

① （南朝宋）范晔：《后汉书》，上海：上海古籍出版社，1986年，第839页。
② 同上。

四所，置以土坛，戴以草屋，称二十四治。治馆之兴，始于此也。”① 二十四治大都位于今天四川省境内，首治阳平治，相当于中央教区地位，治点今四川彭州西北新兴镇阳平山上，山上至今还有阳平洞、老君殿、玉皇殿、审魂殿、天师宫、三师宝殿等道教道场。根据二十四治影响大小，分为上八治、中八治和下八治。其中上八治包括阳平治、鹿堂山治、鹤鸣山治、漓沅治、葛贵山治、庚除治、秦中治、真多治。中八治为昌利山治、隶上治、涌泉山治、稠稉治、北平治、本竹治、蒙秦治、平盖治。下八治有云台山治、浕口治、后城治、公慕治、平刚治、主簿山治、玉局治、北邙山治。各治道民均受所在治祭酒统一管理，通过“三会日”制度向道民们传达教内事务、戒律，为道民医治病痛和书写生死簿，以此达到控制道众的目的。陆修静《道门科略》讲到：“天师立治置职，犹阳官郡县城府治理民物，奉道者皆编户着籍，各有所属。令以正月七日、七月七日、十月五日，一年三会，民各投集本治，师当改治录籍，落死上生，隐实口数，正定名簿，三宣五令，令民知法。”②

除“教区”之义，二十四治的“治”也指治点道场的建筑设施，因而也是道教建筑的一种称谓。“治”的营建形式遵从着相对固定的模式，其中包括崇虚堂、崇仙堂、崇玄台等重要建筑，具体布局如下：

立天师治，地方八十一步，法九九之数，唯升阳之气。治正中央，名崇虚堂，一区七架六间十二丈开，起堂屋上，

① （唐）释道宣：《广弘明集》卷12，爱如生数据库，《四部丛刊》景明本，第135页。

② （南朝宋）陆修静：《陆先生道门科略》，《道藏》第24册，第780页。

当中央二间，上作一层崇玄台，当台中央安大香炉，高五尺，恒焚香。开东、西、南三户，户边安窗，两头马道，厦南户下、飞格上，朝礼天师子孙。上八大治，山居清苦、济世道士，可登台朝礼，其余职大小、中外祭酒并在大堂下遥朝礼。崇玄台北五丈，起崇仙堂，七间十四丈七架，东为阳仙房，西为阴仙房。玄台之南，去台十二，又近南门，起五间三架门室。门室东门，南部宣威祭酒舍；门屋西间，典司、察气祭酒舍。其余小舍，不能具书。二十四治，各各如此①。

质而言之，早期道教的治所布局形态已具备后世道教宫观雏形，但治所沿袭了更多汉代官僚体制属性，更多发挥着本教区内公共教务活动的作用，除祭酒外，治所内一般不提供信徒长期居住修持。

三　魏晋致诚之所——静室与靖室

魏晋时期的道教典籍中多次出现有“静室”与“靖室”的字眼，它们是道士们用于斋戒修炼之所，其渊源为早期道教所讲的“茅室”，《真诰》曰：“所谓静室者，一曰茅屋，二曰方溜室，三曰环堵。”② 《太平经》关于茅室记载有“入茅室精修，然后能守神”③，“乃上到于敢入茅室，坚守之不失，必得度世而

① （唐）朱法满：《要修科仪戒律钞》卷10，《道藏》第6册，第966页。
② （南朝梁）陶弘景：《真诰》卷18，《道藏》第20册，第596页。
③ （汉）于吉撰，杨寄林译注：《太平经》，北京：中华书局，2013年，第1394页。

去也”[①]之说，入茅室前需要斋戒，“故当养置茅室中，使其斋戒，不睹邪恶，日炼其形，毋夺其欲，能出无间去，上助仙真元气天治也，是为神士，天之吏也”[②]。从功能上看，静室与靖室同茅室是相通的。《太上老君中经》云：“不出静室，辞庶俗，赴清虚，先斋戒，节饮食，乃依道而思之。”[③]《太平御览》讲：“当其吉日，思存吉事，心愿飞仙，立德施惠，振救穷乏，此太上之事也。当须斋戒，遣诸杂念，密处静室。”[④]《太上洞玄灵宝本行宿缘经》说：“夫学道常净洁衣服，别靖烧香，安高香，座盛经，礼拜精思，存真吐纳导养。”[⑤]盖随着道教宗教素质提升，代之“静室”或“靖室”之名更能突出其“守诚致敬”的宗教义理内涵。

一般认为，“静室”即“靖室”，二者间并无区别，笔者通过检索道藏，进行一番梳理后，认为两词含义上还是各有侧重。“静室”更强调入室修行者“静心入定”状态，通过进入物我两忘之境以达到治病消灾的目的。而“靖室”则赋予入室修行者更多“诚”的品性，并且常常配有一套斋戒仪式和修持程序。从靖室中“靖”的字义看，除了“安静”“平定”之义外还含有“恭敬”之义，可见两词内涵上确有细微差别。裴松之注《三国志》引《典略》说：“修法略与角同，加施静室，使病者

① （汉）于吉撰，杨寄林译注：《太平经》，北京：中华书局，2013年，第1391页。

② 同上，第320页。

③ 《太上老君中经》卷上，《道藏》第27册，第149页。

④ （宋）李昉编：《太平御览》，北京：中华书局，1985年，第2976页。

⑤ 《太上洞玄灵宝本行宿缘经》，《道藏》第24册，第667页。

处其中思过。”[①]《太上洞房内经注序》讲：“行此之要，务欲精衣物被服，慎使阴气近之，欲得幽房静室，使耳无所闻，目无所见，心无所存，体静神和，尔乃行之。”[②]《灵宝无量度人上经大法》讲：“凡逐日无事，长居静室，焚香精思，使神不离身，方能朝元飞步，通达幽冥。”[③]《真龙虎九仙经》云：“夫金丹大药，皆在冥心，心若一著，无有不成。若蒙至人传诀，依法修之，切在戒慎分明。静室息诸身，想恍惚之中有神，日灵冥也。”[④]《太上老君中经》又说：“先斋戒沐浴，至其日，入静室中，安心自定。”[⑤]从这些关于“静室”的论述看，更强调入静室者个人内心修炼功夫，“静心”与“忘我”是修持的首要原则。典籍中关于“靖室”则多从以下方面论及，《陆先生道门科略》说：“奉道之家，靖室是致诚之所。其外别绝，不连他屋，其中清虚，不杂余物。开闭门户，不妄触突。洒扫精肃，常若神居，唯置香炉、香灯、章案、书刀四物而已。”[⑥]《要修科仪戒律钞》载：“道民入化，家家各立靖室。在西向东，安一香火西壁下。天师为道治之主，入靖先向西香火，存师，再拜，三上香，启愿。”[⑦]《灵宝玉鉴》曰：“师凡书章表，先斋戒沐浴，与漱洗涤手面，整理衣冠，入靖室，向天门设座，焚香，叩齿咽液，心无外想，以净巾敷案上，存青龙、白虎、朱雀、玄武，侍卫前后

---

① （晋）陈寿撰，（南朝宋）裴松之注：《三国志》，上海：上海古籍出版社，2011年，第233页。

② 《太上洞房内经注》，《道藏》第2册，第874页。

③ 《灵宝无量度人上经大法》卷46，《道藏》第3册，第871页。

④ 《真龙虎九仙经》，《道藏》第4册，第319页。

⑤ 《太上老君中经》卷上，《道藏》第27册，第155页。

⑥ （南朝宋）陆修静：《陆先生道门科略》，《道藏》第24册，第780页。

⑦ （唐）朱法满：《要修科仪戒律钞》卷10，《道藏》第6册，第967页。

左右。次烧香，磨墨四十九匝，以笔香上薰。”① 《老君音诵诫经》云：“靖舍外，随地宽窄，别作一重篱障壁，东向门。靖主人入靖处，人及弟子尽在靖外。香火时法，靖主不得靖舍中饮食及著鞋靺，入靖坐起言语，最是求福大禁。恐凡人入靖有取，物尽皆束带。明慎奉行如律令。”② 可见，入靖者的一片诚心和对神的敬畏是首要原则，并且需落实在一套较为繁琐的斋仪程式中。关于靖室“致诚之所”属性，从王凝之“入靖请祷”一事也能有所察知，《晋书·王羲之传》载：“王氏世事张氏五斗米道，凝之弥笃。孙恩之攻会稽，僚佐请为之备，凝之不从，方入靖室请祷，出语诸将佐曰：‘吾已请大道，许鬼兵相助，贼自破矣。’”③

静室与靖室的制屋之法讲究方位的吉凶，需与天上的星象相合，《要修科仪戒律钞》把修室治屋列于篇首，视为修道第一步，其上云：“夫治，第一治室。靖室要假修治，下则镇于人心，上乃参于星宿，所立屋宇，各有典仪。”④ 又引《玄都律》说：“民家安靖于天德者，甲乙丙丁地作入靖。”⑤ 引文中提到的“天德”为星相学术语，为天上的吉神，亦称“天德贵人”，天德出现的方位一年中随月份变化而变动，营建靖室需选择营建方位上天德出现的月份。星相学认为天德正月见于丁，二月见于申，三月见于壬，四月见于辛，五月见于亥，六月见于甲，七月见于癸，八月见于寅，九月见于丙，十月见于乙，十一月见于

① 《灵宝玉鉴》卷18，《道藏》第10册，第279页。
② （北魏）寇谦之：《老子音诵诫经》，《道藏》第18册，第215页。
③ （唐）房玄龄等：《晋书》，上海：上海古籍出版社，1986年，第1489页。
④ （唐）朱法满：《要修科仪戒律钞》卷10，《道藏》第6册，第966页。
⑤ 同上，第967页。

巳，十二月见于庚。又有甲、乙、丙、丁四地入靖之说，它们均为风水中所讲的“二十四山”中的其中四个方位，甲、乙位居东方，丙、丁位居南方。东方属木，四季中代表春季，五色中与青色对应，此方位象征生机之方，而道教主生，视东方为吉位。南方属火，四季中代表夏季，五色中与红色对应，象征丽阳之象，古人以“南面之尊”来形容帝王之位，因此儒家视南方为吉位。基于此，甲、乙、丙、丁四位在中国传统文化中视为吉祥之兆，再结合天德出现的时间，可推知应选在正月、六月、九月、十月这四月营建靖室。在屋宇的择址及具体形制上也有规制，《真诰》讲到：

> 制屋之法，用四柱、三桁、二梁，取同种材。屋东西首长一丈九尺，成中一丈二尺，二头各余三尺，后溜余三尺五寸，前南溜余三尺，栋去地九尺六寸，二边桁去地七尺二寸。东南开户高六尺五寸，广二尺四寸，用材为户扇，务令茂密，无使有隙。南面开牖，名曰通光，长一尺七寸，高一尺五寸，在室中坐，令平眉中。有板床高一尺二寸，长九尺六寸，广六尺五寸，荐席随时寒暑，又随月建，周旋转首。壁墙泥令一尺厚，好摩治之。此法在名山大泽无人之野，不宜人间①。

道教典籍中还常有“静舍”“靖舍”“幽室”“靖庐”等称谓，其实即静室或靖室的别称，它们都是道人们进行凝神静心、斋戒思神的修道空间。《太极真人敷灵宝斋戒威仪诸经要诀》曰：“静舍促可就容雅屋，此谓斋日权时行道耳。若欲长斋，久

---

① （南朝梁）陶弘景：《真诰》卷18，《道藏》第20册，第596—597页。

思求仙道，当别立斋堂，必令静洁肃整，罗列经案香炉，施安高座于其中也。”①《洞玄灵宝斋说光烛戒罚灯祝愿仪》曰：“当拱默幽室，制伏性情，闭固神乡，使外累不入。守持十戒，令俗想不起。”②《西山群仙会真记》云：“故日沐浴不可当风，若幽室静房，闭目冥心，伸身正坐，使元炁上升，通满四大，上入泥丸，此真沐真浴，万倍于外之水火也。”③《太上说玄天大圣真武本传神咒妙经注》讲：“然乃静思虔诚，诵其神咒。然者，道指也。静思，处靖庐坐也。虔者，殷诚者。信诵者，念其者。斯神者，神明。叩齿诵咒，咒者，盖以声发御邪。”④ 值得一提的是，靖庐之称谓常常还特指“三十六靖庐”，指三十六处高道修炼成仙之处，其地点遍及江西、四川、湖南、河南、陕西等多个省份，根据杜光庭的《洞天福地岳渎名山记》，这三十六靖庐分别为：绵竹庐、紫盖庐、泸水庐、丹陵庐、守玄庐、灵净庐、送仙庐、契静庐、凌虚庐、凤凰庐、子真庐、玄性庐、契玄庐、启元庐、出谷庐、君平庐、斗山庐、光天庐、腾空庐、昭德庐、寻玄庐、得一庐、启灵庐、宗华庐、朝真庐、黄堂庐、迎真庐、招隐庐、紫虚庐、启圣庐、凤台庐、东华庐、祈仙庐、元阳庐、东蒙庐、贞阳庐。

质言之，静室与靖室其内涵各有侧重，一个重“修心”，一个更看重“致诚”，但它们都是道士们进行修炼的修道空间，在

---

① 《太极真人敷灵宝斋戒威仪诸经要诀》，《道藏》第9册，第869页。

② （南朝宋）陆修静：《洞玄灵宝斋说光烛戒罚灯祝愿仪》，《道藏》第9册，第821页。

③ （唐）施肩吾：《西山群仙会真记》卷1，《道藏》第4册，第424页。

④ （宋）陈伀集疏：《太上说玄天大圣真武本传神咒妙经注》卷3，《道藏》第17册，第118页。

其中往往还会配有一套斋戒仪式和行为规范，通过这一修炼过程，达到祛病强身、解厄避祸、与神合真的目的。相对早期自然形成的山中石室，它在营建中体现了诸多道教义理思想，与道治教区概念相比，又更加微观具体，是向道教宫观演变过程中的重要一环。

四 北朝道观与南朝道馆

进入南北朝后，由于修道团体的壮大，加之统治阶级从自身立场出发，对道教进行了收编和改造，道教的发展得到皇权的支持，不少道教修道场所由皇帝敕建而成，但南北政权的长期分治，也使南北方道教各自走着相对独立的发展道路，表现在道教建筑上就是北方开始出现道观，而南方则主要以道馆形式存在。

北朝时期北方最有影响力的道教团体为楼观道派，该派宗老子《道德经》及“三洞经文”，力主华夷之辩，与佛教有过不少激烈交锋，奉《老子化胡经》《老子西升经》为本教经典。关于楼观之名，据《楼观本起传》云：“楼观者，昔周康王大夫关令尹之故宅也，以结草为楼，观星望气，因以名楼观。此宫观所自始也。问道授经，此大教所由兴也。”① 可知，道观以“观”为名来源于关令尹“以结草为楼，观星望气”之说，而宫观之始往前推及周康王时期显然不符合历史史实，是楼观道士为抬高道教地位与佛教抗争而杜撰之辞。实际上，楼观道发展成为一个有影响力道派是一个渐进过程。自汉代以来，楼观道祖庭终南山一

① （元）朱象先：《终南山说经台历代真仙碑记》，《道藏》第19册，第543页。

带不断有隐士来此修行，在隐士们眼中这里是体道养生的人间仙境，汉代《辛氏三秦记》说："中有石室灵芝，常有一道士，不食五谷。自言：'太一之精，斋洁乃得见之。'而所居地名曰地肺，可避洪水。"[①] 这一时期还属于前面所讲的早期以石室作为修道空间阶段，是修行者的个人体道行为，还未形成庞大的群体或统一组织。随着到此修行隐士不断增多，一些有名有姓的道士开始见诸典籍。《历世真仙体道通鉴》讲："魏元帝咸熙初(264—265)，(道士梁谌) 事郑法师于楼观。"[②] 《晋书·王嘉传》载有："王嘉，字子年，陇西安阳人也……至长安，潜隐于终南山，结庵庐而止。"[③] 但此时只能说是楼观道派开始形成时期，在楼观道发展过程中，北魏时道士王道义功不可没。《历世真仙体道通鉴》载：

道士王道义者，魏时人。博览群书，兼明纬候。知终南有尹喜登真之所，后魏孝文帝太和（477—499）中，自姑射山将门弟子六七人来居之。初，道士牛文侯、尹灵鉴等四十余人，敷弘道化，朝野钦奉。时岁歉，常住之资殆不充给。道义大修观宇，兴土木工，丁匠就役。日常百数，而用度不乏。人讶而窥之，则仓库皆备，取多而益不穷。咸知师之神化，阴有灵助。由是楼殿坛宇，一皆鼎新。惟秦始皇所造老子殿，以其宏丽，不加修饰。令门人购集真经万余卷，皆自捐己力，未始求于人[④]。

---

① （清）张澍：《辛氏三秦记》，爱如生数据库，清二酉堂丛书本，第3页。
② （元）赵道一：《历世真仙体道通鉴》卷30，《道藏》第5册，第270页。
③ （唐）房玄龄等：《晋书》，上海：上海古籍出版社，1986年，第1536页。
④ （元）赵道一：《历世真仙体道通鉴》卷30，《道藏》第5册，第272页。

从上文看，这可谓楼观真正意义上的开端，因其强大影响力，此后，北方道士的集体修行之所往往以“观”名之。

根据唐代释法琳《破邪论》，北魏时期有道观清通观，此观道士姜斌与僧人昙谟最曾有过激烈论战：“正光元年（520）岁次庚子七月，明帝加朝服，大赦天下。二十三日，请僧尼道士女官在前殿设斋，斋讫，帝遣侍中刘腾宣敕：‘请法师等与道士论议，以释弟子疑网。’尔时清通观道士姜斌与融觉寺法师昙谟最对论。”① 又有云居观，在终南山耿谷西，《历世真仙体道通鉴》载：

> 道士张法乐者，南阳人。幼而学道，性悦泉石。才及成童之年，托迹楼观，事尹起法师……寻幽访奇，卜居于耿谷之西。衣蔽茹蔬，谢绝人事，日诵五千文，及修雌一之道。炼形养炁，抱一守真，凡三十载。云生梁栋，霞集窗扉，人号为云居观……西魏废帝三年（554）三月，谓弟子张通曰：“我虽幽感，奈功德未就。近有神告，必不久留，当委形厚土二百余年。冥事贵密，汝可略知。”至四月十五日清旦，托几而化②。

文中说张法乐于西魏废帝三年羽化，在云居观中炼形养炁三十载，可知云居观大约建于公元524年。

北周时期的道观文献中也有提及，甄鸾在《笑道论》中谈到道教房中术时，说到“臣年二十之时，好道术，就观学”③。

① （唐）释法琳：《破邪论》，爱如生数据库，《大正新修大藏经》本，第13页。
② （元）赵道一：《历世真仙体道通鉴》卷30，《道藏》第5册，第272页。
③ （唐）释道宣：《广弘明集》卷9，爱如生数据库，《四部丛刊》景明本，第101页。

北周武帝还曾下诏翻修华山云台观，《云笈七籤》载：“王延，字子玄，扶风始平人也。九岁从师，西魏大统三年（537）丁巳入道，依贞懿先生陈君宝炽，时年十八。居于楼观，与真人李顺兴特相友善……后周武帝钦其高道，遣使访之……延来至都下，久之，请还西岳，居云台观，周武诏修所居观宇。”① 还有玄都观，《周书·武帝纪》记载：“建德元年（572）春正月戊午，帝幸玄都观，亲御法座讲说，公、卿、道、俗论难，事毕还宫。”② 玄都观的位置当在周都长安城内，甄鸾《笑道论》有提到“玄都道士所上经目”，《广弘明集》评论说：“道经、传记、符、图、论六千三百六十三卷，二千四十卷有本，须纸四万五十四张。”③ 由此可推知玄都观在当时声望显赫，可惜周武帝于建德三年（574）废佛道二教，《周书·武帝纪》载：“初断佛道二教，经像悉毁，罢沙门、道士，并令还民。并禁诸淫祀，礼典所不载者，尽除之。”④ 玄都观在这场废佛道活动中也未能幸免于难。

但在废佛道诏令后，周武帝紧接着又在长安城内设置了通道观，将三教人士集于此相互切磋学习。周武帝颁布的《立通道观诏》曰：

> 至道弘深，混成无际，体包空有，理极幽玄。但歧路既分，派源逾远，淳离朴散，形器斯乖。遂使三墨八儒，朱紫

---

① （宋）张君房辑：《云笈七籤》卷85，《道藏》第22册，第602页。

② （唐）令狐德棻：《周书》，上海：上海古籍出版社，1986年，第2590页。

③ （唐）释道宣：《广弘明集》卷9，爱如生数据库，《四部丛刊》景明本，第101页。

④ （唐）令狐德棻：《周书》，上海：上海古籍出版社，1986年，第2590页。

交竞；九流七略，异说相腾。道隐小成，其来旧矣，不有会归，争躯靡息。今可立通道观，圣哲微言，先贤典训，金科玉篆，秘迹玄文，可以济养黎元扶成教义者，并宜弘阐，一以贯之。俾夫玩培塿者，识高岱之崇崛；守碛础者，悟渤澥之泓澄，不亦可乎①。

从此诏文看，周武帝立通道观的初衷是试图统一民众思想，使佛道二教归于儒家思想的统领之下，为自己统一全国的霸业在思想文化上做好先行准备。尽管如此，客观上通道观主要还是体现其道教属性。周武帝请来出身楼观道的“田谷十老”入住通道观，使楼观道派借此机遇进一步发展壮大。其中“田谷十老”之首的王延入通道观后负责主持编纂了七卷《珠囊经目》，《云笈七籤》云：“令延校三洞经图，缄藏于观内。延作《珠囊》七卷。凡经、传、疏、论八千三十卷，奏储于通道观内藏，由是玄教光兴。”② 另外，通道观学士还编纂有一百卷的《无上秘要》，为流传下来的最早道教类书，保留了大量魏晋南北朝时期的早期道经，被方家誉为“六世纪的《道藏》”。

在南朝统治下的南方地区，尤其在江南一带则涌现出大量道馆，据《广弘明集》载：“馆舍盈于山薮，伽蓝遍于州郡……乃有缁衣之众，参半于平俗；黄服之徒，数过于正户。”③ 足见当时道馆之兴盛。笔者认为，南方道馆主要由之前的精舍演化而来，关于精舍，最早出自《管子·内业》“定在心中，耳目聪

① （唐）李延寿：《北史》，上海：上海古籍出版社，1986 年，第 41 页。
② （宋）张君房辑：《云笈七籤》卷 85，《道藏》第 22 册，第 602 页。
③ （唐）释道宣：《广弘明集》卷 9，爱如生数据库，《四部丛刊》景明本，第 320 页。

明，四肢坚固，可以为精舍”[①] 一语，尹知章注曰：“心者，精之所舍。”指出人的精神所寄居之处，基于此，精舍后来引申为儒家读经的学舍，例如，《后汉书·党锢传·刘淑》中说：“淑少学明五经，遂隐居，立精舍讲授，诸生常数百人。”[②] 之后，精舍又用来指佛道二教教徒的居住和修炼之所，例如，裴松之注《三国志》引《江表传》曰：“时有道士琅琊于吉，先寓居东方，往来吴会，立精舍，烧香读道书，制作符水以治病，吴会人多事之。”[③]《魏书·外戚传上·冯熙》提道：“熙为政不能仁厚，而信佛法，自出家财，在诸州镇建佛图精舍，合七十二处。”[④] 关于精舍与道教馆观间的联系，道教典籍多有说明，一般来说，精舍多为道教馆观的一部分或道教馆观是在原精舍基础上扩建而成的。《茅山志》中提道：“至所谓崇禧观，崇禧主人邹姓，以心远自命，宾予精舍。”[⑤] 又有：“晋太和元年（366），句容许长史在斯营宅，厥迩犹存。宋初，长沙景王就其地之東起道士精舍。天监十三年（514），劫买此精舍，立为朱阳馆。”[⑥]《历世真仙体道通鉴》载：

先生（陆修静）时溯江南，尤嗜匡阜之胜概，孝武帝大明五年（461），爰构精庐于白云峰下……至三月二日，忽偃然解化，其肤体晖映，异香芬馥。后三日，庐山诸徒共

① 李山译注：《管子》，北京：中华书局，2009 年，第 265 页。
② （南朝宋）范晔：《后汉书》，上海：上海古籍出版社，1986 年，第 994 页。
③ （晋）陈寿撰，（南朝宋）裴松之注：《三国志》，上海：上海古籍出版社，2011 年，第 1023 页。
④ （北齐）魏收：《魏书》，北京：中华书局，2017 年，第 1965 页。
⑤ （元）刘大彬编：《茅山志》卷 30，《道藏》第 5 册，第 691 页。
⑥ （元）刘大彬编：《茅山志》卷 20，《道藏》第 5 册，第 632 页。

见先生，霓旌霭然，还止旧隐，斯须不知所在，相与惊而异之。遗命盛以布囊，投所在崖谷。门人不忍，遂奉还庐山。时春秋七十二，所谓炼形幽壤，胜景太微者矣。有诏谥曰“简寂先生”，始以故居为简寂观，宗有道也①。

由此可见，相较静室或靖室，道教中精舍的用处更加综合多元，它不仅是凝神修心之所，还是道人们生活起居、阅经抄经、制作符水的场所，但相较后世的道教馆观，精舍一般仅是修道者个人的居所，而馆观则是多名道士集体居住修炼之处，规模上一般大于精舍。

南方道馆的兴盛还与当时的社会背景不无关系，自张鲁逝世后，天师道长期群龙无首，纲纪废弛，组织涣散，原来的“祭酒制”与“三会日制”不能有效推行，广大道民游离于天师道组织之外。《陆先生道门科略》对此有描述：“今人奉道，多不赴会，或以道远为辞，或以此门不往，舍背本师，越诣他治。唯高尚酒食更相衔诱，明科正教废不复宣，法典旧章，于是沦坠。纲纪既弛，则万目乱溃。不知科宪，唯信诡是亲。道民不识逆顺，但肴馔是闻。”② 这种情形下不仅不利于道教自身发展，更重要的是引起统治阶级的万分戒备，给汉朝以致命打击的黄巾起义，以及推翻西晋王朝的孙恩起义，对统治阶级的教训不可谓不深。因此统治者试图采取招安和扶持的手段对那些道教内部有一定影响力的道士进行收买和管制，以达到维护自身统治的目的。例如，《上清道类事相》载：“宋世宗明皇帝开岳以礼真命，筑

① （元）赵道一：《历世真仙体道通鉴》卷24，《道藏》第5册，第239页。
② （南朝宋）陆修静：《陆先生道门科略》，《道藏》第24册，第780页。

馆以招幽逸，乃钻峰构宇，刊石裁基，耸桂榭于霞岩，架椒楼于烟壑。”[①] 泰始年间（465—471），明帝将陆修静从庐山迎请来，在健康为其建“崇虚馆”，又为会稽出身的高道孔灵产于山中敕立“怀仙馆”。南朝齐高帝也时常“访求道逸，知彪之守志丘壑，不顾荣位，乃敕于此山为金陵馆主也”[②]。

“馆”在《说文解字》解释为：“客食也。从食，官声。《周礼》：‘五十里有市，市有馆，馆有积，以待朝聘之客。’”[③] 可知“馆”本义是为来此的宾客提供栖息膳食之处，在此基础上引申为礼待贤人之所，早在西汉时，宰相公孙弘就曾“起客馆，开东阁以延贤人，与参谋议”[④]，这表明“馆”的内涵除食宿起居之外进一步扩展至一个文化娱乐交流空间的概念。南朝的道馆体现了这一内涵，统治者在山川城邑置设道馆，招徕四方隐逸之士，并以宾客之礼待之，道士们不仅在此居住修持，还在此交流修道体验，弘扬道法。由此可见，尽管均属道教团体的道场，从名称渊源上看，南方道馆与北方道观“结草为楼，观星望气”的内涵还是有着本质区别。

南朝时期是道馆飞速发展的阶段，典籍中现有据可查的也不下六十处，因此不能一一详述，现择取南朝各时期具有代表性的道馆加以介绍。

道馆之兴始于南朝刘宋时崇虚馆的设立，为宋明帝于泰始三

① （唐）王悬河：《上清道类事相》卷2，《道藏》第24册，第879页。
② （唐）王悬河：《上清道类事相》卷1，《道藏》第24册，第877页。
③ （汉）许慎撰，汤可敬译注：《说文解字》，北京：中华书局，2018年，第1040页。
④ （汉）班固撰，（唐）颜师古注：《汉书》，北京：中华书局，1962年，第2621页。

年（467）为陆修静所建，《三洞珠囊》引《道学传》叙述了这一营造始末：

陆修静，字元德，吴兴东迁人也，隐庐山瀑布山修道。宋明帝思弘道教，广求名德，悦先生之风，遣招引。泰始三年（467）三月乃诏江州刺史王景以礼敦劝，发遣下都……至都，敕主书计林子宣旨，令住后堂。先生不乐，权住骠骑航扈客子精舍。劳问相望，朝野钦属……朝廷欲要之以荣，先生眇然不顾。宋帝乃于北郊筑崇虚馆以礼之，盛兴造构，广延胜侣。先生乃大敞法门，深弘典奥，朝野注意，道俗归心。道教之兴，于斯为盛也①。

崇虚馆的位置在都城建康城北郊，据《茅山志》载“（崇虚）馆本宋明帝敕立于潮沟”②，当为可信，“潮沟”或城北郊某一地名，盖以当时营建地的地貌特征而名之。泰始七年（471）陆修静曾在崇虚馆为宋明帝主持三元斋，《三洞珠囊》引《道学传》载：

宋大始七年四月，明帝不豫，先生率众建三元露斋，为国祈请。至二十日，云阴风急，轻雨洒尘，二更再唱，堂前忽有黄气，状如宝盖，从下而升，高十丈许，弥覆阶墀，数刻之顷，备成五色，映暖檐梘，徘徊良久，忽复回转至经台上，散漫乃歇。预观斋者百有余人，莫不皆见。事奏，天子疾瘳，以为嘉祥③。

---

① （唐）王悬河：《三洞珠囊》卷2，《道藏》第25册，第305—306页。
② （元）刘大彬编：《茅山志》卷15，《道藏》第5册，第617页。
③ （唐）王悬河：《三洞珠囊》卷2，《道藏》第25册，第299页。

崇虚馆还是当时道教内部重要的学问交流平台，梁代著名道士孟智周曾在此讲学，《上清道类事相》引《道学传》云："孟智周，丹阳建业人也，宋朝于崇虚馆讲说，作《十方忏文》。"①

宋明帝时期，还为会稽道民孔灵产敕立有怀仙馆，据《太平御览》载：

孔灵产，会稽山阴人也。遭母忧，以孝闻。宴酌珍馐，自此而绝。馆蔬布素，志毕终身。父见过毁恻然，命具馔。灵产勉从父命，咽以成疾。父以人有天性不可移，遂不复逼。深研道几，遍览仙籍。宋明帝于禹穴之侧立怀仙馆，诏使居之。迁太中大夫，加给事。高帝赐以鹿巾猿裘竹素之器，手诏曰："君有古人之风，赐以林下之服，登泛之日可以相存也。"②

建元元年（479），齐高帝为褚伯玉于会稽剡县白石山敕立太平馆，馆名源于褚伯玉生前尊奉《太平经》，《上清道类事相》引《道学传》曰：

褚伯玉，字元璩，吴郡钱塘人也。隐南岳瀑布山，妙该术解，深览图秘，采炼纳御，靡不毕为。齐高祖诏吴、会二郡以礼资迎，又辞以疾。俄而高逝，高祖追悼，乃诏于瀑布山下立太平馆。初伯玉好读《太平经》，兼修其道，故为馆名③。

---

① （唐）王悬河：《上清道类事相》卷1，《道藏》第24册，第877页。
② （宋）李昉编：《太平御览》，爱如生数据库，《四部丛刊三编》景宋本，第3963页。
③ （唐）王悬河：《上清道类事相》卷1，《道藏》第24册，第878页。

著名高道陶弘景隐居于茅山华阳馆，此道馆非统治者敕立，而是由陶弘景及弟子们自建，《茅山志》载："先生丹阳陶，仕齐奉朝请。壬申岁（492）来山，栖身高静，自号隐居。同来弟子吴郡陆敬游，其次杨、王、吴、戴、陈、许诸生。供奉阶宇，湖孰潘逻及远近宗禀不可具记。悠悠历代，讵勿识焉。"① 华阳馆的营建，有两人功不可没，一位是为其提供物力的宜都王萧铿，《华阳陶隐君内传》说他"裘镜九种赠别，给衣、书、车乘，出使亲侍左右五六人送至湖熟，吏役数人长给在山触事管理"②。另一位是陶弘景的弟子陆敬游，他在道馆的营建上主要是提供了人力，陶弘景《授陆敬游十赉文》中回顾说："携手東驱，创居兹岭。脉润通水，徙石开基。登崖断干，越垄负卉。筋力尽于登筑，气血疲乎趋走。肌色憔悴，不以暴露为苦；心魂空慊，宁顾饥寒之弊。栋宇既立，载罹霜暑。于时七稔，经始甫讫。"③ 从文中可感受到，陶弘景对华阳馆注入了深厚情感，遗憾的是，陶在华阳馆中仅居住十三年，在梁武帝改事佛教及陶弘景为其炼丹不成的背景下，开始了长达六年的流亡生涯，尽管后来武帝大赦天下，陶于天监十三年（514）返回茅山，也仅是于华阳馆中短暂居住，次年移居于梁武帝敕立的朱阳馆以西的居所。

朱阳馆本是道士潘渊文启奏而敕立的，《茅山志》载："朱阳馆主，上清道士潘渊文。隐居奉三茅二许经宝，以天监十二年（512）启敕所建。"梁武帝曾邀请陶弘景入住朱阳馆，陶弘景却

---

① （元）刘大彬编：《茅山志》卷 8，《道藏》第 5 册，第 590 页。
② （唐）贾嵩：《华阳陶隐居内传》卷上，《道藏》第 5 册，第 503 页。
③ 《华阳陶隐居集》卷上，《道藏》第 23 册，第 643 页。

婉拒了，《华阳隐居内传》称："甲午年劲买故许长史宅、宋长沙馆，仍使潘渊文与村官师匠营起朱阳馆。自于馆東建药屋静院，云蹑玄洲之迹。"① 陶弘景谢绝梁武帝邀请的真正原因恐怕是因为经历了一系列政治事件后，不让自己处在风口浪尖上的一种明哲保身之举。

综而论之，南北朝时期道教已由过去自由发展的宗教演化为受国家利用和管制的宗教，此时的道观与道馆的性质较之前的道教建筑也随之发生质的变化。首先，道教建筑的营建多由统治者主持，建筑规格和档次上都有了相当大的跃升。其次，道教馆观的看守者由过去来自民间领户治民的祭酒转变为专业的神职人员。再次，道教馆观的经济来源发生了根本改变，之前的经济来源比较单一，依赖于强制收受信徒民众的供养物资，而此时经济来源更加多元化，包括统治者的资助，信教民众的香火收入，以及道士们做法事及从事耕作而获得的收入。总之，这一时期的道教馆观与后世道教宫观已无本质区别。

五　成形于隋唐的道教宫观

隋代的建立者隋文帝杨坚重视佛法，自周武帝灭佛后，作为北周大丞相的杨坚就开始着手推动佛法复兴，正如汤用彤先生所讲："宣、静二帝之复教，疑实出丞相杨坚之意。故佛法再兴，实由隋主也。"② 隋朝建立后，隋文帝于开皇十一年（591）下诏

① （唐）贾嵩：《华阳陶隐居内传》卷中，《道藏》第5册，第507页。

② 汤用彤：《汉魏两晋南北朝佛教史》，上海：上海人民出版社，2015年，第383页。

曰："朕位在人王，绍隆三宝，永言至理，弘阐大乘。"① 明确表达了他弘扬佛法的立场。为了弘扬佛法，隋文帝在全国各地大肆兴建佛寺，令五岳各建佛寺一座，请州县建立僧、尼寺各一所。不过隋文帝在宗教政策上并不是仅依凭个人喜好，而是从政治现实角度出发力图佛道二教间的平衡。在隋朝都城大兴城的设计上，建有皇家寺院与道观，即将兴善寺与玄都观分别安置于遵善坊和崇业坊内，位于朱雀大街东西两侧。大兴城有六座平行凸起的高地，规划者宇文恺根据乾卦卦义，"于九二置宫殿以当帝王之居；九三立百司，以应君子之数；九五贵位，不欲常人居之，故置此观及兴善寺以镇之。"② 另外，隋文帝还在开皇二十年（600）下令："敢有毁坏偷盗佛及天尊像、岳镇海渎神形者，以不道论。沙门坏佛像，道士坏天尊者，以恶逆论。"③ 这种佛道平衡的政策，可以说一定程度上限制了佛教势力的过度膨胀，为道教的发展赢得了一定空间。有隋一代，全国新增建了几十座道观，其中京畿地区有玄都观、至德观、清虚观、灵应观等，其他地区有嵩阳观、弘明观、至真观、餐霞观等。值得说明的是，翻查此时期的文献，几乎所有的道教道场均以"道观"名之，而不是南北朝时期"道观"与"道馆"并称的情形，这当是由于隋朝的建立结束了国家长期南北分治的局面，统治者站在统一思想和文化的立场而进行的强制规范，况"观"与"馆"音近，文本上做到统一也是很自然之事。

---

① （隋）费长房：《历代三宝记》，爱如生数据库，金刻赵城藏本，第 192 页。

② （宋）宋敏求：《长安志》卷 9，爱如生数据库，文渊阁《四库全书》本，第 76 页。

③ （唐）魏征等：《隋书》，上海：上海古籍出版社，1986 年，第 3256 页。

唐朝以降，自唐初武德年间太史令傅奕上表废除佛法后，佛道二教就孰优孰劣问题展开过激烈辩论，最后唐高祖李渊于武德八年（625）下诏于天下曰："老教孔教，此土先宗，释教后兴，宜从客礼。令老先、次孔、末后释宗。"[①] 此诏令奠定了有唐一代儒释道三家共存，道先佛后的宗教政策。唐高祖之所以做出这样的排序，是出于更好地维护自身政权统治。一方面，佛寺的寺院、僧人数量都远在道教之上，其过度膨胀势必威胁到俗世政权，高祖通过抬高道教地位在一定程度上达到抑制佛教的目的。另一方面，道教"教主"老子姓李名耳，与大唐皇室同姓，在当时极为看重门阀出身的社会环境下，追认老子为唐朝皇室的先祖可以抬高其本姓氏的门第地位，并且老子已成为神的化身，以老子为先祖体现了"君权神授"原则，为唐政权的合理性找到了根据。为了强化老子地位，唐高祖于上元元年（674）"请王公百僚皆习《老子》，每岁明年一准《孝经》《论语》例试于有司"[②]，将道教经典定为明经科考试科目之一。

因老子成为唐代皇室先祖，老子庙自然成为唐皇室的家庙，除需以高规格祭祀还需派专人管理。唐代国家机构中设有"宗正寺"，以"掌九族六亲之属籍，以别昭穆之序，并领崇玄署"[③]，而崇玄署"掌京都诸观之名数、道士之账籍，与其斋醮之事"[④]。乾封元年（666），又加封老子"太上玄元皇帝"的尊号，将老子纳入李唐皇室之列，较之前追封为先祖又进一步，因

---

① （清）陆心源编：《唐文拾遗》卷 1，爱如生数据库，清光绪刻本，第 1 页。
② （后晋）刘昫：《旧唐书》，上海：上海古籍出版社，1986 年，第 3496 页。
③ 同上，第 3704 页。
④ （后晋）刘昫：《旧唐书》，上海：上海古籍出版社，1986 年，第 3704 页。

此供奉老子的地方也应以“宫殿”名之，所以唐玄宗于天宝二年（743）“改西京玄元庙为太清宫，东京为太微宫，天下诸郡为紫极宫”[①]。自此，唐代一般将祀老子之处且规模较大者均以“宫”名之，道教道场也常连称为“宫观”。

在唐代，道教一直受到官方重视，道教宫观营建也获得了前所未有的发展，仅唐代都城长安城内就多达四十一处宫观。唐末杜光庭在《历代崇道记》中说：“臣今检会从国初以来，所造宫观约一千九百余所，度道士计一万五千余人，其亲王贵主及公卿士庶或舍宅舍庄为观，并不在其数。”[②] 可见，1900余处宫观仅是保守数字。唐代的道教宫观来源主要有三：一是前代遗留下来的；二是唐代统治者敕建的；三是皇族公卿贵族们舍宅为观。贵族们改家宅为道场在唐代时有发生，例如武则天将虢州行宫改为奉仙观，将岳奉天宫改为嵩阳观。唐睿宗舍东京宅为景元观，舍太原宅为唐隆观。如此庞大的道教群体，其经济来源除皇室资助外，主要依靠还是观产劳作所得。唐玄宗曾下诏普赐观户，《册府元龟·帝王部·尚黄老》载：“其天下有洞、宫、山，各置坛、祠、宇，每处度道士五人，并取近山三十户，蠲免租税差科，永供洒扫。”[③] 观户在道经中称作净人，道观中有净人坊，即为净人的居处，《洞玄灵宝三洞奉道科戒营始》载：“科曰：凡净人坊皆别院安置，门户井灶，一事已上，并不得连接师房，

① （后晋）刘昫：《旧唐书》，上海：上海古籍出版社，1986年，第3509页。
② （五代）杜光庭：《历代崇道记》，《道藏》第11册，第7页。
③ （宋）王钦若等编纂，周勋初等校订：《册府元龟》，南京：凤凰出版社，2006年，第568页。

其有作客，亦在别坊安置……凡车牛骡马并近净人坊，别作坊安置。”① 净人一般从事的都是世俗生计之事，是道教宫观中生产劳作的人群，为宫观经济的直接创造者。

综而论之，唐朝是道教宫观制度成熟确立时期，这一时期“宫观”之名开始指称道士们祀神、修炼、居住之场所，其中规模较大且祀老子的道场名之为“宫”，如终南山宗圣宫、长安太清宫、洛阳太微宫等，但后世道教宫观又稍有流变，一般仅将规模较大者称作“宫”，不一定主祀老子，如西安重阳宫和八仙宫等。此外，道教宫观的经济来源也更加多元化，每座宫观都配有一定数量的观户，观户不用向政府缴纳税收，其劳动收入主要用于道教宫观的日常运作。

① （唐）金明七真：《洞玄灵宝三洞奉道科戒营始》卷1，《道藏》第24册，第746页。

第二章　川北地区道教建筑的营建思想

道教建筑是中国传统建筑重要组成部分，是研究中国传统建筑思想文化的重要物质载体。关于道教建筑概念，一般定义是："道教建筑是道士用以祀神、修炼、传教以及举行斋醮仪式的场所。"[①] 王宜峨的定义为："道教建筑泛指以道教宫观为主要形式的宗教建筑，包括供奉神仙的殿堂、回廊、亭阁、庭园、墓塔、碑匾、造像、壁画以及宫观建筑布局等，是道教徒进行宗教活动的主要场所，中国古代建筑的重要组成部分。"[②] 詹石窗认为："道教建筑是以道教宫观为主要形式，体现羽化登仙信仰精神的一种宗教建筑。其门类有桥、坊、榭、塔、亭、台、坛、门、阙、阁、廊、斋、轩、舍、馆、楼、庙、府、堂、殿、观、宫等等。这些建筑门类或用以祭祀，或用以斋醮祈禳，或用以修炼，或用以游览憩息。作为一种建筑群体，道教建筑不仅具有'使

---

① 周谊等：《道教建筑——神仙道观》，北京：中国建筑工业出版社，2010 年，第 22 页。

② 胡孚琛：《中华道教大辞典》，北京：中国社会科学出版社，1995 年，第 1641 页。

用价值’，而且具有艺术价值。一般地说，道教名山宫观建筑群，本身就是综合性的园林式建筑，是渗透了道教文化内蕴的艺术结晶。”[①] 综观以上定义，主要是从建筑的表现样式、功能及艺术性上对道教建筑进行界定，都从某一侧面把握住了道教建筑的特质。但是，仅仅从道教建筑的外在形式与功能或者是艺术特色来界定道教建筑的内涵与外延，还不能够贴切反映道教建筑本身孕育的生生不息的“道气”与“道貌”。如果换一视角，也许可以获得一种新的启示，从“道化生万物”的角度审视，道教建筑也是形而上“道”的具象物，是道教思想的物质化载体，对此，我们也可以说：“道教建筑深受道教思想影响，尤其是道教心性、道教科仪等道教体道行法思想影响。”[②] 从这一视角来透视，我们就可以把握道教建筑所内蕴的“仙道意境”。换句话说，道教建筑的营建体现了道教思想文化的特质。基于此种思路，笔者认为，道教建筑是道教义理思想的物化载体，是道教理念落实在形而下之建筑实体上所呈现出的总和。

第一节　川北道教宫观资源的地理分布

作为连接中原地区与蜀地的通道，川北地区担负着重要物资运输和文化交流的职能，著名的剑门蜀道就位于这一区域，它北

① 卿希泰、詹石窗：《道教文化新典》，上海：上海文艺出版社，1999 年，第 1059 页。

② 吴保春、盖建民：《道教建筑意境与道教体道行法关系范式考论》，《世界宗教研究》2017 年第 3 期。

起陕西汉中，从宁强入川，至广元、剑阁、梓潼，绵亘 150 余公里，在长期的交流过程中，其沿线及附近地区留下了丰富的历史文化资源，有关道教方面的同样是绚烂多姿，早在道教创立之初，张道陵创立的二十四治中的云台山治就位于川北的阆中市与苍溪县境内。

绵阳作为剑门蜀道上的一个重要环节，其境内保留有众多道教文化资源，现绵阳地区道观主要分布于绵阳城区，绵阳北部、东北部及东南部几个区域。涪城区南湖公园内的玉皇观属天神宫观，是城区内最大道观，始建于清光绪三十二年（1906），主祀玉皇大帝，为绵阳市道教协会所在地。涪城区西山公园内有仙云观，相传为蜀八仙之一尔朱仙的修炼之处，始建于隋唐，现存建筑为清道光十五年（1835）重建，分前后二殿，前殿为玉皇殿，后殿为大佛殿，为佛道混合道观。另涪城区边堆山脚下还有三清道观，规模很小。绵阳北部的江油窦圌山风景区内有座千年古刹，全国重点文物保护单位——云岩寺，建于唐代，初名“云岩观”，现寺内主体已为佛教建筑，但仍有三清殿、财神殿等道教殿堂，属佛道混合寺观。目前该寺保存有南宋时建筑“飞天藏”，是我国唯一现存的宋代道教转轮经藏，具有很高的历史文物价值和艺术价值。云岩寺后窦圌山山峰上建有窦真殿、鲁班殿、东岳殿、玉皇殿、真武殿等道教建筑，其中真武殿在 2008 年汶川地震中已遭损毁。市区东北的梓潼县是文昌帝君的祖庭，境内七曲山上有大庙，为全国重点文物保护单位，其历史可追溯至春秋时期的善板祠，现存建筑几乎为明清时所建，庙内还存有明崇祯时期铸造的十尊铁铸神像。距大庙不远的凤凰山上有敕法仙台道观。市域东南方位三台县境内有云台观，始建于南宋，主祀真武大帝，观内保存有万历年间（1563—1620）铸造的大铁钟。另原观内文物万历皇帝诏书、太监象笏及郭元翰编辑的墨本《云台胜记》现保存在三台县文物管理所内。市区东南的盐亭县黄甸镇境内有真常观，据传说始建于汉代，现存建筑为清咸丰时期建筑。

图 2.1　绵阳梓潼敕法仙台道观（笔者摄）

南充地区现存道教宫观主要集中于南北两大区域，一个是南充城区及周边地区，一个是北部以阆中地区为核心的区域。南充市顺庆区的舞凤山上有舞凤山道观，相传是五代十国时期前蜀后主王衍敕建，观内石碑上刻有《舞凤山衍庆宫仙官降乩》和《重修舞凤山道观碑记》等重要文献资料。南充嘉陵区西山山脉余脉有金泉山与宝台山，在这不大的区域内却留有众多仙迹，如会仙观、天罡庙、金泉井、谢自然飞升石（已损毁）、会仙桥、会仙溪等，其中金泉井被列为南充市文物保护单位。南充高坪区城南的嘉陵江畔朱凤山山巅有朱凤寺，唐代时名凤山观，曾是道士尔朱洞、李淳风的修炼之地，后逐渐被佛教势力侵占，宋初更名为“朱凤寺”。这种道佛相易的情况在川北地区非常普遍，例如，南充高坪区白塔公园内的宝寿寺最开始也属于道教，名为东岳庙；南充嘉陵区西山风景区内的栖乐寺在唐代时也为道观。位于高坪区老君镇的凌云山风景区以奇特的风水格局享誉四海，景区内各山峰构成左青龙、右白虎、前朱雀、后玄武的形局，而道教宫观玄天宫正建于玄武山上，这里有三清殿、真武宫、八卦台、老君阁等道教建筑，其中真武宫与老君阁就坐落在龟背上，可谓是占据了景区内最佳风水宝地。嘉陵区西兴街道的乳泉山上有老君庙，因山体崖壁上有两个酷似女性乳房的石头，山泉水从乳尖处滴下，故名乳泉山。老君庙还曾是刘伯承元帅指挥顺泸起义的指挥所，观后山崖崖石上刻有“苏维埃政权为工农”的大型标语，至今仍十分醒目。顺庆区芦溪镇有老君山道观，建筑规模宏伟，气势磅礴，始建于唐朝开元年间（713—741），历史上谢自然、张三丰、邱长春等高道均有到此讲道弘法。不幸的是，在悠悠岁月长河中，老君山道观历经了三次大的损毁，现有建筑为 20 世纪 90 年代后重建。嘉陵区安平镇有云台山道观，该道观可追溯到明末的东林寺，后该寺毁于战火，直至民国时期，有高峰山的高道来此山传道，该地逐渐发展为道教圣地。该观的一大特色是道观山门两侧有一对天然的石龙和石虎，形成左青龙右白虎的拱卫之势，道人们形象地称之为“龙虎门”。阆中古城嘉陵江南岸有锦屏山，山上有吕祖殿与八仙洞，传说吕洞宾曾云游到此，在其邀约下，八仙曾会聚于八仙洞。阆中文城镇王家山上有一巨大的岩厦，名灵城岩，岩厦宽 50 米，进深 18 米，高 4 米，其内供奉有道教神像，当地村民视之为灵庙，前来灵城观烧香供奉的人络绎不绝。灵城观内还保存有不少石刻，如洞口石壁上的“灵城岩”三字，唐代摩崖造像 5 龛 70 余尊，洞内宋、元、明、清各代存留的碑刻十通，灵城岩石刻现已被列为南充市级文物保护单位。南部县丘垭乡有醴峰观，虽名为“观”，却是一处佛寺，建于元代，乃四川仅存的七处元代建筑之一，为国家级文物保护单位。仪陇县义路镇有伏虞山明道观，现为附近地区最大的道教道场，始建于唐代，现有建筑为 20 世纪 80 年代后重建。

图 2.2　南充南部（县）醴峰观（笔者摄）

广元地区的宫观资源也十分丰富，各区县均有分布。利州区东坝有慈航宫、青林祖师观、伍显庙，下西街区有真武宫，利州区南的龙潭有元山观，天曌山景区内有灵台观。昭化区昭化镇有牛头山道观和天雄观，临近的大朝乡境内有云台山道观。北部朝天区则分布有洪督观、飞仙观、红庙子、金台观、九龙观、碧峰观等众多道观。西部的青川县以乔庄镇的禹王宫为代表，东部的旺苍县则以东河镇青林山玉皇观为代表。广元南部的苍溪、剑阁两县也是道教宫观集中分布的区域，苍溪县为张道陵创立的云台山治所在地，并且是他晚年传道和最后升真之所；而剑阁县境内有鹤鸣山，有学者认为此山才是张道陵创立天师道之地，而非成都大邑鹤鸣山。苍溪的主要宫观有县城内的西武当山真武宫，云峰镇云台山云台观，月山乡烟雾山真庆宫，白鹤乡慈航殿，东青镇天台观等。剑阁境内有普安镇鹤鸣山鹤鸣仙观，龙源镇七宝山道观，杨村镇文昌宫，高观乡玄穹观等。这些宫观在区域上也呈现出各自的特征，一般有一定影响力的较大道场主要分布在利州区和苍溪县境内，如天曌山灵台观、西武当山真武宫、云峰镇云台观等。西武当山真武宫是西部最大的正一道道场，每两年一届的正一道传度法会在此隆重举办。传为张道陵升真之域的云峰镇云台观历史源远流长，曾几经兴废，虽留存下的实物不多，但文人墨客的诗文和道教中的传说却不绝于耳，说其为道教宫观的源头之一一点也不过分。广元朝天区的宫观则多为山头小庙子，并以主祀真武大帝最为普遍，庙子几乎不是由道士住持看守，而是由当地乡民负责管理。此地区的宫观绝大部分也属 20 世纪 80 年代后重建，保留下来的历史文物不多，唯有昭化天雄观和朝天碧峰观内还有不少明清时期的碑刻，只可惜天雄观的碑刻风化较为严重，很多字迹已湮灭难辨，碧峰观的碑刻则破坏较严重，大部分为残碑碎片，现堆放于真武主殿前的角落里。

图2.3　广元朝天金台观（笔者摄）

第二节　川北道教宫观体现的择址原则

一　道教堪舆的理论基础

（一）天人合一理念

“天人合一”这一提法源自宋代张载，他在《正蒙·乾称》中说：“儒者则因明致诚，因诚致明，故天人合一，致学而可以成圣，得天而未始遗人。”① 但“天人合一”这一理念在中国古代思想史上早已占据主导地位。远古时期，我们的先民通过

① 李敖编：《周子通书·张载集·二程集》，天津：天津古籍出版社，2016年，第87页。

“观物取象”“立象尽意”的方式来把握大自然的奥秘。《周易·系辞下》说：“古者包栖氏之王天下也，仰则观象于天，俯则观法于地，观鸟兽之文，与地之宜，近取诸身，远取诸物，于是始作八卦，以通神明之德，以类万物之情。”①

“天人合一”理念首先表明人与外在于自身的万物间具有一致性。《诗经·大雅·烝民》说：“天生烝民，有物有则。民之秉彝，好是懿德。”②《孟子·尽心上》说：“尽其心者，知其性也。知其性，则知天矣。”③汉代董仲舒提出“人副天数”说，即人是天的副本，二者间有着一一对应关系。张载说：“理不在人皆在物，人但物中之一物耳。”④这些观点无非是在表明，自然界与人类是一个统一体，二者共同受着统一法则支配。

这一理念在堪舆实践中有着重大意义，古代堪舆家往往将大地视为活的有机体，认为与人体间具有相类关系，相地如相人。唐代曾文迪在《青囊序》中把人体中流动的血液比作自然界的水和气。宋代蔡元定在《发微论·刚柔》中则把人身上的血气骨肉比作自然界的水火石土：“水为太柔，火为太刚，土为少柔，石为少刚，所谓地之四象也……合水、火、土、石而为地，犹合血、气、骨、肉而为人。”⑤《水龙经·水法》也讲到：“石为山之骨，土为山之肉，水为山之血脉，草木为山之皮毛，皆血脉之贯通也。”《黄帝宅经》中相关论述是：“以形势为身体，以

① 黄寿祺、张善文译注：《周易》，上海：上海古籍出版社，2007 年，402 页。

② 《诗经》，北京：北京出版社，2006 年，第 335 页。

③ 《孟子》，北京：中华书局，2006 年，第 288 页。

④ 李敖编：《周子通书·张载集·二程集》，天津：天津古籍出版社，2016 年，第 95 页。

⑤ （晋）郭璞撰，程子和点校：《图解葬书》，北京：华龄出版社，2015 年，第 532 页。

泉水为血脉，以土地为皮肉，以草木为毛发，以舍屋为衣服，以门户为冠带，若得如斯，是事俨雅，乃为上吉。”①

这种把大地视为有机体的思想与我国的中医学间有着密切联系，中医里的许多经络穴位名称都与山川、丘陵、河谷等地理上的名称有关，例如，海（照海、小海等）、河（四渎）、溪（太溪、后溪等）、沟（支沟）、地（地仓）、井（天井）、泉（涌泉、阴陵泉等）、池（阳池、曲池等）、泽（天泽、少泽等）、渊（太渊）、渚（中渚）、山（承山、昆仑等）、丘（商丘、丘墟等）、陵（大陵、下陵等）、谷（河谷、然谷等）等地理和地貌名称。可见中医的经络穴位概念来自古代相地之学。

上天与人间具有统一法则，根据这一法则可以寻找到吉地，但并不意味着人只能因顺于自然状态，在环境有缺憾时，人完全可以在遵循规律的前提下对环境加以改造，使之更适合人们生存发展的需要。例如，古代人们常常在村镇进出口的水口山上修建道教建筑文峰塔或魁星楼，这是古人有意识地对环境加以改造，他们认为这样可以弥补当地文峰低小的缺憾，可以使此地出更多的文人才子。

“天人合一”理念还认为人与万物间是相通的，可以互相发生感应，正如《中庸》所说：“国家将兴，必有祯祥；国家将亡，必有妖孽。”② 抛开古代“天人感应”的迷信成分，这种万物间相互感应的说法并不是没有道理，这个世界本来就是各种事物相互联系作用而构成的一个庞大系统，某些事物的变化会对其

① （汉）青乌先生等：《黄帝宅经·青乌先生葬经·葬图·青乌绪言》，台北：新文丰出版公司，1987 年，第 18—19 页。

② 李史峰编：《四书五经》，上海：上海辞书出版社，2007 年，第 10 页。

他事物产生这样或那样的影响，进而使整个系统也发生改变。比如，人类在发挥自身主观能动性改造环境时，如果违背了自然规律，不仅达不到预期效果，还会受到自然界应有的惩罚。目前，世界上存在的温室效应、酸雨现象、核辐射等环境问题就是明证。古人认为万物间发生感应的媒介物是“气”，汉代的董仲舒在《春秋繁露》中说：“天地之间，有阴阳之气，常渐人者，若水常渐鱼也。所以异于水者，可见与不可见耳，其澹澹也。”① 可以这么认为，这里的“气”是一种能量场，它在万物间起着能量感应及平衡的媒介作用。堪舆家们也认为“气”充当着这种感应媒介物作用，就像郭璞《葬书》论述的“夫阴阳之气，噫而为风，升而为云，降而为雨，行乎地中而为生气”②，“是以铜山西崩，灵钟东应。木华于春，粟芽于室”③。

（二）阴阳五行学说

阴阳五行学说是我国古代先民在长期生产实践中总结提炼出来的一套思想体系，反映了古人对这个世界的认知图式。阴阳消长、五行生克的思想弥漫于人们从事的各个领域，很多学科都是以阴阳五行学说作为基本框架建立起来的，如中医、堪舆理论等。例如，堪舆家将五行与五方、五季联系起来以推断宅屋的吉凶祸福。可以这么说，如果不懂阴阳五行学说，也不可能理解中国古代的风水术。

阴阳最早出于《诗经·大雅·公刘》中的“相其阴阳，观

① （汉）董仲舒撰，（清）董天工笺注：《春秋繁露笺注》，上海：华东师范大学出版社，2017 年，第 226 页。

② （晋）郭璞撰，程子和点校：《图解葬书》，北京：华龄出版社，2015 年，第 145 页。

③ 同上，第 137—138 页。

其流泉”[1]，描述了周族远祖公刘考察某处时的情景。但阴阳最初本意仅仅指太阳向背，物体向太阳一面为阳，背向太阳一面为阴。通过长期观察，古人发现世间万事万物都由两种相反事物构成，如白天黑夜、天空大地、男人女人、夏天冬天、干燥湿润等等，于此逐渐抽象，则泛指事物中存在的两种相反力量。这种相反力量又总是处在相互转化之中，从而又推动事物的发展变化。《周易·系辞下》说：“日往则月来，月往则日来，日月相推而明生焉；寒往则暑来，暑往则寒来，寒暑相推而成岁月焉。”[2]《周易》中蕴含着丰富的事物矛盾对立而生变化的思想，阳爻“—”与阴爻“--”代表天地初创时的两种基本力量，通过阴阳爻富于变化的组合衍生出六十四卦，从而推演出宇宙、社会、人生的千姿百态。尽管如此，一切现象的背后最基本的动力还是“阴”和“阳”这两大要素。

道教堪舆术十分重视阴阳思想，《黄帝宅经》开篇讲：“夫宅者，乃是阴阳之枢纽，人伦之轨模。”[3]强调宅屋吉凶的道理最根本上说就是阴阳的道理，具体来说，就是阴阳保持平衡达到和谐状态。《吕氏春秋·重己》说：“室大则多阴，台高则多阳；多阴则蹶，多阳则痿。此阴阳不适之患也。”[4]《山法大成》说：“山者，地之阴气也；水者，地之阳气也，阴阳交媾而后融结。

---

① 《诗经》，北京：北京出版社，2006年，第318页。

② 黄寿祺、张善文译注：《周易》，上海：上海古籍出版社，2007年，第408页。

③ （汉）青乌先生等：《黄帝宅经·青乌先生葬经·葬图·青乌绪言》，台北：新文丰出版公司，1987年，第5页。

④ （战国）吕不韦编，刘生良评注：《吕氏春秋》，北京：商务印书馆，2015年，第13页。

故有一龙，必有一条配龙之水。”① 管辂《地理指蒙·复向定穴》说：“欲其高而不危，欲其低而不没。欲其显而不彰扬暴露，欲其静而不幽囚哑噎。欲其奇而不怪，欲其巧而不劣。”② 在建筑平面布局上，阴阳间的平衡又表现为建筑群“中轴对称”的原则，这也是我国古典建筑的一大特色。

五行最早出自《尚书·洪范》，“五行：一曰水，二曰火，三曰木，四曰金，五曰土。水曰润下，火曰炎上，木曰曲直，金曰从革，土爰稼穑。润下作咸，炎上作苦，曲直作酸，从革作辛，稼穑作甘。”③ 由此可知，五行最早仅是指五种与百姓日用最密切相关的基本物质，后来逐渐演化为抽象概念，自然界及社会生活中的一切事物都可以根据其属性相应地进行归类，并按照五行生克的法则运动变化。例如，当五行与五方对应，就有木—东、火—南、土—中央、金—西、水—北的对应关系。五行与五季对应，就有木—春、火—夏、土—长夏、金—秋、水—冬的对应关系。五行与五色对应，又有木—青、火—赤、土—黄、金—白、水—黑的对应关系。总之，世间万事万物都可以纳入五行的归类体系中。另外，五行的“行”还有“运行”之意，表明木、火、土、金、水五类事物在周而复始地运动转化着，这就是五行相生相克理论，即水生木，木生火，火生土，土生金，金生水。而水又克火，火克金，金克木，木克土，土克水。这体现了我们古人对这个世界上各要素间既相互联系又相互制约的认识。五行

① （清）叶九升著，李祥注译：《山法大成》，北京：中医古籍出版社，2008年，第577页。

② （三国魏）管辂撰，一苇点校：《管氏地理指蒙》，济南：齐鲁书社，2015年，第59页。

③ 李史峰编：《四书五经》，上海：上海辞书出版社，2007年，第370页。

间还会有“相乘”与“相侮”的异常现象发生。相乘指克制方过多，超出了常规程度。所谓相侮，则指与相克次序相反的克制，即逆克，因原本应被克的事物太多，超出了一定的范围后，反而可以去克本应克它的事物。以上这些原则在具体实践中都会用到，如在相宅时，通过将房屋的四方朝向、营建时日与五行间建立起联系，再按照五行相生相克理论来进行推演，从而得出屋宅是否吉福的结论。汉代时流行的“五音相宅”，是将屋宅主人的姓氏按照五行与五音间的对应关系进行归类，依凭这个来占断吉凶，使原来具有朴素唯物性质的五行观念蒙上了一层神秘化色彩。

图 2.4　五行相生相克图

（三）气论思想

“气”是我国古代思想中一个重要的哲学范畴，但关于气具体指什么，则莫衷一是。《周易·说卦》说：“山泽通气，然后能变化既成万物也。”① 《道德经》有“万物负阴而抱阳，冲气以为和”② 的气论思想。《管子·内业》说：“气，道乃生，生乃思，思乃知，知乃止矣。”③ 张载《正蒙·太和》中讲：“太虚无形，气之本体，其聚其散，变化之客形尔。”④ 《朱子语类》关于气的记载是：“屈伸往来者，气也。天地间无非气。人之气与天地之气常相接，无间断，人自不见。”⑤ 尽管各家都在从不同角度上谈气，但大体上，我国古代的气指一种看不见的精微物质，它充塞在天地间，是构成世间万物的原材料。

堪舆理论也引入了哲学中气的概念，《葬书》以谈“生气”开篇，将其作为理论总纲。

> 葬者，乘生气也。生气者，即一元运体之气，在天则周流六虚，在地则发生万物。天无此，则气无以资地；地无此，则形无以载。故磅礴乎大化，贯通乎品汇。无处无之，而无时不运也。陶侃曰：“先天地而长存，后天地而固有。”盖亦指此云耳。且夫生气藏于地中，人不可见，惟循地之理以求之，然后能知其所在⑥。

堪舆理论中所谓的气，从现代科学视角来看，把它解释为一种能量场更为合理。在这种场内，万物间实现物质、能量、信息

---

① 黄寿祺、张善文译注：《周易》，上海：上海古籍出版社，2007 年，第 434 页。

② 贾德永译注：《老子》，上海：生活·读书·新知三联书店，2013 年，第 98 页。

③ 李山译注：《管子》，北京：中华书局，2009 年，第 265 页。

④ 李敖编：《周子通书·张载集·二程集》，天津：天津古籍出版社，2016 年，第 49 页。

⑤ （宋）黄士毅编，徐时仪、杨艳汇校：《朱子语类汇校》，上海：上海古籍出版社，2016 年，第 43 页。

⑥ （晋）郭樸：《郭樸葬经》，郑州：中州古籍出版社，2016 年，第 5 页。

三者转化，维持各要素间的能量平衡，这样说来，气在选择吉地过程中的重要性就不言而喻了。《博山篇》说："气不和，山不植，不可插；气未止，山走趋，不可插；气不来，脉断续，不可插；气不往，山垒石，不可插。"[①] 此处的"插"是风水中确定宅址"点穴"之意。因而，在实践中讲究"得气"，一座屋宅能否更好得气，在于屋宅适当位置开有"气口"，如大门、窗户都是房屋的气口；另屋宅应处在周围有水流或道路环绕的环境中，堪舆师认为水和道路都可以防止"生气"外泄，有积聚生气的作用。

"气"固然十分抽象，但还是有章法可循。考察某地是否属于生气聚积之地时，主要通过环境中各要素的情况来作出综合判断，例如此地的山峦走势、水质、植被、土壤、阳光等诸多要素，必要时还需对该地区的社会文化、民俗民风、宗教氛围等方面进行考察，从广义上说，这些也是气场的表现形式。《青乌先生葬经》说："内气萌生，外气成形，内外相乘，风水自成，……内气萌生，言穴暖而生万物也；外气成形，言山川融结而成形象也；生气萌于内，形象成于外，实相乘也。"[②] 表明气虽然属于一种看不见摸不着的能量场，但它却能通过具化为某一有形之物来反映出它的优劣状态。《青乌先生葬经》云："草木郁茂，吉气相随。"[③]《葬经翼·望气》更为深入地谈到山的形势与气之间的关系："凡山紫色如盖，苍烟若浮，云蒸霭霭，四时弥留，

① 谢明瑞：《博山篇风水术注评》，台北：新潮社，2002年，第140页。

② （汉）青乌先生等：《黄帝宅经·青乌先生葬经·葬图·青乌绪言》，台北：新文丰出版公司，1987年，第55页。

③ 同上，第51页。

皮无崩蚀，色泽油油，草木繁茂，流泉甘洌，土香而腻，石润而明，如是者，气方钟而未休。”① 反之，则“凡山形势崩伤，其气散绝，谓之死”②。可见，抽象的气论思想完全可以通过对自然生态环境的考察来加以落实。不过也有“望气”说来判断该地吉凶与否，例如，站在太祖山上，于夏秋之交，雨霁之后，丑寅之时，必有上升之气，因而常以气的形态辨吉凶。一般来说，如果气发于山巅，直起冲上，下小上大如伞状就是真气，这也是道教宫观常择址于山巅的重要理论依据。如果气横于山腰，则是云雾之气，而不是真气。以质而论，气清者主贵，肥浊者主富，端正者出文，偏斜者出武。古代比较出众的望气大师还能够辨出气的色彩，以赤黄色为上，青白黑次之。不过这些说法陷入了神秘主义误区，还是应该落实到对具体山川岗阜的考察来辨“气”。

二　“觅龙”“观水”“辨土”的风水原则

道教宫观多择址于山水之境，在具体实践中需对山、水、植被、土壤等因素做进一步综合考察。

（一）觅龙

堪舆家们将山脉视为龙的意象，如果在一处制高点远眺一片群山的山脊线，其走势正如一条舞动奔腾的巨龙，因而山脉也称作“龙脉”，龙头所在之处称作“来龙”，故有“来龙去脉”之

① （明）缪希雍等：《葬图·葬经翼·青乌绪言·山水忠肝集摘要难解二十四篇》，北京：中华书局，1991年，第39页。

② 同上。

说。《管氏地理指蒙·象物》云："指山为龙兮，象形势之腾伏。""借龙之全体，以喻夫山之形真。"[①] 宫观的基址关键是寻找到吉祥的龙脉之地。堪舆师认为，山是生气积聚之地，可以给居住于此的人们带来福荫。

关于"觅龙"有"形"与"势"的区分，《葬书》曰："千尺为势，百尺为形"[②]，"势与形顺者，吉。势与形逆者，凶。势吉形凶，百福希一。势凶形吉，祸不旋日"[③]。可见，形与势必须结合起来考察。如果说"势"是指起伏连绵的群山，那么"形"就是指单独的山头。"势"指远观的、宏观的、群体的、总体的空间视觉效果，"形"指近观的、单一的、个性的、局部的空间视觉效果。一般来讲，应先从"势"的层面进行考察判断，然后再进入"形"的层面，即由整体到局部的顺序。从"势"上考察，龙脉应清晰绵长，起伏跌宕，并且山上植被丰富茂盛，云雾缭绕。从"形"上考察，山体应健硕挺拔或圆润和缓，不宜为怪石嶙峋、不生植被的童山。

川北地区宫观择址也遵从了上述原则。例如，始建于唐代的栖乐观（现为栖乐寺）所在山——栖乐山，隶属于南充城西绵长的西山山脉，由玉屏山、插旗山、火凤山、栖乐山、青龙山等12座特色山峰组成，山脉走势绵延如流动的波浪，其中最高峰栖乐山，海拔480.7米。阆中吕祖殿与八仙洞所在山——锦屏山，是附近三条山脉汇聚之地，即梁山—七家山—大像山—塔山

① （三国魏）管辂撰，一苇点校：《管氏地理指蒙》，济南：齐鲁书社，2015年，第24页。

② （晋）郭璞撰，程子和点校：《图解葬书》，北京：华龄出版社，2015年，第149页。

③ 同上，第212页。

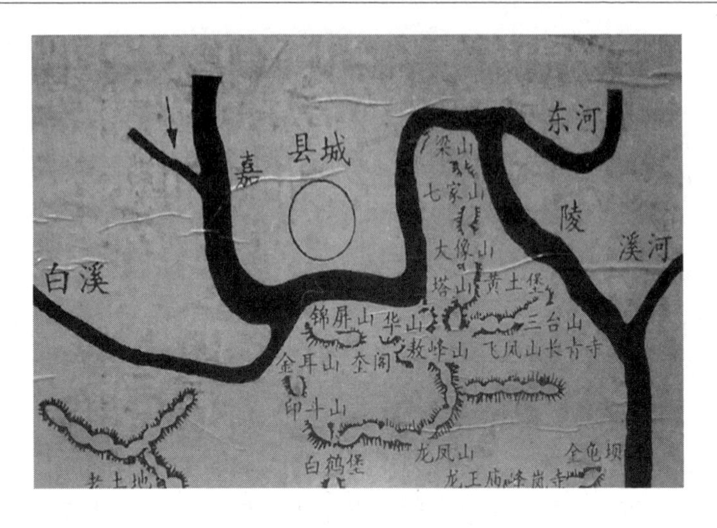

图 2.5　阆中锦屏山附近三条山脉

—华山—锦屏山、三台山—飞凤山—塔山—华山—锦屏山、金耳山—印斗山—龙凤山—敖峰山—华山—锦屏山。因山是“生气”积聚之地，山脉悠远绵长表明此地生气运行贯通顺畅，如果龙脉中断意味着生气也中断了，是不吉之山象。因此，道教宫观一般不会选在孤山上营建。锦屏山是三股山脉的汇聚之地，表明此地生气最为旺盛，吕祖殿与八仙洞选建于此自然能够“道气长存”。现代地质学的研究也向我们表明这一说法是有道理的，一个山系的形成要经过一个漫长的生成过程，山脉的绵长表征了山下的地质构造稳定，发生剧烈地壳运动可能性更小。又如，绵阳三台云台观其周围由九座山峰围绕，形成“九龙捧圣”“众星拱月”的形局，又似一朵绽放的莲花，云台观正好坐落于莲花的中心。从山体外观上看，这些山体披满绿装，正应了堪舆书籍中所说的：“紫色如盖，苍烟若浮，云蒸霭霭，四时弥留，皮无崩蚀，色泽油油，草木繁茂，流泉甘洌，土香而腻，石润而明，如是者，气方钟而未休。”① 据云台观住持黄道长讲，这九座山上的树，树尖均朝向内侧倾斜，表明云台观这里“生气”旺盛，的确是一处修道、弘道的佳境。

图 2.6　从云台观向下俯视“阴鱼”部分（笔者摄）

宫观选址还需考虑“阴阳互补”“虚实相间”，具体体现为宫观建筑的坐北朝南、背山面水的形局。例如，涪城玉皇观背靠东山，南面南湖水库；另江油云岩寺与三台云台观俱为坐北朝南形局。云岩寺东傍悬岩峭壁，西邻群峰密林，如果其东的悬岩峭壁视为“虚”，西边的群峰密林则代表“实”，也是“虚实相间”“阴阳互补”理念的诠释。最典型的案例当属广元苍溪云台观，云台山山势天然地形成一阴阳太极八卦图，拔地而起的部分

① （明）缪希雍等：《葬图·葬经翼·青乌绪言·山水忠肝集摘要难解二十四篇》，北京：中华书局，1991 年，第 39 页。

相当于阳鱼，低平的部分相当于阴鱼，云台观正好位于阳鱼的鱼眼处，再确切一些说，云台观的八卦井为阳鱼鱼眼之中心，阴鱼鱼眼处则为一堰塘，据云台观刘道长介绍，此处也是云台山最旺水之位。袁有根教授认为，云台山四周有八个山脚，分别是石庙梁、邓家咀、鸡公咀、黄梁咀、九道拐、麻石咀、青龙咀、凤凰梁，可视作内八卦。云台山外围又分布有八座山，分别是紫阳山、铜鼓山、博树崖、文成山、双山垭、文笔山、北斗山、昌火山，为外八卦。更神奇的是，内外八卦几乎处在正北、东北、正东、东南、正南、西南、正西、西北这八个方位上。

（二）观水

水是生命的源泉，人类的生产生活一刻也离不开水，人类文明的发源地均是沿着某条河流而兴起的，我国古代的各大城池也是沿着河流两岸而兴建的，如西安的灞河与浐河，南京的长江与秦淮河，杭州的钱塘江，洛阳的洛河等。在堪舆师眼中，水除了是维持生命的必要物质外还有其他重要意义，《葬书》中对此多有论述，“气乘风则散，界水则止”①，“风水之法，得水为上，藏风次之”②，“土高水深，郁草茂林”③。《管氏地理指蒙》讲：“土愈高，其气愈厚；水愈深，其气愈大。土薄则气微，水浅则气弱。”④ 道教堪舆理论认为建筑基址前方的河流有助于生气在此处聚止，如果前方无水，作为生命源泉的生气就会散逸出去。

---

① （晋）郭璞撰，程子和点校：《图解葬书》，北京：华龄出版社，2015 年，第 140 页。

② 同上，第 142 页。

③ 同上，第 152 页。

④ （三国魏）管辂撰，一苇点校：《管氏地理指蒙》，济南：齐鲁书社，2015 年，第 93 页。

不仅限于“生气”一说，水对人的重要性是多方面的，堪舆理论还认为水关系到人的福祸财禄，有“山管人丁水管财，诚然不爽”①，“有山无水休寻地，有水无山亦可截”，“山之祸福应迟，水之祸福应速”，“水深处民多富，水浅处民多贫，聚处民多稠，散处民多离”② 之说。

对水体的辨别考察是多方面的，概言之，可分别从水源、水形、水口、水向、水深、水速、水质等方面进行，此外，还应当遵从水的“三吉五凶”之说。所谓三吉，就是河流形态应满足宽、平、绕的特点。五凶指瀑、潦、浊、濑、滩。瀑，指飞泉流瀑；潦，指路上流水，是无缘而易竭之水；浊，指混浊不清之水；濑，指湍急流水；滩，指水滩，水浅且多石。

图2.7　乳泉山之乳泉石

（笔者摄）

根据水的来源，可分为井水、泉水、地面水三种形式。井水重点是考虑井址的选择上，综合考虑水量、水质、防止污染等因素，打井位置尽可能选在地下水污染源上游，且井口地势不易积水，周围二三十米内为清洁环境。泉水常见于山坡和山脚下，南充高坪乳泉山大老君庙，庙背靠的崖壁下有两处清泉常年滴流不息，目前住观道士们生活用水都是取

① （明）徐善继、徐善述撰，郑同点校：《地理人子须知》，北京：华龄出版社，2012年，第297页。

② 同上。

用此水，据说有清心润肺、开胃明目、强身健体、延年益寿之功效。堪舆理论认为有山泉之处多为吉地，相关书籍中说：“有山泉融注于宅前者，凡味甘色莹气香，四时不涸不滥，夏凉冬暖者为嘉泉，主富贵长寿。”大老君庙从东汉建庙至今已走过一千八百多年的岁月，尽管多次被毁，但其道脉却延续下来，这或许与神泉的护佑与滋养不无关系。泉水也常为道教宫观择址考量的一大因素，广元利州东坝黑石坡建有青林祖师观，在基址选择上前后耗时十八个年头，最后选在临近“青龙泉”的位置，当地人都说喝这里的泉水可医治百病，乃神赐之泉。

图 2.8　青林祖师殿前的青龙泉

（笔者摄）

关于地面的江河湖泊水，应注意考察该河流上游有没有大的排污点，不应在排污点下游营建村落城邑，因为水源一旦受到污染，原本聚积此地的“仙气”也成污淖之气。南充西山余脉中有金泉山与宝台山两座山丘，两山毗邻，中间形成一条狭小的小山谷，常年有一涓涓细流流经，名为会仙溪。据当地人介绍，此溪以前流水淙淙、清澈可口，附近草木丰茂。这里本是一个充满传奇事迹之地，在不大的区域内留有众多仙真遗迹，有袁天罡修道之所天罡庙与朝阳洞，袁天罡与李淳风斗法金钗化泉水的金泉井，谢自然飞升成仙处的飞升石，张三丰受八仙点化之处会仙桥，开凿于唐朝的甘露寺摩崖石刻等。可是如今的金泉山与宝台山山上的植被几乎都已被破坏，取而代之的是居民房屋、工厂、学校，两山间的那条溪谷变为垃圾投放场，原本清澈灵动的会仙溪已变成了臭水沟，而甘露寺已荡然无存，天罡庙破败不堪，谢自然飞升石早遭毁坏。可见，这些现象间并非孤立的存在，其间有着千丝万缕地联系。近些年在原甘露寺基址上建起一座道观——会仙观，笔者认为，作为南充历史上重要的道教文化积聚区，要想恢复往日的洞天仙境，仅靠一座道观是无法传承的，当地政府必须加强对道观周边环境的整治，做好搬迁工厂与安置住民的工作，从整治会仙观周边环境做起，还青山绿水于此修道圣地。

观水其次需观察水系的布局形态，理想的水形应是迂回曲折的，像一条玉带从山脉走向的垂直方向来拥抱吉地，对水形的总体要求是，“来水屈曲有情，去水盘桓有情”，“水抱有情为吉，直去无收为凶”。《水龙经·论形局》云：“水见三弯，富贵安闲。屈曲水来朝，家业自然豪。”① 这种弯曲环抱的水形称“冠带水”“眠弓水”，在河流弯曲成弓

图 2.9　现今被污染的会仙溪

（笔者摄）

① （晋）郭晋纯撰，（宋）赵普订，（明）刘基阅，（清）蒋平阶辑，李峰注解：《水龙经》，海口：海南出版社，2003 年，第 175 页。

形的内侧称为“汭隩”，在汭隩上营建能达到三面环水的效果，只要条件允许，宫观建筑应建在汭隩一侧，典型的案例如南充高坪区的凤山观（现为朱凤寺），其所在基址位于嘉陵江左岸的朱凤山上，嘉陵江如环抱状流经而过。同样，距其不远的白塔公园内的东岳庙（现为宝寿寺）也是建在汭隩一侧。而南充城内蜿蜒流淌的西河在汇入嘉陵江前那一段河段两岸所形成的凸岸，分别建有睡佛寺和基督教福音圣堂。由此可见，在选择于汭隩处营建上，各宗教建筑间具有共通性。由现代地理学知识可知，河流的流向主要受地形地质条件影响，同时，地球自转产生的自转偏向力又对其产生持续作用力，使河流多呈现出弯曲婉转的形态。在水流的汭隩一侧的岸边由于流速较外侧缓慢，泥沙不断在此淤积成陆，使此基址土地不断扩大，从实用和安全角度都是加分项。而在水流的外侧，水的流速较快，在水的冲击作用下，外侧河岸不断被掏空，面积缩小，甚至会有水患，不宜在此营建。且建在凹岸处，建筑前水的形态呈“反弓水”貌，其取象有“离经叛道”“反目而去”“退散田园守困穷”的意象，是不吉之水象。

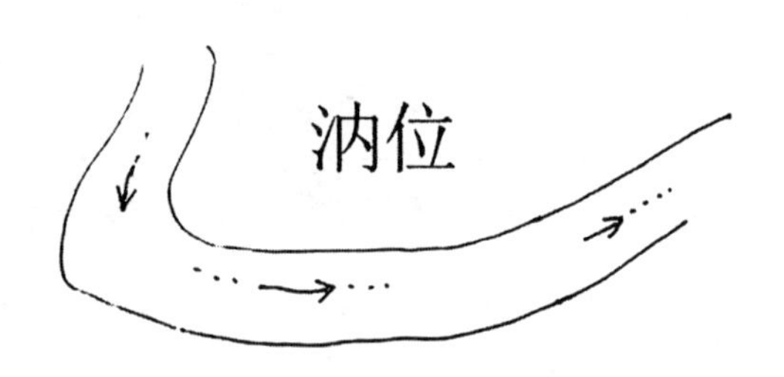

图 2.10　“冠带水”水形

观完水形需要辨水口，水口犹如人的鼻息道，是与外界进行能量信息交换的通道，被喻为“气口”。水口分为入水口和出水口，即“天门”，和“地户”。吉祥的水口应当是来水不见源头，称“天门开”，也不见去水的尽头，谓“地户闭”。因此，一处理想的水口应当位于两山夹峙转弯之处，如果呈现出左环右绕之态则更佳。为了增加锁钥气势，彻底扼住关口，水口处还常建造一些道教建筑，一般为桥台楼塔等，如文昌阁、魁星楼、文峰塔等。

水流方向也有讲究，堪舆家认为，吉利的水道应从吉利方流向凶方。具体何为吉方，何为凶方，则需堪舆师根据当地方位地形，利用罗盘实测，再结合阴阳五行、八卦九星等来作出判断。此外，水道流向与山脉走向间的关系也是判断吉凶的标准。当水道与山脉走向平行时，来自山脉的生气因不受水的阻隔会散逸出去，无法使生气于此积聚，非吉利水向。相反，水道与山脉走向呈垂直态环抱之势时，则为藏风聚气的形局，为吉利水向。水深和水速也不能忽视，堪舆理论中以“深水为吉，浅水为次”，认为“水深处民多富，水浅处民多贫”①。察流速，以水流湍急及水路转弯隐急者为凶，若水流逶迤前行，荡荡悠悠，好像满怀留恋之情，一步三顾穴，不忍离去之状，这样的河流则被堪舆师们视为吉水。进一步探究，这种判断是有一定科学依据的，和缓的流速更接近人体血液的流速，外界磁场效应与人体节律相吻合，有助于人体保持健康状态。另外，那种水流湍急、气势汹涌的大江大河也给人以水患将至，咄咄逼人之感，不适合宗教修持之地的选址。

① （明）徐善继、徐善述撰，郑同点校：《地理人子须知》，北京：华龄出版社，2012年，第297页。

图 2.11　水道与山脉走向相平行

对水的考察还有一环节就是辨水质，水质对人的影响不可忽视，它既可能瞬间危及生命，也可以是一个潜移默化、日积月累的影响过程。既可以对人体健康产生影响，也可以对人的性情、状貌等多方面产生影响。这一点古人早已有所认识，正如《吕氏春秋·尽数》所载："轻水所多秃与瘿人，重水所多尰与躄人，甘水所多好与美人，辛水所多疽与痤人，苦水所多尪与伛人。"① 水质应以清明、甘甜为吉，浊暗、苦涩为凶。《博山篇》认为："寻龙认气，认气尝水。其色碧，其味甘，其气香，主上贵。其色白，其味清，其气温，主中贵。其色淡，其味辛，其气烈，主下贵。若酸涩，若发馊，不足论。"② 这些说法与现代的研究结果也相符合，水中含有一定量的微量元素，便会有微微的

① （战国）吕不韦编，刘生良评注：《吕氏春秋》，北京：商务印书馆，2015年，第54页。

② 谢明瑞：《博山篇风水术注评》，台北：新潮社，2002年，第192页。

甜味，补充一定量的微量元素对人体健康十分有益。水中含有氯化钠及其他盐类物质时则呈现出咸味，而适当量的盐类物质也是人体所必需的。如果水中含有一些重金属及其化合物时，便呈现酸涩的口感，这类物质对人体确实有害，不宜摄入。

（三）辨土

宫观营建之地的土质情况也需重点考察，关于土壤，堪舆理论认为，“土者气之体，有土斯有气；气者水之母，有气斯有水”[①]，把土视为“生气”之源。另道教因其特有的修持炼养理念对修道者所处环境有特别要求。关于土质，《丹房须知》讲：“神室之土，不可以凡土为之。自古无人迹所践之处，山岩孔穴之内，求之，尝其味不咸苦，黄坚与常土异，乃可用也。”[②]

辨别一个地方土质的情况可以通过此地植被的茂盛葱郁与否加以判断。《青乌先生葬经》云：“草木郁茂，吉气相随。”[③]《葬书》说：“郁草茂林，贵若千乘，富如万金。”[④] 此外，还可以通过现场实验的方法对土质情况加以鉴别，一般有两种方法，一曰“尺度测量法”，也称“土坑法”，此法的操作是，在预营建基址的中心挖一个1—2尺见方的土坑，将挖出的土捣细过筛，再回填到土坑中，回填的土应与周围地面平齐，不可对其压实，次日清早察看，如果填土处微微隆起，则表明土质较好，可以在

① （晋）郭璞撰，程子和点校：《图解葬书》，北京：华龄出版社，2015年，第146页。

② （宋）吴侯：《丹房须知》，《道藏》第19册，上海：上海书店出版社，1988年，第58页。

③ （汉）青乌先生等：《黄帝宅经·青乌先生葬经·葬图·青乌绪言》，台北：新文丰出版公司，1987年，第51页。

④ （晋）郭璞撰，程子和点校：《图解葬书》，北京：华龄出版社，2015年，第152页。

此处营建；若有凹陷，则不宜营建。回填的土隆起是由于土壤中毛管水的作用使地下水回润上行进入松土中，进而使之膨胀造成的，反映了土中“生气”的充盈。另一种方法叫“重量测量法”，也称“容重法”，通过称量土的重量来进行判断。从基址切取一立方寸体积的土块，对其进行称重，九两以上者为上等土，七两者为中等土，三四两者为下等土，其中下等土不宜营建。其原理与尺度测量法所讲相同，土越重表明土内的水汽越充盈，土内养料越丰富。通过实地考察，川北地区道观附近土壤情况基本符合上等土要求，道观所在之地均是风景秀丽、生态环境良好的佳境。其中梓潼七曲山大庙外的古柏林形态万千，翠碧连云，形成剑门蜀道上著名的“翠云廊”风景区西段。而三台云台观则以“云台十景”名扬四海，十景分别为“锦江玉带”“抚掌蝉鸣”“龙井灵泉”“乾元胜迹”“拱宸群楼”“瑶阶玉玺”“宝殿腾霞”“茅屋金容”“梧桐夜月”“洞天鹤舞”。

三 “山巅之境”的不懈追求

道教宫观的营建第一步始于对营建地点的选择，也是宫观营建中最重要的一个环节，对众多古刹与古观略做一番考察便知，这些寺观绝大多数于原址上多次重建，尽管其建筑规模、布局、形制已发生巨大变迁。这反映了我们古人对建筑本身并不追求其长存性，必要时还会进行人为毁坏，但对原基址却重视有加，甚至还存有敬畏之情。这源于我国古代堪天舆地的风水文化，对建筑营建地点的选择往往是风水大师对周边环境周密细致考察后的结果，人们认为这一地点是能给居住于此的人带来福荫的吉地，备加重视。从我国古代传统人居环境角度看，古人讲究背山面水、山环水抱、山清水秀等原则，认为这种环境是最好的“藏风聚气”之所，而道教以追求长生寿老为其修道目标，这种能够“藏风聚气”的“生地”更为道教所推崇。总之，山、水两大要素是道教宫观择址中最为看重的两大要素。

通过对川北道教宫观建筑的田野考察，山、水两大要素在宫观择址中的核心地位得到充分体现。绵阳涪城玉皇观位于一山坡上，面南为开阔的南湖水库。涪城三清道观位于边堆山脚下，其北有安昌河流经。江油云岩寺背靠窦圌山三座山峰，玉皇殿、窦真殿、东岳殿、鲁班殿则建于窦圌山山巅，山的西侧有涪江蜿蜒而过。梓潼七曲山大庙和敕法仙台道观分别建于七曲山和凤凰山上，其西侧南北方向有梓江流经。三台云台观建于云台山上，郪江从云台山南部由西北方流向东南方。南充城内的古代四座道观舞凤山道观、栖乐观、东岳庙、凤山观分别坐落于舞凤山、栖乐山、大云山、朱凤山之山巅，其中舞凤山与栖乐山下有西河流经，大云山与朱凤山则被嘉陵江蜿蜒环抱。凌云山风景区内的真武宫建于玄武峰“龟背”之上，山下的凌云湖犹如一条玉带环绕青龙山与白虎山而过。由此可见，对山水的青睐是道教宫观择址中的一大共性，在此不一一枚举。

道观择址上对山水的推崇体现了道教自身特有的宗教思想和宗教追求。首先，道家及道教都崇尚自然，提倡清静无为、遁世隐修的修持方式，有山有水的世外桃源正是道教人士所追求的远离尘嚣、超凡脱俗的理想之境，因而，与传统人居建筑相比，道教建筑更多建在人迹罕至的山区。葛洪《抱朴子》一书强调，人们对声色名利的追求是对修道最大的障碍，云：“夫有道者，视爵位如汤镬，见印绶如缞绖，视金玉如土粪，睹华堂如牢狱，岂当扼腕空言，以侥幸荣华，居丹楹之室，受不訾之赐，带五利之印，尚公主之贵，耽沦势利，不知止足？实不得道，断可知矣。”① 关于如何摆脱世俗的名利诱惑，葛洪开出的药方是：“是以遐栖幽遁，韬鳞掩藻，遏欲视之目，遣损明之色；杜思音之耳，远乱听之声。”② 落实到现实中的修道环境上，就是将自己置身于大自然山水之中。《抱朴子·内篇·明本》讲：“山林之中非道也，而为道者必入山林，诚欲远彼腥膻，而即此清净也。”③ 《吕氏春秋·观世》说：“欲求有道之士，则于江海之上，山谷之中，僻远幽闲之所。”④ 其次，山水之地有着丰富的植被及矿物资源，更方便道教修持之士就地取材研制各种长生之药及烧炼金丹。《抱朴子·内篇·金丹》说：“合丹当于名山之中、无人之地。”⑤ 又说：“是以古之道士合作神药，必入名山。”⑥《抱朴子·内篇·仙药》讲：“五芝及饵丹砂、玉札、曾青、雄黄、雌黄、云母、太乙禹余粮，各可单服之，皆令人飞行长生。”⑦ 以上列举的矿物往往只能在人迹罕至的山区才能找到。再次，更为重要的，道教认为山水为道气所化之境，是人与天神沟通往来的媒介。司马承祯的《天地宫府图序》云：“夫道本虚

---

① （晋）葛洪撰，张松辉译注：《抱朴子内篇》，北京：中华书局，2011年，第56页。

② 同上，第170页。

③ 同上，第324页。

④ （战国）吕不韦编，刘生良评注：《吕氏春秋》，北京：商务印书馆，2015年，第443页。

⑤ （晋）葛洪撰，张松辉译注：《抱朴子内篇》，北京：中华书局，2011年，第120页。

⑥ 同上，第159页。

⑦ 同上，第338页。

无，因恍惚而有物气，元冲始，乘运化而分形。精象玄著，列宫阙于清景；幽质潜凝，开洞府于名山。”[①] 杜光庭《洞天福地岳渎名山记》讲：“乾坤既辟，清浊肇分，融为江河，结为山岳。或上配辰宿，或下藏洞天，皆大圣上真主宰其事。”[②] 由此衍生出道教的十大洞天、三十六小洞天、七十二福地之说。

我国古代传统人居环境理论也重视山、水两大要素，认为这是寻找到“藏风聚气”之所的必要条件。所谓“藏风”就是避开或挡住大风的侵害，风作为一种自然现象，与人类的生活密切相关，和缓的风有助于空气的流通净化，但刚劲猛烈的风则往往会引起人们生理上的疾病，如风热、风寒等，更甚者，还会给人们带来巨大的灾难，如台风、龙卷风等。所谓“聚气”指聚积“生气”，用现代科学解释，一般认为，气是一种自然界的能量场，它看不见摸不着，却在一定的区域内起着能量平衡作用，促进天、地、人之间的和谐交通。如何才能达到聚气？堪舆师认为“气乘风则散，界水则止。古人聚之使不散，行之使有止”[③]，“生气之来，有水以导之；生气之止，有水以界之”[④]。由此可见，水有阻隔生气向外耗散的功能，更重要的是，堪舆家们认为水是由生气所生，因而水流充沛的地方自然是生气旺盛之地，所以《葬书》说：“风水之法，得水为上，藏风次之。”[⑤] 根据这

① （宋）张君房辑：《云笈七籤》卷27，《道藏》第22册，第198页。

② （五代）杜光庭：《洞天福地岳渎名山记》，《道藏》第11册，第55页。

③ （晋）郭璞撰，程子和点校：《图解葬书》，北京：华龄出版社，2015年，第140—141页。

④ （明）徐善继、徐善述撰，郑同点校：《地理人子须知》，北京：华龄出版社，2012年，第354页。

⑤ （晋）郭璞撰，程子和点校：《图解葬书》，北京：华龄出版社，2015年，第142页。

一理念，可对我国古代理想宜居宝地典型图式做如下描述：居住区北侧应有一座大山作为靠山，两侧有护卫的低岭和小山对居住之地形成环抱之势。大山前面的空地平坦开阔，称之为“明堂”，这里就是拟建宅屋的基址。明堂前面需有河流流经，且河流形状应是蜿蜒屈曲呈环抱屋址状。水的南面还应有近丘和远山，即所谓的“案山”与“朝山”。作为沟通聚居区与外界的通道水口，其两侧应有山峦夹峙，称作“龟山”和“蛇山”，象征守护着聚居区的门户。由此可知，传统人居环境对山、水的强调更多是从生活实用性角度考量的。

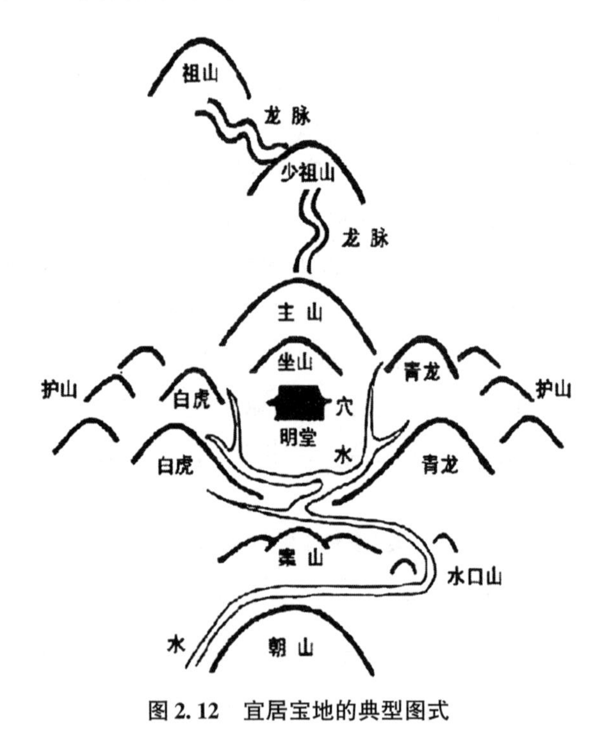

图 2. 12　宜居宝地的典型图式

道教宫观选址也从“藏风聚气”角度考虑，但其更注重对“山巅之境”的不懈追求，这使得同样是处于山水之间的建筑，较传统民居建筑，宫观建筑有着不同的表现形式，即宫观绝大多数会选建于山巅或山腰。

绵阳江油的窦真殿、鲁班殿、玉皇殿、东岳殿均建于窦圌山山巅。窦圌山，传说仙人窦子明曾于此修道，有三峰，只有西峰游人可上，另两峰因山体陡峭且山巅处面积只容一殿堂之所，游人只能在西峰上对其远眺，窦真殿与鲁班殿就分别位于这两座山峰上。在古代物资运输传送技术极为落后的情况下，把营建所需之材运至100多米高的陡峭山峰上的困难是难以想象的，这从侧面也反映出道人们在择址上对“山巅之境”的不懈追求。关于窦圌山的“陡”“险”“奇”，从唐末五代道士杜光庭作的《窦圌山记》中可见一斑，全文如下：

> 绵州昌明县窦圌山，真人窦子明修道之所也。西接长冈，乃通车马，东临峭壁，陡绝一隅。自西壁至东峰，石笋如圌。两岸中断，相去百余丈。跻攀绝险，人所不到。其顶有天尊古宫，不知建始年月。古仙曾笮绳桥，以通登览，而絙笮朽绝，已积岁年。里中谚曰：“欲知修绩者，脚下自生毛。”如此相传久矣。
>
> 咸通初，山下居人有毛意欢者，幼知道，常持诵五千言不辍口。著敝布褐，日于市诵经乞酒，醉而登山，攀缘峭险，以绝道为桥。山顶多白松树，以绳系之，横亘中原，布板缘于绳上。士女善者随而度焉。行及其半，动摇将堕，而其底莫测，不敢俯视。数年绳朽桥坏，无复缉者。咸通壬辰，邑令与宾客醮山，登西峰展礼。时毛师他游。人有谓令

> 曰："此峰侧有小径，抱崖，才通人迹，无所攀援，意欢常从此去，逾旬而出。"令疑其隐在穴中。座上有广陵郭头陀者，令请由径往探之。头陀去，久之始还，惊眙不能语。已曰："此径去约三十余丈，然后到一穴，口才三五尺，下去平地犹数百尺，穴内可坐千余人。中有巨木柜，极固，其诵经处石面平滑，有足膝痕，经卷在焉。不知意欢所之。"意欢有一妻一女，每持灯碗度绳桥，山侧居人见之，以为非常。山多毒蛇猛虎，人莫敢独往。意欢虽夜归，亦无所畏，常有二鸦栖岩下，客将至，鸦必飞鸣。意欢乃整饰宾榻，未几客果至矣①。

南充高坪区老君镇的凌云山风景区是一处佛道共融的宗教文化旅游景点，景区以朱雀山为界分为东西两部分，东边集中展示"日出东方"的中国本土宗教——道教，西边则荟萃的是来自西土的宗教——佛教。这种"东道西释"格局在我国古代建筑布局上早有先例，唐代初年，皇室在长安城东西分别敕建有东明观与西明寺。更为巧合的是，在东边景区，大自然造就了完美的、体现着中国文化的风水格局——"四灵兽"地形，其中玄武山位于道教景区的东界，朱雀山处于此景区西界，青龙山与白虎山分别占据于此区域的南北缘，凌云湖作为聚气之水环绕青龙、白虎两山而过，将朱雀山隔离于对岸使之充当景区明堂的案山。玄武山位于凌云山主峰，全山形似一巨龟，龟甲、龟眼、龟首逼真，形象完整无缺。朱雀山全长数公里，在山两侧观看，但见朱雀如大鹏

---

① 龙显昭、黄海德编：《巴蜀道教碑文集成》，成都：四川大学出版社，1997年，第69页。

展翅欲飞之势。青龙山形似一条巨龙向主峰玄武山上的玄天观朝拜，山体长三百三十米，最宽处三十三米，暗含着“三月三朝灵山”的玄机。白虎山从山前下方观看，但见一尊卧虎雄踞于茫茫苍苍的松林之中，形意具足。在四灵兽围合的明堂区域内有三清殿、老君阁、真武宫、回音场、八仙过海石窟等道教景点，其中真武宫与老君阁建于玄武山山巅处，形似在玄武的龟背上。

此外，绵阳梓潼敕法仙台道观建于凤凰山山巅，绵阳盐亭真常观在宝珠山山顶，南充顺庆老君山道观在老君山山巅，另梓潼七曲山大庙、绵阳三台云台观、南充舞凤山道观、南充仪陇伏虞山明道观、广元朝天飞仙观、广元昭化牛头山道观等分别建在七曲山、云台山、舞凤山、伏虞山、威凤山、牛头山之山巅。而涪城玉皇观建于南湖水库东岸山腰，涪城仙云观建于西山山腰，江油云岩寺建于窦圌山中段，乳泉山大老君庙建于乳泉山山腰的崖壁处。

由此可见，道教建筑选址在山巅或山腰位置绝非偶然现象，它是与道教“成仙”信仰息息相关的。“仙”字古时写作“仚”或“僊”，根据许慎《说文解字》，“仚，人在山上貌”[①]，段玉裁《说文解字注》解释说“引伸为高举貌”[②]。《说文解字》云：“僊，长生僊去。从人䙴。”[③]《说文解字注》解释为：“‘僊去’疑当为‘䙴去’……䙴，升高也。长生者䙴去，故从人䙴会意。”[④] 仙人常在高处显现是古人的普遍看法，汉代方士公孙卿告诉武帝：“仙人可见……今陛下可为观，如缑城，置脯枣，神

① （汉）许慎撰，（清）段玉裁注，许惟贤整理：《说文解字注》，南京：凤凰出版社，2015 年，第 672 页。

② 同上。

③ 同上。

④ 同上。

人宜可致也。且仙人好楼居。”① 于是武帝“令长安则作蜚廉桂观，甘泉则作益延寿观”②。《抱朴子·内篇·论仙》云：“上士举形升虚，谓之天仙；中士游于名山，谓之地仙；下士先死后蜕，谓之尸解仙。”③ 在道人们心中，山巅之上更接近于天庭，更有机会遇见仙人或飞升成仙。因此，受宗教信仰理念的支撑，道教宫观常常择址于山巅之境。

a. 绵阳梓潼敕法仙台道观

b. 南充顺庆舞凤山道观

c. 绵阳江油窦圌山窦真殿与鲁班殿

d. 南充高坪朱凤寺（初为凤山观）

① （汉）司马迁撰：《史记》，北京：线装书局，2010 年，第 211 页。

② 同上。

③ （晋）葛洪撰，张松辉译注：《抱朴子内篇》，北京：中华书局，2011 年，第 59 页。

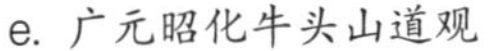

e. 广元昭化牛头山道观　　f. 广元朝天飞仙观

图 2.13　“山巅之境”的择址理念（笔者摄）

第三节　川北道教建筑的布局理念

我国古典建筑如宫殿、宗庙、寺观、陵墓等建筑无不以恢宏的建筑群形式展开，较少以建筑单体的面目呈现，这使得中国古典建筑如单拿出某个建筑进行审视，较西方古典建筑可能略失奇异英姿，但若以整体建筑群做比较，则更能显示出气象万千的恢宏气魄。以建筑群的形式营建，就存在一个将各建筑单体进行组织的问题，主要有“规整式”和“自由式”两种形式。规整式以中轴线对称，按照方正严整、左右相辅的原则布局，在此中轴线上，各大主体建筑依次铺陈展开，中轴线两侧建有偏殿及其他辅助性建筑。自由式则根据所处地形地势特点因地制宜设置建筑，这种组织形式往往没有明显中轴线，而尽显灵动变通特点。自由式建筑布局多用于山水建筑和园林建筑中；规整式建筑一般用于宫殿、宗庙性质建筑，是古典建筑的主流。规整式布局主要以四合院式的组织形式表现，是一种内部开敞而富亲和力，对外封闭而有高度私密性的空间划分模式。这种建筑布局模式至晚在西周时期就已采用，西周早期的陕西岐山凤雏村遗址，由二进院落组成，中轴线上依次为影壁、大门、前堂、后室，门、堂，室两侧建有通长的厢房，使内部庭院形成封闭空间，院落四周又有檐廊环绕。根据此遗址西厢房出土的大量甲骨，可推知此处为一座宗庙建筑。可见，上古时期用于祭祀的宗教建筑作为庄严肃穆之场所，采用规整式形式以体现礼制思想内涵。

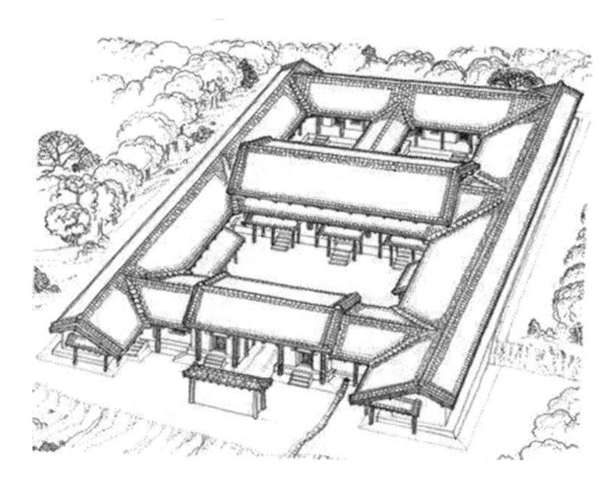

图 2.14　陕西岐山凤雏村周代遗址复原图

道教建筑是中国古典建筑的重要组成部分，除融入了道教理念、道教题材元素以表现道教神仙信仰外，在建筑布局及形制上也有所表现。

一　“尚中贵和”的礼制思想

（一）道教对儒家礼制思想的吸收

“尚中贵和”理念是中国传统文化的精髓所在，儒、道、墨、法、阴阳等家均有各自论述，儒家的“礼乐文明”更是以此为基石而建构起一套思想体系。早在上古时期的尧舜时代，尧将王位让给舜时就嘱咐：“天之历数在尔躬，允执其中”①。强调执政者必须秉持不偏不倚的公正原则。在遵从统一性原则的同时，儒家也尊重事物的多样性，春秋时期周太史史伯提出“和实生物，同则不继”② 的理念，阐述了事物多样性存在才能和谐共生的道理。之后，孔子又对“中和”理念进一步发展改造，使之除用于治国理政领域外，还在个体品行修养上发挥积极作用，他说：“不得中行而与之，必也狂狷乎！狂者进取，狷者有所不为也。”③ 至战国时期，儒家学派已将“中和”思想奉为天下治理法则，《中庸》讲：“中也者，天下之大本也；和也者，天下之达道也。致中和，天地位焉，万物育焉。”④ 可以说，这种“中和”思想渗透到中国人社会生活的各个领域。在工程营建领域，《周礼·考工记》就国都营建原则记载有：“匠人营国，方九里，旁三门。国中九经九纬，经涂九轨，左祖右社，面朝后市，市朝一夫。”⑤ 表明古人在城池营建上讲究方正严谨、中轴对称的城市格局。《吕氏春秋·慎势》云：“古之王者，择天下之中而立国，择国之中而立宫，择宫之中而立庙。天下之地，方千里以为国，所以极治任也。”⑥ 强调了“中位”的重要象征意

---

① 李史峰编：《四书五经》，上海：上海辞书出版社，2007 年，第 59 页。

② 邬国义、胡果文译注：《国语译注》，上海：上海古籍出版社，2017 年，第 485 页。

③ 李史峰编：《四书五经》，上海：上海辞书出版社，2007 年，第 44 页。

④ 同上，第 9 页。

⑤ 杨天宇译注：《周礼译注》，上海：上海古籍出版社，2016 年，第 871 页。

⑥ （战国）吕不韦编，刘生良评注：《吕氏春秋》，北京：商务印书馆，2015 年，第 512—513 页。

义，宫室应营建于“中位”。

道教创建初期作为一种服务广大下层民众的宗教组织，对统治阶级有着巨大破坏力量，其宗教理论及修持方术也相对粗陋，后被统治阶层招安收买后，信教者才开始向上层流入，高门门阀士族站在自身立场上对道教进行改造，突出表现是东晋南北朝以来，道教理论体系建构中引入了儒家礼制等级思想，而此时期，也是道教宫观制建立和快速发展时期，宫观在营建中不可避免地受到这种礼制思想支配。因此，有必要先就道教对儒家礼制思想的吸纳背景及过程作番梳理。

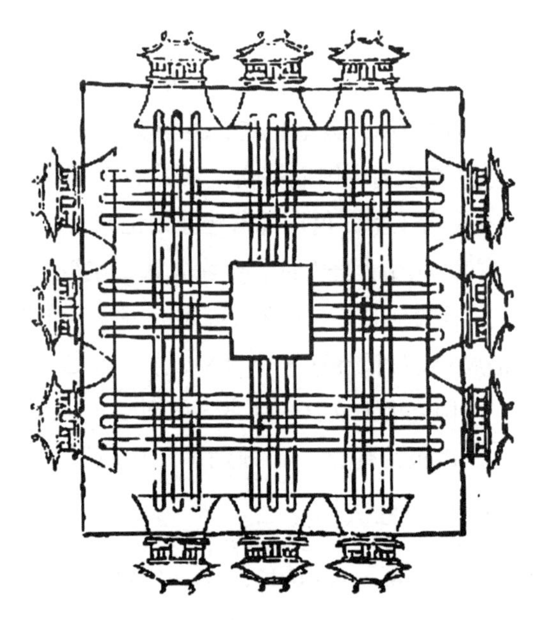

图 2. 15　《考工记》中的国都营建形制

道教能够有机会被加以提升改造使之成为为统治阶级服务的宗教，这其中经历了两个必要环节，一是道教信仰得以在全国范围内流布，二是道教信仰得以获得封建统治者及上层士人的青睐。

对于前一点，曹操是一位关键人物，他曾三次镇压黄巾军，其中第二次受降的青州黄巾军达30余万之多，史载：“追黄巾至济北。乞降。冬受降卒三十余万，男女百余万口，收其精锐者，号为青州兵。”① 这一支庞大的军队在跟随曹操的四处征战中必将散布在全国各地，尽管太平道随着被镇压而消弭在历史尘埃中，但却以道教信仰的形式对所到之地产生着影响。而发源于西蜀的五斗米教，自建安二十年（215）“张鲁降曹”后，原汉中地区的大部分道民被迁往长安、弘农、邺城、洛阳、关陇、陇右等地区，使五斗米教信徒很快遍及北方大部分地区。西晋以降，受八王之乱与永嘉之乱的洗礼，大批北方豪族“衣冠南渡”定居江东，这些北方豪族有不少是信奉五斗米教的世家，继而将五斗米道的影响力又进一步扩展到江南地区。

曹操受降太平道青州兵与招安张鲁五斗米道，使本为反叛统治阶级的宗教开始走向与统治者合作的道路，五斗米道中上层首领逐渐蜕变为封建统治者的帮凶。据《三国志·魏书·张鲁传》载：“太祖逆拜鲁镇南将军，待以客礼，封阆中侯，邑万户。封鲁五子及阎圃等皆为列侯。为子彭祖取鲁女。鲁薨，谥之曰原侯。子富嗣。”② 这一过程中，五斗米教内部阶级分化，一部分道民仍站在广大劳苦民众的立场，继续为反抗腐朽统治不懈斗争，如东晋末年孙恩、卢循领导的农民起义。另一部分道民则以

① （晋）陈寿撰，（南朝宋）裴松之注：《三国志》，上海：上海古籍出版社，2011年，第8页。

② 同上，第234页。

各种神仙方术游说统治者及上层士人，使道教信徒呈现出向上层流动的态势，例如，三国时期，孙权因迷信道教祈请之术，有“权自临视，命道士于星辰下为之请命”① 的记载。而晋代女道士魏华存曾为天师道祭酒，其父魏舒为晋武帝时朝中重要官员，据《晋书·魏舒传》载：“太康初，拜右仆射……加右光禄大夫、仪同三司。及山涛薨，以舒领司徒。”② 出于两晋南北朝时期最大的门阀士族之家的琅琊王氏王羲之家族，更是以天师道世家而闻名于世，《晋书·王羲之传》说：“羲之雅好服食养性，不乐在京师，初渡浙江，便有终焉之志。”③ 而王羲之次子王凝之更加笃信道教，史载：“孙恩之攻会稽，僚佐请为之备。凝之不从，方入靖室请祷，出语诸将佐曰：‘吾已请大道，许鬼兵相助，贼自破矣。’既不设备，遂为孙所害。”④

以上的两个环节为道教上升为官方宗教成为为统治阶级立场服务的宗教创造了条件，但真正实现道教理论体系的创新、完善、提升，使之肩负起“佑国化民”的宗教职能，主要还得归功于葛洪、寇谦之、陆修静、陶弘景等高道的努力。这几位道教改革家，尽管彼此关注的侧重点及宗教改革的具体内容各有不同，但都一致秉持“援儒入道”“以道辅儒”的理念。其实，在儒家的入世担当和道家的超脱隐逸间寻求平衡，在魏晋玄学家那里就已开始尝试，郭象在《庄子注》中讲：“夫圣人虽在庙堂之上，然其心无

① （晋）陈寿撰，（南朝宋）裴松之注：《三国志》，上海：上海古籍出版社，2011 年，第 1181 页。

② （唐）房玄龄等：《晋书》，上海：上海古籍出版社，1986 年，第 1381 页。

③ 同上，第 1489 页。

④ 同上。

异于山林之中。"[1] 这种调和满足了上层士族既想要追求自身的功名利禄，又不放弃个人精神自由追求的心理需求。

经过东汉末年统治阶级的镇压招安，两晋时期的民间道教呈现出群龙无首、纲纪废弛的状态。《女青鬼律》卷六载：

> 伐逆师尊，尊卑不别，上下乖离。善恶不分，贤者隐匿。国无忠臣，亡义远仁。法令不行，更相欺诈。致使寇贼充斥，跨辱中华，万民流散，荼毒极寒，被死者半，十有九伤，岂不痛哉！乱不可久，狼子宜除，道运应兴，太平期近，今当驱除，留善人种[2]。

陆修静《陆先生道门科略》说：

> 元纲既弛，则万目乱溃，不知科宪，唯信赡是亲。道民不识逆顺，但肴馔闻。上下俱失，无复依承。相与意断暗斫，动则乖丧。以真为伪，以伪为真。以是为非，以非为是。千端万绪，何事不僻。颠倒乱杂，永不自觉[3]。

寇谦之的《老君音诵诫经》记有：

> 吾汉安元年，以道授陵，立为系天师之位，佐国扶命……从陵升度以来，旷官置职来久，不立系天师之位……而后人道官诸祭酒，愚暗相传，自署治箓符契，攻错经法，浊乱清真[4]。

---

① （战国）庄周撰，（晋）郭象注，（唐）成玄英疏：《南华真经注疏》，北京：中华书局，1998年，第12页。

② 《女青鬼律》卷6，《道藏》第18册，第249页。

③ （南朝宋）陆修静：《陆先生道门科略》，《道藏》第24册，第780页。

④ （北魏）寇谦之：《老君音诵戒经》，《道藏》第18册，第210—211页。

此种情形给统治阶级的统治带来隐患，葛洪对此评价：“进不以延年益寿为务，退不以消灾除病为业，遂以招集奸党，称合逆乱。”① 在此背景下，东晋南北朝展开了对原始道教大刀阔斧的改革。

通过引入儒家思想来诠释道教，使道教之“道”赋予了新的内涵，寇谦之在《正一法文天师教戒科经》中指出：“道乃世世为帝王师，而王者不能尊奉，至倾移颠殒之患。”② 要实践这种“道”必须要：“诸欲奉道，不可不勤，事师不可不敬，事亲不可不孝，事君不可不忠……明者不可不请，愚者不可不教，仁义不可不行，施惠不可不作，弱孤不可不恤，贫贱不可不济。”③ 显然，寇谦之将儒家思想中的仁义礼智内容引入“道”的内涵中，无疑是新瓶装旧酒。他还说：“道以中和为德，以不和相克。是以天地合和，万物萌芽，华英熟成；国家合和，天下太平，万物安宁；室家合和，父慈子孝，天垂福庆。”④ 将儒家“尚中贵和”的理念融入“道”的属性中。陶弘景对《中庸》里的“天命之谓性，率性之谓道，修道之谓教”⑤ 的解释是：“此说人体自然与道气合，所以天命谓性，率性谓道，修道谓教。今以道教使性成真，则同于道矣。”⑥ 对于隐居茅山修道之事，陶弘景也不将其视为是自己为了放绝事务而归隐田园，而是

① （晋）葛洪撰，张松辉译注：《抱朴子内篇》，北京：中华书局，2011 年，第 298 页。

② 《正一法文天师教戒科经》，《道藏》第 18 册，第 236 页。

③ 同上，第 232 页。

④ 《正一法文天师教戒科经》，《道藏》第 18 册，第 232 页。

⑤ 李史峰编：《四书五经》，上海：上海辞书出版社，2007 年，第 9 页。

⑥ （南朝梁）陶弘景：《真诰》卷 5，《道藏》第 20 册，第 516 页。

从儒家的“天下有道则现，无道则隐”[1]，“邦有道，则仕；邦无道，则可卷而怀之”[2] 的角度作出解释。这从陶虽隐于山林，却时时关注着朝中政治动态上可见一斑，朝中有什么重要之事都会前去向他求教，陶弘景因此也获得“山中宰相”的美誉。可以说，在陶的体道悟道人生中，“修、齐、治、平”一直是贯穿始终的一条主线。

由“规律”之道蜕变为“伦理纲常”之道，随之带来道教修持上的改变，求仙修道必须以尽忠孝为条件。葛洪《抱朴子·内篇·对俗》中说：“欲求仙者，要当以忠孝、和顺、仁信为本。若德行不修，而但务方术，皆不得长生也。”[3] 寇谦之道教改革中符合“道”之精神的“种民”，必须“其能壮事守善，能如要言，臣忠子孝，夫信妇贞，兄敬弟顺，内无二心，便可为善，得种民矣”[4]。陆修静《陆先生道门科略》强调“内修慈孝，外行敬让，佐时理化，助国扶命”[5]，以及“夫人学道，要当依法寻经，行善成德以至于道。若不作功德，但守一不移，终不成道”[6]。陶弘景又将“养生”与“善德”间建立联系，强调：“假令为仙者，以药石炼其形，以精灵莹其神，以和气濯其质，以善德解其缠。众法共通，无碍无滞。”[7] 对这些“尽人事”

---

① 李史峰编：《四书五经》，上海：上海辞书出版社，2007 年，第 33 页。

② 同上，第 48 页。

③ （晋）葛洪撰，张松辉译注：《抱朴子内篇》，北京：中华书局，2011 年，第 103 页。

④ 《正一法文天师教戒科经》，《道藏》第 18 册，第 237 页。

⑤ （南朝宋）陆修静：《陆先生道门科略》，《道藏》第 24 册，第 779 页。

⑥ （南朝宋）陆修静：《洞玄灵宝斋说光烛戒罚灯祝愿仪》，《道藏》第 9 册，第 822—823 页。

⑦ 《华阳陶隐居集》卷上，《道藏》第 23 册，第 646 页。

的强调进一步制度化，衍生出一套道教的行为规范，《云笈七签·老君说一百八十戒》讲："人生虽有寿万年者，若不持戒律，与老树朽石何异？宁一日持戒为道德之人，而死补天官，尸解升仙。"① 陆修静还将道德品行与道官升阶联系起来，道民具备一定功德才能加以受箓，《陆先生道门科略》载：

> 民有三勤为一功，三功为一德。民有三德则与凡异，听得署箓。受箓之后，须有功更迁，从十将军箓，阶至百五十。若箓吏中有忠良质朴，小心畏慎，好道翘勤，温故知新，堪任宣化，可署散气道士。若散气中能有清修者，可迁别治职任……当精察施行功德，采求职署，勿以人负官，勿以官负人②。

南北朝的道教改革从本质上说，是门阀士族阶层站在自身阶级立场上对早期民间道教进行的符合自身利益的改造，原有民间道教中的反抗性、批判性及违背封建礼法的内容被加以剔除。比如那个时代道民们多打着"老君当治，李弘应出"的旗号揭竿而起，而寇谦之从自身阶级立场出发将其称作"诈伪"：

> 世间诈伪，攻错经道，惑乱愚民，但言"老君当治，李弘应出"。天下纵横，返逆者众，称名李弘，岁岁有之。其中精感鬼神，白日人见，惑乱万民，称鬼神语，愚民信之，诳诈万端，称官设号，蚁聚人众，坏乱土地③。

对于民间道教中需男女双修的房中术被道教改革者们视作伤

① （宋）张君房辑：《云笈七籤》卷39，《道藏》第22册，第270页。
② （南朝宋）陆修静：《陆先生道门科略》，《道藏》第24册，第781页。
③ （北魏）寇谦之：《老子音诵诫经》，《道藏》第18册，第211页。

风败俗、破坏人伦纲常之事，陶弘景从上清派修持理念出发，将民间道教房中术改造为男女间意念交接的修持方法。寇谦之则断然将房中术的修炼方法从道教中革除，说："黄赤房中之术，授人夫妻，淫风大行，损辱道教。"① 为了灌输儒家的等级尊卑观念，将道教的神仙进行品位等级排列，神仙世界如同等级森严的人间世界的翻版。寇谦之《录图真经》中明确上界"有三十六天，有三十六宫，宫有一主"②，其中"无极至尊"为最高天神，次以大至真尊、阴阳真尊、洪正真尊等神。陶弘景又做了更细致的排序，将道教神祇分为七个等级，每个等级中处于中位的是主神，其次是辅佐之神，处于左位和右位，将人世间的"人纲"及"朝班品序"借鉴过来。《洞玄灵宝真灵位业图序》说："搜访人纲，究朝班之品序；研综天经，测真灵之阶业……虽同号真人，真品乃有数，俱目仙人，仙亦有等级千亿。"③ 这种等级尊卑还表现在道教服饰方面，陆修静强调："道家法服犹世朝服，公侯士庶各有品秩，五等之制以别贵贱。"④"夫巾褐裙帔，制作长短，条缝多少，各有准式，故谓之法服，皆有威神侍卫。"⑤另早期五斗米教道民读经时为"直诵"，寇谦之吸取儒家礼乐文明范式，将"直诵"改为"乐诵"，道教自身的宗教素质得到提升，客观上也开拓了道教音乐这一新的艺术领域。

改革后的道教与皇权关系由过去的反抗式转变为服务式或合作式的模式。寇谦之的北朝道教改革获得鲜卑王室的支持，北魏

① （北魏）寇谦之：《老子音诵诫经》，《道藏》第18册，第211页。
② （宋）谢守灏编：《混元圣纪》卷7，《道藏》第17册，第853页。
③ （南朝梁）陶弘景：《洞玄灵宝真灵位业图》，《道藏》第3册，第272页。
④ （南朝宋）陆修静：《陆先生道门科略》，《道藏》第24册，第781页。
⑤ 同上。

世祖“崇奉天师，显扬新法，宣布天下，道业大行”，并改元为“太平真君”，中外官上表均称“太平真君皇帝陛下”。《魏书·释老志》载：“世祖欣然，乃使谒者奉玉帛牲牢，祭嵩山，迎致其余弟子在山中者。于是崇奉天师，显扬新法，宣布天下，道业大行。”[①] 又：“真君三年，谦之奏曰：‘今陛下以真君御世，建静轮天宫之法，开古以来，未之有也。应登受符书，以彰圣德。’世祖从之。于是亲至道坛，受符箓。备法驾，旗帜尽青，以从道教之色也。”[②] 道教斋醮仪式源于儒家的祭祀仪式，陆修静制定的金箓斋开创了斋醮服务国家祀典的先河，如《洞玄灵宝五感文》讲：“金箓斋，调和阴阳，救度国正。”[③] 而陶弘景所创立的上清派茅山宗则与皇权间建构起一种新型关系模式——由对抗型变为辅佐型。茅山宗的道士们普遍善于洞悉政治的发展态势，依此调整道教与皇权之间的互动模式，力求达到既有利于自身发展又能维护皇权的目的，这种富有张力的关系模式也使道教上清派在隋唐时期受到皇室青睐而发展壮大。

伴随着南北朝时期道教教理教义、组织形式、修持方法上的改革，现在意义上的道教宫观同时也获得迅猛发展，《广弘明集》记载有“馆舍盈于山薮，伽蓝便于州郡”[④]，是对当时道观发展状态的客观写照。道教教理上对儒家礼制思想的吸收深深影响到道教建筑营建的方方面面，直到今天，道教宫观中的“规

① （北齐）魏收：《魏书》，北京：中华书局，2017 年，第 3315 页。

② 同上。

③ （南朝宋）陆修静：《洞玄灵宝五感文》，《道藏》第 32 册，上海：上海书店出版社，1988 年，第 620 页。

④ （唐）释道宣：《广弘明集》卷 9，爱如生数据库，《四部丛刊》景明本，第 320 页。

整式”布局还是这种思想理念的物化展示。

（二）“规整式”布局宫观案例

绵阳三台的云台观始建于南宋嘉定三年（1210），为道士赵肖庵开创，观内供奉主神北方真武大帝，属天神类宫观。宫观的布局呈典型的“规整式”布局形式，整座建筑群坐北朝南，方正严整，各大主殿沿南北中轴线依次展开，中轴线两侧配殿则遵循“阴阳平衡”原则。古代帝王讲究“面南背北”而坐，《周易·说卦》说：“圣人南面而听天下，向明而治，盖取诸此也。”[①] 殿堂营建上也效法于此。云台观所祀主神真武大帝乃北方之神，其所祀殿堂玄天宫也置于宫观最北端，与“天子南向而坐”相通。中轴线上由南至北依次为：名山坊、一天门、二天门、三天门、云台胜境坊、长廊亭、三合门、券拱门、青龙白虎殿、灵官殿、降魔殿、藏经阁、香亭、玄天宫，绵延达 1 公里多。郑玄注《礼记·明堂位》有：“天子五门，皋、库、雉、应、路。鲁有库、雉、路，则诸侯三门。”[②] 云台观的一天门、二天门、三天门、三合门、券拱门分别相当于天子五门中的皋门、库门、雉门、应门、路门。中轴线两侧建筑的位置、形制、功能呈对称设置，长廊亭两侧有放生池，向三天门方向过了长廊亭两侧各置一石华表，

---

① 黄寿祺、张善文译注：《周易》，上海：上海古籍出版社，2007 年，第 431—432 页。

② 胡平生、张萌译注：《礼记》，北京：中华书局，2017 年，第 609 页。

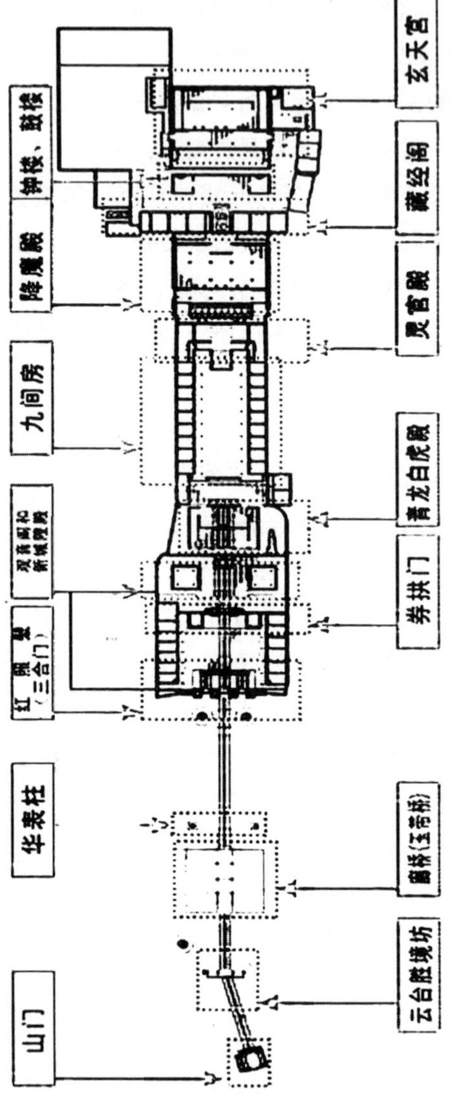

图 2.16　绵阳云台观建筑布局形态

三合门与券拱门两侧为画廊，券拱门两侧为黑白无常祀堂，过了券拱门，青龙白虎殿左前侧置有观音殿，右前侧置有城隍殿，青龙白虎殿与灵官殿间围合的院落两侧为道士与来访客人居住用的“九间房”，在藏经阁后面，左侧设有钟楼，右侧设有鼓楼。中轴线上的建筑高大宏伟，全观最高建筑玄天宫位于宫观最北端，对其他建筑呈俯视状，象征着古代封建社会的“中央集权”制度。两侧配殿形制则低矮小巧，如同侍臣立于君王左右，此种格局，尊卑昭然。两侧配殿的方位分属东、西方位，配殿的设置也有讲究，例如，东侧的“九间房”为“道士居”，西侧的则为“上客房”。其中蕴含的哲理是，东方在五行中属木，而木又代表春季，因而东方是表征着万物复苏和勃勃生机之位，又东方与五色中的青色对应，《释名·释彩帛》有：“青，生也，象物生时色也。”[①] 道教尚青，道士的道袍多为青蓝色，这些与道教重视生命，追求肉身不死的理念有着共通之处。基于这些文化符号体系，道观中的“道士居”常建于道观的东侧方位。另外，云台观内的钟楼处东侧，古人日升时撞钟报时，因而也称“晨钟”；鼓楼则位于西侧方位，古人日落时击鼓报时，因而又称“暮鼓”。

云台观的布局还蕴含着深刻的宗教思想。首先，进入云台观山门前有一段很长的前导序景，最先过玉带桥，经过名山坊，再通过一天门，沿着蜿蜒的小路进入二天门，继续向北进入三天门，然后过云台胜境坊，过长廊亭和石华表，最后才到云台观的山门“三合门”前。从宗教意义上说，这一段前导路线象征着

① （汉）刘熙：《释名》，北京：中华书局，2016年，第77页。

从“尘世”通向“净土”“仙界”的酝酿阶段，路线上的溪流、小桥、牌坊、天门、放生池、亭子、华表等建筑元素对此场域起着渲染宗教气氛的作用，从心灵上激发人们的宗教情怀和敬畏之心。这正如罗马尼亚学者伊利亚德提出的“神圣空间”的概念，他认为现实生活中存在着神圣与世俗两种模式，他把那些由于“显圣物”的出现而构建的非同质性的空间，看作是能连接神圣世界的特殊场所①。关于神圣空间与世俗空间之分，《洞玄灵宝三洞奉道科戒营始》中也有相关论述：“凡净人坊，皆别院安置，门户井灶，一事已上，并不得连接师房。其有作客，亦在别坊安置……凡车牛骡马，并近净人坊，别作坊安置。不得通同师房，及斋厨院内出入，并近井灶。”② 所谓“净人”，是指寺观中服劳役的人，他们未出家受戒，可以执行某些僧道不能做的俗事。从中可窥知，寺观中的空间是有神圣与世俗之分的。笔者在经过这一场域时也确实有切身体会，在清幽的小径上，感觉自己正在逐渐远离尘世步入一神秘莫测之境，心中油然升起肃穆庄重之感。其次，云台观内的建筑格局同样被赋予了空间的神圣性，其格局以天、人、地三才的理念展开布局。《太平经》认为天、地、人为三统，三统均由元气所生。《云笈七籤》卷三“道教三洞宗元”讲：“三气变生三才，三才既滋，万物斯备。”③ 概而言之，道教认为天、人、地三才是构成世界的三个基本要素，察知此三者，则可洞悉宇宙间一切纷繁变化。从云台观三合门到青龙

---

① ［罗］米尔恰·伊利亚德著，王建光译：《神圣与世俗》，北京：华夏出版社，2002 年，第 1—2 页。

② （唐）金明七真：《洞玄灵宝三洞奉道科戒营始》卷 1，《道藏》第 24 册，第 746 页。

③ （宋）张君房辑：《云笈七籤》卷 3，《道藏》第 22 册，第 13 页。

白虎殿这一区段属地界，这里有负责掌管阴界的黑白无常的祀堂，也有守护某一方土地或城邦的慈航真人及城隍神的殿堂。从青龙白虎殿到灵官殿这一区段为人界，除了有供道士与居士住的九间堂外，还有财神殿与药王殿，它们掌管的都是与人们现世生活息息相关的领域。从灵官殿到玄天宫属天界，降魔殿、藏经阁、玄天宫都设在这里，真武大帝作为云台观的主祀神，在此象征到达了天界的最高位置。这一由地界→人界→天界空间展开格局，也映射出宗教修行一步步深入，从低级逐渐走向高级的意涵。

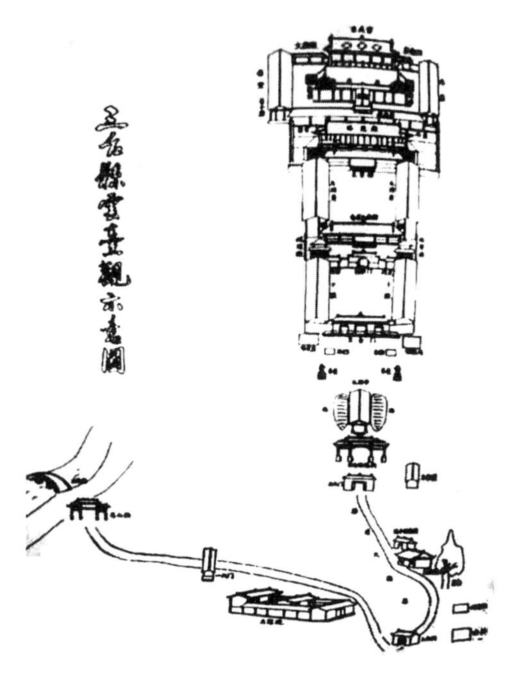

图 2.17　绵阳云台观山门前序景

南充顺庆老君山道观始建于唐开元十年（722），最初名为玄元庙，供奉主神为李老子，属教祖类宫观。在近 1300 年的漫长岁月里，庙宇历经三次大的损毁后道场已近于荒芜，直至 20 世纪 90 年代，拜师于傅元天高道的费明义道长四方奔走筹集善款，逐渐建成现在这一气势宏伟的老君山道观建筑群。老君山道观也呈“规整式”布局，中轴线上建有慈航殿、老君阁、三清殿等殿阁。在中轴线两侧，慈航殿左侧有财神殿，右侧有地母殿。老君阁左侧为雷祖殿，右侧为东岳殿。三清殿左侧置有钟楼，右侧置有鼓楼。中线分明，两侧均衡的格局形式明晰可见。尽管如此，较云台观，老君山道观布局形式有着鲜明的自身特点，审视其中轴线，并非一条笔直线，而是一条随山路走势蜿蜒起伏的山脊线，联通各殿堂间的院落空间宽窄也随山路情况随之变化。进入道观山门到慈航殿这一区段，有较为开阔的活动空间，而通入老君阁段仅有一条甬道相连接，因此，老君阁两侧的雷祖殿与东岳殿建于山脊线两侧下方山体的空地，这也使整座道观形成了高低错落的层次美感。中轴线采取如此巧妙形式体现了道家哲学思想的灵活应用，老子

图 2.18　通向老君阁的狭窄甬道

（笔者摄）

讲“上善若水，水善利万物而不争，处众人之所恶，故几于道”[1]，强调水最接近“道”的属性，考察水的属性可知，水是不定形的，用什么容器盛放就呈现出此容器的形状，阐明了老子所讲的善于变通、因势利导的智慧。老子还主张“持弱守柔”，他说：“人之生也柔弱，其死也坚强。万物草木之生也柔脆，其死也枯槁。”[2]“专气致柔，能如婴儿乎？”[3]说明“柔”代表着生机之态，而“柔”最直观的感觉就是能够改变形态而不致损坏。这些思想体现在具体营建方面，就要善于利用外部形势，采取变通的手法达到合理营建的目的。中轴线上有三座殿堂——慈航殿、老君阁、三清殿，道教奉“三”为吉数，老子讲“道生一，一生二，二生三，三生万物”[4]，暗合老君山道观道气长存，化生世间万事万物之意。同时，沿着中轴线行走于起伏的山峦之上，最终到达老君山顶峰——三清殿，喻指到达与天神交接之处，人神共处之所。从道教风水学角度审视，蜿蜒起伏的中轴线就如同一条巨龙伏卧于山脊上，“生气”由此生发并沿此线路传递，进而又向外围扩散。所谓“生气”，并无神秘玄幻之意，它其实指物质、能量、信息存在的综合状态，因中轴线上是人流流动的主干道，富集有最多的物质流、能量流和信息流。如果远眺老君山道观，各殿堂点缀在葱郁的茂林深处之中，反映了由中轴线上散逸而来的生气充盈。

---

① 贾德永译注：《老子》，上海：生活·读书·新知三联书店，2013年，第19页。
② 同上，第173页。
③ 同上，第23页。
④ 同上，第98页。

图 2.19　南充老君山道观蜿蜒的建筑“中轴线”

广元苍溪西武当山建有真武宫，为四川重要的真武道场，同时也是西部最大的正一道道场，宫观主体建筑为规整的“二进院落”式布局。山门为一单檐歇山式建筑，其内供奉有道教护法之神王灵官，通过此，进入第一进院落中，前方的三座大殿威严矗立于约两米高台基上，台基中央书有“道法自然”，两边则书《道德经》全文。院落空间开阔大气，中央有巨大的“太极八卦”图案，两边建有厢房。三座大殿位于中央者乃真武殿，为重檐歇山式建筑，较旁边两座单檐歇山建筑更为高崇威严，突显了主祀神真武主殿地位。左右两殿建筑规格也非常高，分别供奉有川北地区的道教主神文昌帝君和慈航真人。真武殿之后为第二进院落，前方的“祖天师殿”也建在一高台基之上，祖天师殿为向内凹的“⊓”形建筑体，中央开间内供有道教创教始祖张道陵，左右两侧殿堂分别供有药王和财神。尽管此处为真武道场，但从建筑布局上看，无疑祖天师殿更为尊崇，真武宫二进院落布局呈阶梯上升之势，祖天师殿对前方三座大殿呈俯视貌，犹帝王俯视群臣。因真武宫为正一道场，西武当山又地处张道陵创立的二十四治之一的云台山治所在区域，距其不远的云台山又是张道陵晚年传道和羽化之所，因此从建筑格局上彰显出其尊崇地位。

图 2.20 广元真武宫三大殿前的太极广场（笔者摄）

通过对川北地区道观建筑布局的考察，可知现今道教宫观在规模上较隋唐时期已不可同日而语。隋唐时道教宫观内建筑依道教修炼及仪式分工更加精细，据《洞玄灵宝三洞奉道科戒营始·置观品四》载：

> 造天尊殿、天尊讲经堂、说法院、经楼、钟阁、师房、步廊、轩廊、门楼、门屋、玄坛、斋堂、斋厨、写经坊、校经坊、演经堂、熏经堂、浴堂、烧香院、升遐院、受道院、精思院、净人坊、骡马坊、车牛坊、俗客坊、十方客坊、碾硙坊、寻真台、炼气台、祈真台、吸景台、散华台、望仙

台、承露台、九清台、游仙阁、凝灵阁、乘云阁、飞鸾阁、延灵阁、迎风阁、九仙楼、延真楼、舞凤楼、逍遥楼、静念楼、迎风楼、九真楼、焚香楼、合药堂等，皆在时修建，大小宽窄，壮丽质朴，各任力所营①。

这些建筑营建上也多有讲究，例如，“凡法堂，说法教化之所，宜在天尊殿后安置，务在容众多为美”②，“凡说法院，皆在天尊左右别宽广造，令容纳听众，得多为上”③，“凡造钟阁轨制，与经楼同……宜在天尊殿前，即与经楼对，左钟右经”④。由此知，隋唐时期钟楼与经楼呈对称设置，位于天尊殿两侧，这与现今“左钟右鼓”及经楼布置在进深末端的格局显然不同，表明道教建筑在历史发展过程中也发生着流变。

二　“柔和灵动”的变通理念

（一）道家道教之“道”

道教以“道”作为最高信仰和价值追求，《周易·系辞上》曰：“形而上者谓之道，形而下者谓之器。”⑤ 作为“形而下”的道教建筑本质上是“形而上”之道的物化形式，“道”具有更加根本的规定性，而道教中“道”之思想内涵主要继承自先秦道家思想。

---

① （唐）金明七真：《洞玄灵宝三洞奉道科戒营始》卷1，《道藏》第24册，第745页。
② 同上。
③ 同上。
④ 同上。
⑤ 黄寿祺、张善文译注：《周易》，上海：上海古籍出版社，2007年，第396页。

《道德经》言“道可道，非常道；名可名，非常名”①，指出“道”的不可言说性。又言：“有物混成，先天地生。寂兮寥兮，独立而不改，周行而不殆，可以为天地母。吾不知其名，字之曰道。”②“先天地生”“为天地母”表示从本源上讲“道”派生出万物，揭示了“道”的先在性。又说：“道生一，一生二，二生三，三生万物。”③“道生一”可以理解为“道”是宇宙间所有存在产生前的绝对原点，由“道”派生出一后，再由一生二、二生三，进而演化出宇宙间万事万物。另外，“道生一”也可理解为“道”就是一，二者为同一事物的不同存在形式，此演化过程可解释成，道化生出阴阳二气，阴阳二气又孕育出宇宙三大要素——物质、能量、信息，继而化生出宇宙万物。不管是“道派生出一”还是“道就是一”，“道”都是宇宙万物未分化前的最初本源和分化后宇宙间全部事物所呈现出的总和，这与庄子讲的“道通为一”的道理是相通的，《庄子·齐物论》说：

> 其分也，成也；其成也，毁也。凡物无成与毁，复通为一。惟达者知通为一，为是不用而寓诸庸。庸也者，用也；用也者，通也；通也者，得也；适得而几矣。因是已，已而不知其然，谓之道。劳神明为一而不知其同也，谓之朝三。何谓朝三？狙公赋芧曰：“朝三而暮四。”众狙皆怒，曰：“然则朝四而暮三。”众狙皆悦。名实未亏而喜怒为用，亦因是也④。

① 贾德永译注：《老子》，上海：生活·读书·新知三联书店，2013年，第3页。
② 同上，第57页。
③ 同上，第98页。
④ 《老子·庄子》，北京：北京出版社，2006年，第181页。

领会到“道”作为世间万物总和这一点，想问题和做事情就应从整体视角入手解决现实问题。具体到道教宫观营建中，就需意识到宫观建筑并不是孤立的存在，需将建筑本身与周边环境特点结合起来考量，力图做到环境与建筑间的巧妙交融。

道家之“道”还具有规律、原则、方法之意，老子讲“反者，道之动”[1]，又说：“上士闻道，勤而行之；中士闻道，若存若亡；下士闻道，大笑之。不笑，不足以为道。”[2] 庄子的道论也有相关阐发：

> 东郭子问于庄子曰：“所谓道，恶乎在?”庄子曰：“无所不在。”东郭子曰：“期而后可。”庄子曰：“在蝼蚁。”曰：“何其下邪?”曰：“在稊稗。”曰：“何其愈下邪?”曰：“在瓦甓。”曰：“何其愈甚邪?”曰：“在屎溺。”东郭子不应[3]。

庄子的回答说明了作为规律解的“道”寄寓在万事万物之中，世间万物都有自己的存在方式和运动变化规律，它外在于人们的意识客观存在，人要认识这些“道”需要向外去“求道”，而“道”本身的性质是“道法自然”，因此求道的方法重在“因”和“顺”上。在道观的营建中，则具体体现为对基址环境的客观分析及巧妙利用上，建筑或依山就势，或见水筑桥，或因高起殿，或就洞修宫，形成自由灵活的“屋包山”格局。当然，也不是仅仅被动地强调“因”与“顺”，求道过程也是自身主观意志参与的智力活动，道家与道教也十分注重调动自身的主观能

① 贾德永译注：《老子》，上海：生活·读书·新知三联书店，2013年，第93页。
② 同上，第95页。
③ 《老子·庄子》，北京：北京出版社，2006年，第318页。

动性，如《抱朴子·内篇·黄白》有："我命在我不在天，还丹成金亿万年。"[①]《老子西升经》云："我命在我，不属天地。"[②]这些表现在营建领域就是营建者能动地对环境加以改造，例如，对面有险恶破碎貌山形，可在视野前植树或造爬藤类植物的棚架，用绿叶遮掉形煞。又或人们常常在村镇的水口砂上建文昌阁，用以改善此地区的风俗和文脉。

回答了"道"是什么的问题，还需进一步追问的是，"道"落实在形而下的世界中后具体表现出哪些特性？

不论"道"是本源，是世间万事万物的总和，还是规律原则，均表明"道"是独立于人们主观意志的存在，基于此，道家与道教衍生出平等的思想理念。老子讲"天地不仁，以万物为刍狗；圣人不仁，以百姓为刍狗"[③]，庄子讲"以道观之，物无贵贱。以物观之，自贵而相贱"[④]。《老子西升经》中有"道非独在我，万物皆有之。万物不自知，道自居之。道无乎不在，万物之所共由也"[⑤]。《无上秘要·师资品》云："学道之人亦复如是，求法事师，莫择贵贱，勿言长幼……人无贵贱，有道则尊。"[⑥] 道家道教这种"万物平等"的理念很好地平衡了儒家秉持的"人类中心主义"原则，儒家的关注点主要放在人类社会上，并且认为人类社会存在人与人间的尊卑等级差别是合理的，并试图通过"礼法"的手段将这种差别制度化、稳态化，而这

---

① （晋）葛洪撰，张松辉译注：《抱朴子内篇》，北京：中华书局，2011 年，第 519 页。

② 《西升经》卷下，《道藏》第 11 册，第 507 页。

③ 贾德永译注：《老子》，上海：生活·读书·新知三联书店，2013 年，第 13 页。

④ 《老子·庄子》，北京：北京出版社，2006 年，第 275 页。

⑤ 《西升经》卷下，《道藏》第 11 册，第 510 页。

⑥ 《无上秘要》卷 34，《道藏》第 25 册，第 113 页。

些在道家看来则是社会混乱的根源所在，并对其给以无情的批判，《道德经》德经开篇可视为道家对儒家礼制批判的总宣言：

上德不德，是以有德；下德不失德，是以无德。上德无为而无以为，下德无为而有以为。上仁为之而无以为，上义为之而有以为。上礼为之，而莫之应，则攘臂而仍之。故失道而后德，失德而后仁，失仁而后义，失义而后礼。夫礼者，忠信之薄，而乱之首①。

以此说明了礼制是人类社会堕落的结果，庄子则站在礼制对个体的戕害上给以无情的批驳：

马，蹄可以践霜雪，毛可以御风寒，龁草饮水，翘足而陆，此马之真性也。虽有义台路寝，无所用之。及至伯乐，曰："我善治马。"烧之，剔之，刻之，雒之，连之以羁絷，编之以皁栈，马之死者十二三矣。饥之，渴之，驰之，骤之，整之，齐之，前有橛饰之患，而后有鞭策之威，而马之死者已过半矣②。

由此，道家揭示出儒家光鲜外表下的虚伪本质，老子说："大道废，有仁义；智慧出，有大伪；六亲不和，有孝慈；国家昏乱，有忠臣。"③ 庄子讲："天之小人，人之君子；人之君子，天之小人也。"④ 对此，老子开出的药方是"绝圣弃智，民利百倍；绝仁弃义，民复孝慈"⑤。

---

① 贾德永译注：《老子》，上海：生活·读书·新知三联书店，2013年，第87页。
② 《老子·庄子》，北京：北京出版社，2006年，第225页。
③ 贾德永译注：《老子》，上海：生活·读书·新知三联书店，2013年，第41页。
④ 《老子·庄子》，北京：北京出版社，2006年，第213页。
⑤ 贾德永译注：《老子》，上海：生活·读书·新知三联书店，2013年，第43页。

儒道两家这一价值立场的分别也影响到古代营建领域，不同于《周礼·考工记》要求“匠人营国，方九里，旁三门。国中九经九纬，经涂九轨，左祖右社，面朝后市，市朝一夫”[①]，《管子·乘马》中则主张：“凡立国都，非于大山之下，必于广川之上。高毋近旱，而水用足；下毋近水，而沟防省。因天才，就地利，故城郭不必中规矩，道路不必中准绳。”[②]《管子》一书出于战国时期齐国稷下学派学者之手，书中包含有不少黄老道家思想的内容，上段引文说明了国都营建过程不必受礼制条条框框的限制，而应讲究“因天材”“就地利”这一经济实用原则，蕴含着深刻的道家思想。

为了能更形象把握“道”的属性，老子以水喻道，讲“水善利万物而不争，处众人之所恶”[③]，“天下莫柔弱于水，而攻坚强者莫之能胜”[④]，揭示了道体具有谦下守柔属性。柔弱的事物代表着生机，刚强之物预示事物生命力的衰退，故“坚强者死之徒，柔弱者生之徒”[⑤]。因此道家主张“守柔”，老子说：“见小曰‘明’，守柔曰‘强’。”[⑥]“知其雄，守其雌，为天下谿。为天下谿，常德不离，复归于婴儿。”[⑦]“专气致柔，能如婴儿乎？”[⑧]《淮南子·缪称训》讲：“老子学商容，见舌而知守柔

① 杨天宇译注：《周礼译注》，上海：上海古籍出版社，2016年，第871页。
② 李山译注：《管子》，北京：中华书局，2009年，第42页。
③ 贾德永译注：《老子》，上海：生活·读书·新知三联书店，2013年，第19页。
④ 同上，第177页。
⑤ 同上，第173页。
⑥ 同上，第119页。
⑦ 同上，第64页。
⑧ 同上，第23页。

矣。列子学壶子，观景柱而知持后矣。”[①] 由这些理念发展了古代用于养生的“导引之术”，顾名思义，通过此方术可以达到“导气令和，引体令柔”的养生效果，《庄子·刻意》讲：“吹呴呼吸，吐故纳新，熊经鸟申，为寿而已矣；此道引之士，养形之人，彭祖寿考者之所好也。”[②] 其中的“道引”即“导引”。根据“道”的运动特点，“反者，道之动；弱者，道之用”[③]，“物壮则老，是谓不道，不道早已”[④]。道家还将“守柔”的理念发展成为一种政治谋略，《道德经》曰：“将欲歙之，必固张之；将欲弱之，必固强之；将欲废之，必固兴之；将欲夺之，必固与之。是谓‘微明’。柔弱胜刚强，鱼不可脱于渊，国之利器不可以示人。”[⑤] 老子的这一智慧当是继承于楚国先祖及政治家鬻熊。西周初年，作为一个地处南方荒蛮之地的楚地，后世能发展为春秋五霸、战国七雄之一，与秦国共争天下的强大国家，与鬻熊当年定下的“守柔持弱”的政治韬略是分不开的。《列子》中引用《鬻子》书中的话：“欲刚，必以柔守之；欲强，必以弱保之。积于柔必刚，积于弱必强。观其所积，以知祸福之乡。强胜不若已，至于若已者刚；柔胜出于已者，其力不可量。”[⑥]

道家这种“守柔”的智慧，可以解释为一种巧妙灵活变通的策略，表现在营建中，就是不拘泥于固有的营建礼制及建造规则，将营建环境及人们的现实需求均纳入考量范围，建筑或依山

---

① （汉）刘安编，陈广忠译注：《淮南子译注》，上海：上海古籍出版社，2016年，第475页。

② 《老子·庄子》，北京：北京出版社，2006年，第267页。

③ 贾德永译注：《老子》，上海：生活·读书·新知三联书店，2013年，第93页。

④ 同上，第69页。

⑤ 同上，第81页。

⑥ 陈才俊译注：《列子》，北京：海潮出版社，2012年，第51页。

就势，或见水筑桥，或因高起殿，或就洞修宫，形成灵活自由的建筑格局。此外，对“柔”的追求也体现在建筑线条的应用上，在建筑群的规划布局上并不追求横平竖直的方正格局，常以曲形线条作为构图要素，如连接各大殿堂的甬道、道教宫观园林内曲径通幽的道路系统、道观内的圆形太极广场等。建筑形制上曲形反翘式的飞檐、鼓形柱身、流线型的雀替等都是对柔和之美的最好诠释。

（二）“自由式”布局宫观案例

道教宫观的营建普遍采用“自由式”布局形式，宫观常择址于偏远的名山大川之上，受山区地势地形条件限制，不可能按照方正严谨的布局展开。此外，作为出世修行之地，道教建筑并不必严格遵从儒家的礼制规范，从而能够跳出刻板布局形式的桎梏，展现出灵动多变的布局风格。

南充舞凤山道观建于舞凤山山巅，整座道观并无院墙围合，这一点至少在川北的道教宫观很普遍，因道教建筑并不像传统民居那样过于强调“藏风聚气”原则，而更加注重山巅之清气与外界的顺畅流通以便道气向外撒播无滞。依山势地形特点，道观中各大殿呈阶梯状布局，沿舞凤山上山道路，首先到达较低地势的灵官殿，步入几级阶梯后到达慈航殿与财神殿，再往上就来到一块较为开敞的空地，这里建有文昌宫大殿，由文昌宫大殿再上几十步台阶，就到了舞凤山的制高点——三清大殿，三清大殿前方两侧设有钟楼与鼓楼。这种布局巧妙解决了山上空地狭小的弊端，体现出道教善于变通的特点，但变通的同时，仍秉持着一定原则。“规整式”布局中，灵官殿常常设在山门位置，沿着中轴线，接下来通常为慈航殿、三官殿、文昌殿各大殿，宫观的主殿三清大殿一般置于中轴线末端，以彰显其尊贵地位。舞凤山道观随着上山道路，按灵官殿→慈航殿→财神殿→文昌宫大殿→三清大殿顺序设置，是以另一种形式诠释了道教建筑的礼制内涵。

图 2.21 南充舞凤山道观“阶梯式”布局
（笔者摄）

南充嘉陵乳泉山道观，又名老君观，因其主峰悬崖绝壁下有石如乳两处，乳尖处各有一股甘甜清凉的泉水涌流不息，因而得名乳泉山。据世代口传，乳泉山道观道脉可追溯至东汉末年，张道陵曾来此山布道，欲在此建立道治，后因各种原因而转迁他方。唐代，乳泉山山巅建有紫府观，唐宣宗年间被毁，明代又在原址重建，明代学者任瀚曾悟道于此，康熙年间，其后裔增修了侧殿、回廊等建筑，清道光时，道士孙合瑞募捐翻修、植树满山，并将紫府观更名为老君观。近一百多年来，战争及动乱使道观遭到毁坏，只余瓦砾一片还在向人们述说着千年的沧桑。如今的乳泉山道观是本世纪以来陆续新建，道观地点选在乳泉山中腰的崖壁前，现已建有老君大殿、慈航殿、玉皇殿、龙王殿、观音殿、灵官殿等殿堂。这些殿堂布置依山势特点呈阶梯式分布，老君大殿、慈航殿、灵官殿等殿在下，玉皇殿、龙王殿、观音殿等殿则位于上层台地上，三座大殿背靠崖壁，其墙身、屋面、装饰柱等建筑构件与崖壁间交接自然、灵活，如同构件从崖壁中生长出来一般，可谓是“虽由人作，宛若天工”。三座殿堂以玉皇殿位居中位，殿内供奉玉皇大帝，为道教“三清四御”之一，在道教神仙谱系中的神格很高，左右两侧分别为观音殿与龙王殿。相对前方的老君大殿，三殿如同侍卫之貌对老君大殿形成拱卫之势，突显出老君大殿的气势。从形制上看，老君大殿宏伟高大，采用双檐歇山式屋顶，装饰的饰物及颜色较其他殿更为繁复华丽。老君大殿右侧设有慈航殿，慈航殿旁有石阶通往上一层的三座殿堂。乳泉山著名的二石乳就在此崖壁上。崖壁上形成的小岩厦也得到充分利用，内置有石桌石凳，供人们乘凉休憩。道观虽为人力之作，但在此场域内，建筑已与自然交融在一起，充满了灵动之美。

图 2.22　南充老君观老君大殿与三大殿（笔者摄）

南充阆中文成镇王家山半腰有灵城观，又名明瑞院，此观主体实为一处天然巨大岩厦，岩厦宽 50 米，进深 18 米，高 4 米，洞口上方石壁处刻有“灵城岩”三个大字，岩厦内尽端设有神像。道观天然质朴，少有人工雕琢痕迹，唯在岩厦右侧建有一类似“轩”的建筑，三根立柱置于地面与岩厦顶端间，岩厦顶部岩石充当轩顶，两侧用木板围合，前方开敞，其内设有慈航真人神像。可见，灵城观完美地诠释了道教思想中的“道法自然”“返璞归真”“因势利导”等理念。尽管一切显得十分简约，附近来此上香许愿的乡民却络绎不绝。灵城观也有着重要的文物价值，为南充市级文物保护单位，现保存有唐代摩崖造像 5 龛 70 余尊，宋元明清各代的碑刻十通。历史上的文人曾在此留有诗作，宋淳祐帅守阆州之王惟忠诗云：

> 一石中虚深数寻，岩前泉响孰知音？
> 解鞍一枕邯郸梦，洗尽尘寰名利心。

明监察御史杨瞻诗云：

> 灵岩俯视近千寻，洞口莺啼应远音。
> 面壁老僧八十岁，花开花落不关心。

图 2.23　南充灵城观岩厦外类轩式建筑（笔者摄）

广元旺苍东河镇青林山玉皇观可谓是将道教宫观灵活式布局

形态发挥至极致的典范，整个道观建筑物全部依天然崖体而建，道观的道路组织形态为依山体而行的“一”字形。沿此道路，首先经过供奉有玉皇大帝、文昌帝君、药王、送子娘娘、财神的玉皇殿，经过一置有香炉和化钱炉的矩形坛场后，又来到供奉有诸多神明的神像前，依次有黑白无常、财神、坐式观音、雷公、电母、老子、立式观音、如来佛祖、八仙等。这些神像背靠天然崖体，其上则罩有人工屋宇，屋宇结构体系的梁、柱构件多利用崖体岩石为其受力支持点，使建筑与崖体二者浑然为一。崖体上有山泉涌出，利用山泉的涌流路径，此处又塑有一观音神像，泉水源源不断地从其手中净瓶流出，到访香客总要于此接些净瓶之水。玉皇观之巧可谓是对天然地势充分“因”“顺”的结果，但这并不是被动地适应自然，而是在充分发挥人自身主体意识的前提下对现实各要素的巧妙利用。

图2.24　广元玉皇观与山体相接的梁柱

（笔者摄）

总的说来，道教建筑重视对客观环境的考察，同时也充分发挥人自身的审美意识和主观能动作用，在具体宫观营建中会各有侧重，绵阳梓潼七曲山大庙与涪城玉皇观可谓是很好代表了这两种不同的取向。

七曲山大庙主体位于川陕公路东侧，建筑群依山势以组团形

图 2. 25 依山体而建的广元玉皇观
（笔者摄）

式展开，可分为五大组团，即中轴线区、中轴线南区、大庙东南区、中轴线北区、大庙西北区。即便为灵活式布局，通常也有一条中轴线，即魁星楼—文昌正殿—桂香殿一线，此区域的建筑还包括魁星楼两侧的五瘟殿与灵官殿，文昌正殿前两侧的钟楼与鼓楼。灵活的布局，营建前需先确定好主殿的位置，一般常选在山上地势较宽敞平坦之处，或选在整个基址地势最高处。主殿位置一确定，其他殿堂则可根据地形灵活展开。中轴线南区有启圣宫、瘟祖殿、白特殿、风洞楼、观音殿等殿堂，布局上松散自由，其中白特殿相传为春秋时善板祠所在位置，风洞楼是祭祀张献忠的祠堂。中轴线南区与大庙东南区由数段石阶相连，沿着石阶向上首先经过时雨亭，再到家庆堂，从家庆堂右侧再上一段石阶到大庙内地势最高位置，这里有天尊殿、牛王殿、药王殿、八卦井、谷神殿、蚕神殿、娘娘殿等殿堂，其中天尊殿内供奉有三清像，另三清殿前有观象台，系道教观测天象之用。中轴线北区有关帝庙、灵官楼和紫府洞天茶园。大庙西北区在川陕公路西侧，需穿过“翠云廊”过街天桥，这里零星分布有晋柏亭、雷神庙、盘陀殿等建筑，盘陀殿为元时建筑，是大庙内现存最早建筑，殿内供有一硕大顽石，相传为文昌帝君得道处。总的说来，大庙建筑充分利用山形走势而建，形成灵活的组团式格局，同时利用地势特点又巧妙地突显了重要殿堂的属性，如在中心较开阔地方建文昌正殿，在地势最高处建三清殿与观象台等。

图 2.26　七曲山大庙南区与东南区间石阶

（笔者摄）

涪城玉皇观四周由上山屈曲小路环绕，平面形似一球拍，其山门未开向南方，而是顺应上山道路的走势开在东南方位。玉皇观内也有一条中轴线，从山门进入向右，灵官殿—玉皇殿—三清殿一线为其中轴线，中轴线两侧配有真武殿、药王殿、文昌殿、财神殿、道士居、上客堂等建筑，其余建筑则布局灵活。因玉皇观建于一矮山上，不能乘地势之利，为了突显整个建筑群的层次感及神圣性，各重要殿堂采用高台基形式，如灵官殿、玉皇殿、太乙宫均建在高台基之上。整个宫观道路系统的设计体现了道教“虚静自然”“以柔为美”的理念，多采用曲线式线条，如太乙宫前的坛场形状为不规则构形，以曲线作为其边界。药王殿西北方有太极广场，圆形的构图突破了方正规整的布局模式，为宫观整体增添了几分灵动之美。玉皇观形局的另一大特色是大面积的绿化，绿化面积占到宫观面积的一半，借用草木生机之物传达出“仙道贵生”的理念。总之，玉皇观营建布局上在充分利用地势特点的同时又加入了主体改造成分，如高台基、曲线条元素、大面积绿化等，这些更好诠释了道教文化的内在意蕴。

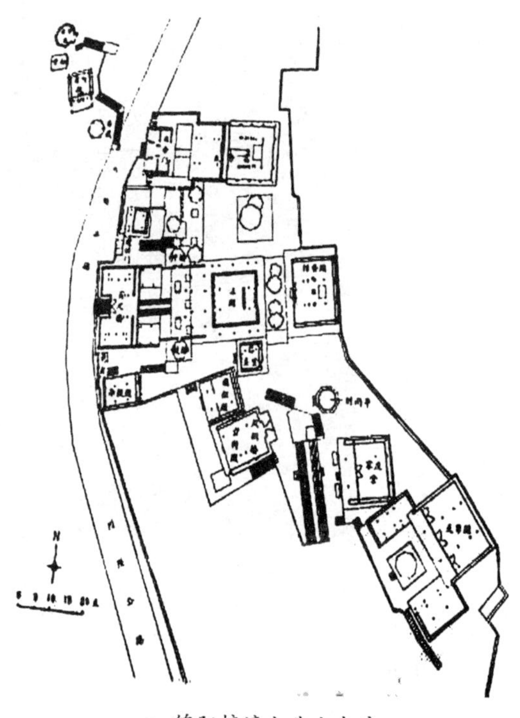

a. 绵阳梓潼七曲山大庙

b. 绵阳涪城玉皇观

图 2.27 “自由式”建筑布局

第四节 川北道教建筑的形制意涵

一 中国古典建筑概说

从建筑产生的渊源讲，最初仅仅用于满足先民们遮蔽风雨和躲避野兽袭击的现实需要。《韩非子·五蠹》说：“上古之世，人民少而禽兽众，人民不胜禽兽虫蛇，有圣人作，构木为巢以避群害。”[①]《墨子·辞过》讲：“古之民未知为宫室时，就陵阜而居，穴而处。”[②] 可见人类早期的建筑极其粗糙简陋，但那时的

① 陈秉才译注：《韩非子》，北京：中华书局，2007 年，第 267 页。
② 李小龙译注：《墨子》，北京：中华书局，2007 年，第 36 页。

建筑已存在“构木为巢”的“巢居”和“穴而处”的“穴居”两种构筑方式的分化。后世的传统建筑主要是沿着“巢居发展序列”和“穴居发展序列”这两大路径发展演化，前者经历了单树巢—多树巢—干阑建筑—穿斗式建筑的演变过程，后者则经历了原始横穴—深袋穴—半穴居—抬梁式建筑的演变路径。

干阑建筑将房屋楼板层设于房屋立柱之上，楼板高出地面。南方雨水多而潮湿，又多虫蛇，干阑式建筑可有效防止这些不利因素的侵害，早在七千多年前的浙江余姚河姆渡地区就已采用。如将楼板层去掉，房柱直接通到屋顶檩条之下，就成为典型的“穿斗式”建筑，其特点是柱子较细而密，每个柱子顶端顶有一檩条，柱子间横木连接构成整体框架。其优点是节省木料，施工较方便，缺点是因柱网较密，室内空间分割多，不能形成较大的开敞空间。现如今，穿斗式做法仍然多见于南方民居建筑，特别在四川尤为流行。

图 2. 28　干阑式建筑

相较南方，北方少雨干燥，植被覆盖率较低，且地面的黄土层较为厚实，在尚未掌握较成熟的建筑技术之前，掘穴而居是最适宜的选择。最初，穴室高于人高，因深穴易塌陷，不便出入，后发展为半穴居形式。半穴居室面积一般为20—40平方米，穴深0.5—0.8米，为了获得穴室居住所需的净高空间，穴口覆以四角攒尖或圆形攒尖式屋顶，室内立有若干木柱支撑其上屋顶骨架，中国古典建筑最醒目而有特色的大屋顶形态就脱胎于此。随着先民木构技术的日益成熟，地面上营建屋舍已足以抵御风雨野兽，半穴居结构空间逐渐发展出“抬梁式”结构形式，柱子上放梁，梁上放矮柱，矮柱上再放短梁，层层叠落直至屋脊处。这种构造减少了室内立柱布设的数量，使室内可形成较大开敞空间，适用于宫观、寺观、宗庙等大型公共建筑，但对柱、梁、枋这些重要承力构件的受力性能有更高要求。

图2.29　半穴居式建筑

不论“巢居发展序列”还是“穴居发展序列”，都与我国所处的自然环境及先民们的现实需要有着千丝万缕联系，在漫长的发展演变中，古典建筑也烙上鲜明特色，可以总结为以下三个方面。

第一，选用木料作为营建主材。不同于西方古典建筑采用石料作为建筑材料，中国古典建筑的主体结构均为木质，如柱、梁、枋、檩、缘、板、斗、拱、昂等构件。对此梁思成先生曾评论说："中国始终保持木材为主要建筑材料，故其形式为木造结构之直接表现。其在结构方面之努力，则尽木材应用之能事，以臻实际之需要，而同时完成其本身完美之形体。匠师既重视传统经验，又忠于材料之应用，故中国木构因历代之演变，乃形成遵古之艺术。唐宋少数遗物在结构上造诣之精，实积千余年之工程经验，所产生之最高美术风格也。"①

从梁先生上面的话可知，以木料为建筑材料也被视为一种"遵古之道"，在营建之初，中原地区盛产木材，远古先民就地取材，逐渐掌握并完善了建筑木构技术，使之较其他建筑材料占据了先发优势。另一方面，以木料为营建材料还与我们古人秉持的固有观念不无关系。古人认为木材乃生机之物，人居其中能与其产生的生机之气相感应，对人们的生命健康起着积极作用。而冷冰冰的石料则为死物，活人不宜居于其中，古人只有在营建墓室或为死者立碑时才会选用石料。古人追求人生的不朽，提出有"三不朽"原则，《左传·襄公二十四年》曰："大上有立德，其次有立功，其次有立言，虽久不废，此之谓不朽。"② 石料凭借其自身特性成为这种"立德""立功""立言"的载体。而作为活人用的建筑则不追求其不朽性，重在服务现世人的生活日用，因此不看重建筑本身的长久留存，只对建筑原址重视有加，古代

① 梁思成：《中国建筑史》，北京：生活·读书·新知三联书店，2011 年，第 2 页。

② （春秋）左丘明：《左传》，长春：吉林人民出版社，1996 年，第 447 页。

的建筑不论拆毁重建多少次，其建筑基址往往千年不移。

木构件建筑自身也有着诸多优势，因承重部位为梁柱体系，墙垣只起包围、隔断作用，这样，门窗的大小和位置可根据需要灵活安排。又因木材间的连接采用卯榫方式，使连接处在受力下有很强的伸缩性和韧性，抗震性能佳，民间有“墙倒屋不塌”的赞誉。此外，木材便于取材且安装施工较方便，施工周期也随之大大缩短。但如何选用营建木材却有讲究，从木材硬度上分类，硬度较大者有榉木与榆木，适合用于斗拱的制作；硬度较小者有柏木，因耐潮湿，适合用于基桩部位；硬度介于二者之间者有松木与楠木，耐久性强，多用于制作柱、梁、枋。营建实践中，工匠们总结出木材强度往往与木材轻重成正比关系，清代李斗的《工段营造录》记录有：

> 木植见方之法，每一尺在松墩三十斤、桅杉二十斤、紫檀七十斤、花梨五十九斤、楠二十八斤、黄杨五十六斤、槐三十六斤八两、檀四十五斤、铁梨七十斤、楠柏三十四斤、北柏三十六斤八两、椴二十斤、杨柳二十五斤……①

第二，建筑自下而上均由台基、屋身和屋顶三大部分构成。其他文化圈的建筑形态并不必然具备这三大部分，西方的古希腊、古罗马建筑及中东地区的伊斯兰建筑一般没有台基部分；西藏的碉楼形似碉堡，屋身往往很高耸，屋顶多为平屋顶，远没有汉区传统建筑大屋顶的视觉冲击效果。这种台基、屋身、屋顶的屋体结构其实蕴含着天人合一的“三才”理念，台基代表大地，屋顶象征天穹，屋身则表征居于天地间“顶天立地”的人。《周

① 罗哲文：《中国古代建筑》，上海：上海古籍出版社，2001年，第198页。

易·系辞下》说："有天道焉，有人道焉，有地道焉。兼三才而两之，故六；六者，非它也，三才之道也。"① 《周易·说卦》曰："是以立天之道曰阴与阳，立地之道曰柔与刚，立人之道曰仁与义。兼三才而两之，故《易》六画而成卦。"② 道教中也认为"三才"派生出世间万事万物，老子讲"道生一，一生二，二生三，三生万物"③，《云笈七籤》卷三"道教三洞宗元"说："三气变生三才，三才既滋，万物斯备。"④

台基在发明之初，还有出于人们防水防潮的现实需要，早期先民最初掘地为穴，曾与危害人们健康的潮湿进行过长期斗争。《墨子·辞过》讲"下润湿伤民"⑤，"室高，足以辟湿润"⑥，足见建筑中台基的重要意义。早期台基由夯土砌筑，故像"室""堂""屋"等汉字下面都有一"土"字，随着生产力水平的提高，台基外围开始贴有陶砖，进而由石条垒砌而成，并于其上雕饰有大量纹饰图案，例如，入唐后重要建筑大量采用须弥座式台基。台基形态的变化反映了台基已不仅仅满足实用性的需要，更重要的是体现皇权地位和礼制内涵。据《周礼·考工记》载："殷人重屋，堂修七寻，堂崇三尺，四阿重屋。周人明堂，度九尺之筵，东西九筵，南北七筵，堂崇一筵。"⑦ 一筵等于九尺，周天子为彰显地位，台基建得较商人更高。战国时期又出现了不少的高台建筑，它们是大体量的夯土台体与小体量的木构廊屋的

---

① 黄寿祺，张善文译注：《周易》，上海：上海古籍出版社，2007年，第420页。
② 同上，第428—429页。
③ 贾德永译注：《老子》，上海：生活·读书·新知三联书店，2013年，第98页。
④ （宋）张君房辑：《云笈七籤》卷3，《道藏》第22册，第13页。
⑤ 李小龙译注：《墨子》，北京：中华书局，2007年，第36页。
⑥ 同上。
⑦ 杨天宇译注：《周礼译注》，上海：上海古籍出版社，2016年，第873—874页。

结合体，因受当时木构技术水平制约，尚不能建造大体量的高崇宫殿，于是将建筑逐级建于阶梯形的高台之上，借助高台展示殿堂的宏大高崇之貌。高台施工工作量过于繁重，木构技术的发展使高台式建筑后世少有采用，但台基的高度和装饰华丽程度仍是建筑物等级和尊卑的象征。清代《钦定大清会典实例》规定："亲王府制台制高十尺，郡王府制台制高八尺……公侯以下，三品以上房屋台基高为三尺，四品以下至庶民房屋台高为一尺。"① 此外，台基部分还包括踏跺、御路、栏杆、抱鼓石等建筑构件，这些将在后面结合道教建筑具体实例进行详述。

屋身部分主要由柱、梁、枋、斗拱等结构构件及门、窗、墙等围合构件组成。古建筑以"间数"与"架数"表征建筑体量大小，间数衡量房屋长边方向的长短，架数衡量房屋进深方向的大小。长边方向上每两柱之间为一间，进深方向上每两檩条间为一架。古代社会，房屋间数与架数还是封建礼制的象征。一座建筑的间数都由奇数个构成，如单间、三间、五间、七间、九间、十一间，最中间的一间面阔最大，称作明间或堂屋，向两边依次称作次间、梢间、尽间。开间数越多，建筑等级越高，故宫太和殿和北京太庙享殿面阔达到十一间，为现存古建筑开间数之最。《唐六典》卷二十三就官阶品级与房屋间架数间有具体规定：

> 凡宫室之制，自天子至于士庶，各有等差。天子之宫殿皆施重拱藻井，王公、诸臣三品以上九架，五品以上七架，并厅厦两头，六品以下五架。其门舍，三品以上五架三间，

① 何宝通：《中国古代建筑及历史演变》，北京：北京大学出版社，2010 年，第 29 页。

五品以上三间两厦，六品以下及庶人一间两厦。五品以上得制鸡头门。若官修者，左校署为之，私家自修者制度准此①。

屋身部位最具特色的构件当数“斗拱”，其最初功用是为了扩大梁枋和柱头间接触面积，以承托屋身上高大厚重出檐深远的屋顶。斗拱通过榫卯结合方式叠放，节点间为非刚性连接，发生地震时可消耗掉一部分地震能量。明代以降，由于柱头间大小额枋的使用，以及梁不再从斗拱中穿插，而是压在斗拱最上一跳之上，使得斗拱不再起着维持构架整体性和增加出檐的作用，发展为纯装饰性构件，这时斗拱主要用在皇家贵族建筑中，其铺作数越多，绘有的纹饰越精美，表明建筑等级越高。另斗拱这一变化也成为识别建筑物建造年代的重要依据。

古典建筑的大屋顶由远古时深袋穴穴口覆盖的大屋盖发展而来。从形式看，现有庑殿顶、歇山顶、悬山顶、硬山顶、攒尖顶、卷棚顶、盝顶等多种形式。屋顶更是等级地位的象征，等级最高的是重檐庑殿顶，通常只用于皇家建筑及重要寺观的主殿，接下来依次为重檐歇山顶、单檐庑殿顶、单檐歇山顶、悬山顶、硬山顶等。屋顶的脊饰也有讲究，正脊中央设有宝顶装饰物，较重要的建筑，还会于宝顶两边饰有龙凤造型。正脊两端的饰物早期称之为鸱尾，呈向内倾伸的一对尾尖状，尾尖外侧施鳍状纹饰。《营造法式·总释下·鸱尾》引《谭宾录》曰：“东海有鱼虬，尾似鸱，鼓浪即降雨，遂设象于屋脊。”② 可知正脊两端设

---

① 罗哲文：《中国古代建筑》，上海：上海古籍出版社，2001 年，第 202 页。
② 同上。

置鸱尾喻有防火意涵。鸱尾的高度也需符合建筑礼制，《营造法式》卷十三载：“用鸱尾之制，殿屋八椽九间以上，其下有副阶者高九尺至一丈，若无副阶高八尺；五间至七间高七尺至七尺五寸；三间高五尺至五尺五寸；楼阁三层檐者与殿五间同。”① 中唐以后，鸱尾下部出现一张口吞脊的兽头，尾部也逐渐更似鱼尾。元代鸱尾渐向外卷曲，有时已改称鸱吻。明清时期其造型演变成一龙头吞噬正脊端部状，吻兽下面有吻座，背部有扇形剑把。因此，鸱尾向鸱吻的流变也成为判断建筑所属年代的一项依据。在垂脊与戗脊处还分别设有垂兽和戗兽，形似一龙头形象，垂兽位于垂脊的末端，戗兽则设在戗脊的尾部，其前为仙人与蹲兽的位置。仙人骑着一只公鸡，其后根据建筑级别可设置一至十不等的蹲兽，自前而后依次为：龙、凤、狮子、麒麟、天马、海马、狻猊、狎鱼、獬豸、行什。其数量多为奇数，数量越多表明建筑等级越高，唯一的特例为故宫太和殿，共有十个蹲兽，以此彰显皇权的至上性和唯一性。

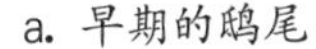

a. 早期的鸱尾　　b. 后世的鸱吻

图 **2.30** 鸱尾与鸱吻

① 罗哲文：《中国古代建筑》，上海：上海古籍出版社，2001 年，第 306 页。

第三，以恢宏壮丽的建筑群形态展现。我国古典建筑均以台基、屋身、屋顶为各建筑体构成要素，单从某个建筑审视，多给人以雷同之感，缺少创新性。在儒家礼法文化的熏陶下，群体价值高于个体价值，体现在建筑领域，便是以建筑群的形式开展营建。在一个建筑群中就如同一个人类社会，一座建筑的属性、等级更多是借助与其他各建筑的关系来传递，例如建筑所处的位置、朝向、相较周围建筑的大小高矮等。这使得古建筑的恢宏壮丽、变幻莫测之美通过建筑群体效应得以表现，呈现出高低起伏的错落之美。

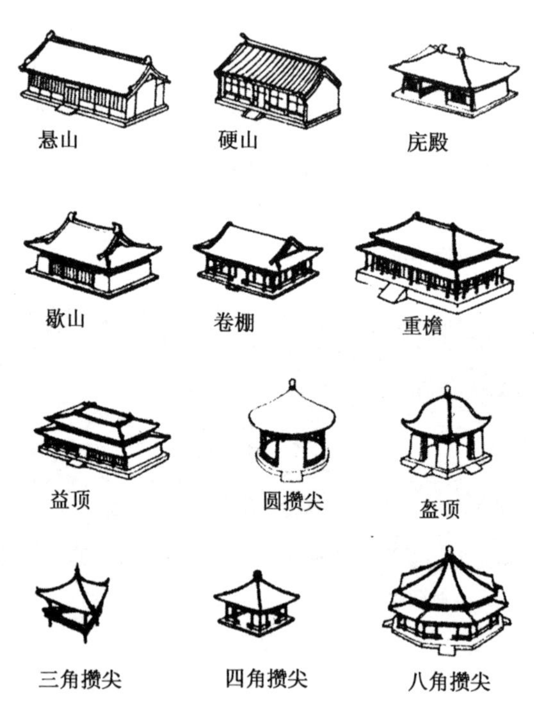

图 2. 31　古典建筑的屋顶形态

建筑之间留有供人们休憩活动的院落，院落四周一般围合成一封闭空间，组成四合院形式。根据需要可以增设二进、三进院落，甚至向外围扩展形成院落群。这种院落式建筑组织形式与我们民族在空间观上的向内性是分不开的，这种观念的形成又与我们民族所处的地理大环境不无关系。堪舆理论认为的理想的风水宝地讲究四灵兽围合形局，如四灵兽外围又有一圈圈罗城围护，则更为上乘之地。闽西、赣南地区的客家土楼更具有强烈的向心性、内聚性特点。土楼多为圆环形，外墙用厚实的夯土砌筑，厚度可达 1.3 米，墙体底层处不对外开窗，多仅留一扇大门供人出入，圆环内部为圆形院子，院子中央建有祖堂，是土楼居民共同供祖之地。由此可见，客家土楼的建筑格局将我们民族空间观的内聚性特点体现到无以复加的程度。

二　川北道教建筑实例探析

道教建筑是中国古典建筑的重要组成部分，建筑形制上彼此大同小异，不同之处在于，道教根据自身思想体系、价值追求、修持方术，将更多道教元素融入建筑之中。较儒家强调等级尊卑的礼制思想不同，道教更侧重体现宗教的神圣性与生活的世俗化，并借助“道教元素”“道教题材”“道教义理”加以彰显。例如，道教宫观山门通常设有三座门，“三”这一数字在道教中有着特殊意义，老子讲“道生一，一生二，二生三，三生万物”[1]，道教中又有“三清”“三洞”“三才”“三界”之说，因

① 贾德永译注：《老子》，上海：生活·读书·新知三联书店，2013 年，第 98 页。

而进入山门蕴含有“与道合真”进入仙界的意涵。山门内侧常设有影壁，道教认为可起到藏风聚气和辟邪作用，影壁上的内容主要取材于道教，如“八仙过海”浮雕和《道德经》《太上感应篇》刻文等。

（一）台基

图 2.32　绵阳玉皇观高台基做法（笔者摄）

川北道教宫观建筑的台基高度一般在三至九个踏步不等，多有选用富有道教内涵的“三”或“九”级踏步数，如南充顺庆老君山道观老君阁与绵阳涪城玉皇观慈航殿为三级踏步，绵阳江油窦圌山云岩寺主殿大佛寺为九级踏步。最具特色的要数涪城玉皇观的高台基建筑，其中玉皇殿台基踏步数超过五十级，而太乙宫更是建在一个高台之上，高台净高足有十米以上，在太乙宫向南湖水库俯视眺望颇有一览众山小之感，似有战国时高台建筑的遗风。高台基突出了建筑的气势，同时也反映了建筑的尊贵等级，且台基的大小又随着建筑的体量而定。凡带斗拱建筑，前后左右四个面都有檐出，所以基座的面阔不少于房屋的通面阔再左右各加一个下檐出。无斗拱建筑，基座面阔不少于建筑通面阔左右各加2—2.5柱径长度。进深方向，带斗拱建筑，其进深依据斗拱攒数定，而后再于前后加一个下檐出。无斗拱建筑，基座进深不少于房屋的通进深，前后再各加一个下檐出。

台基踏跺主要有垂带踏跺与如意踏跺两种形式，前者有垂带石，后者则没有，正侧面呈退齿状。如意踏跺常用于园林和住宅建筑中，垂带踏跺多用于较正式建筑。道教宫观为庄重严肃的宗教场所，一般采用垂带踏跺，如绵阳涪城玉皇观太乙宫和广元朝天洪都观通天殿前的踏跺。踏跺高宽比例一般为1:2，特殊情况下可做到1:1。宋《营造法式》卷三规定："造踏道之制，长随间之广。每阶高一尺作二踏，每踏厚五寸，广一尺。两边副子（垂带石）各广一尺八寸。"① 清《工部工程做法则例》规定："其宽自八寸五分至一尺为定，厚以四寸至五寸为定。"② 与《营造法式》所记较为一致。

---

① 潘谷西：《中国建筑史》，北京：中国建筑工业出版社，2015年，第264—265页。

② 罗哲文：《中国古代建筑》，上海：上海古籍出版社，2001年，第197页。

图 2.33　广元洪都观垂带式踏跺（笔者摄）

重要殿堂踏跺中间常设有“御路”，所谓御路，指顺着台阶的斜面用汉白玉石或大理石等巨石做成的斜坡，并在其上雕刻各种纹饰图案，以彰显建筑的尊贵和富丽。虽以“路”名之，但其上不能行走，探究其渊源，也有一个发展演变过程，最初其功能是用于车马行走的坡道。班固《两都赋》有云：“于是左墄右平，重轩三阶，闺房周通，门闼洞开。”① 吕延济注曰：“墄，阶级也。右乘车上，故使平。左人上，故为级。”② 挚虞于《决疑要注》中曰：“平者，以文砖相亚次也。墄者，为陛级也。”③ 张衡

① 华业编：《中华千年文萃 · 赋赏》，北京：中国长安出版社，2007 年，第 132 页。

② （南朝梁）萧统编，（唐）李周翰等注：《六臣注文选》上册卷 1，北京：中华书局，1987 年，第 28 页。

③ 同上。

《二京赋》说："三阶重轩，镂槛文棍。右平左墄，青琐丹墀。"①吕向注曰："言阶右平坦，左致墄墄。"② 薛综注曰："墄，限也，谓阶齿也。天子殿高九尺，阶九齿各有九级，其侧阶各中分左右，左有齿，右则滂沲平之，令辇车得上。"③ 另《三辅黄图》也有提到"未央前殿，左墄右平。"可见，早期踏跺位置是设有石阶和辇道两部分，分别用于人与车马行走，后来辇道被置于踏跺中间，又雕刻上水、云、龙等饰物，渐渐演变为御路，成为纯装饰性建筑构件。川北道教宫观中最具代表性的御路当数绵阳梓潼七曲山大庙文昌大殿前那个，御路沿石阶斜面从山门通向文昌殿，呈一狭长条状，其上雕有数条游龙，祥云伴其左右，一副冲向霄汉之域的态势，这一图形意象设在文昌正殿前更赋予了其内在意蕴，映射人们的仕途道路将平步青云和飞黄腾达。虽为浮雕，却给人以婉转盘旋的舞动之感，充分展现了雕刻者的精湛功夫。御路上撒满了来往游人布施的钱币，经询问得知这在七曲山大庙有着特殊含义，当游人沿着御路两侧石阶向上行走时，布施财物可以获得"功成名就""步步高升"的福佑。由于御路下端所对应位置的地下正为一泉眼处，所以在下台阶时布施财物又有着"财源滚滚"的意思。另外，道教中的太极八卦图也常是御路中的表现元素，绵阳盐亭真常观斗姥殿御路中间雕刻太极八卦图，其上为游龙，其下为舞凤，映射出道教宇宙观中阴阳对立统一，并化生万物的哲学理念。

---

① （南朝梁）萧统编，（唐）李周翰等注：《六臣注文选》上册卷2，北京：中华书局，1987年，第46—47页。

② 同上，第47页。

③ 同上。

图 2.34　七曲山大庙文昌正殿前御路（笔者摄）

台基四周常设有栏杆，栏杆又名阑干或勾栏，根据留存下来的明器，周代建筑中就已采用。按照不同标准，栏杆可有不同的分类。依材料分，有木栏杆、石栏杆、砖栏杆等，川北道教宫观中几乎为石栏杆。依所处的位置分，有台基栏杆和垂带栏杆。所谓垂带栏杆，指设置在台阶踏跺两边垂带石上的栏杆，绵阳涪城仙云观、南充顺庆老君山道观、南充高坪玄天宫内均设有垂带栏杆。依栏杆形制分，又有栏板栏杆和寻杖栏杆。前者仅有栏板和望柱两部分，后者除栏板和望柱外，还有寻杖、净瓶、地栿等构件。绵阳梓潼七曲山大庙和绵阳三台云台观内主要为栏板栏杆，涪城玉皇观和涪城仙云观中以寻杖栏杆为主。栏杆中主要以栏板与望柱头为集中雕饰区域，在道教建筑中多饰以道教题材元素。涪城仙云观栏板上饰以植物花草图案，契合了道教“道法自然”“仙道贵生”的理念。望柱头部位均以祥云为雕饰图案，在中国文化中祥云寓意着祥瑞之云气，象征着吉祥、富贵、安康以及对生命的美好向往。2008 年北京奥运会火炬上部即以祥云图案装点，仙云观的望柱与奥运火炬颇有些形似之感。“云”用以表征祥瑞之象，与其本土文化背景息息相关，在西方文化中，“cloud”一词却有着“阴影”“阴沉”“使忧愁”之意，根据潘樱《“祥云”是否吉祥如云》一文，作者随机从英语语库中抽取 100 个关于“cloud”的句子，表示正面情感的仅占 7 例，负面情感的则 22 例，中性含义的更是达 71 例之多①。而在中国文化背景中，受“敬天法祖”观念影响，人们对上天有着无比敬畏之心，天上的云被视作老天爷向人间发号施令的天书符号，是天人沟通的媒介，因此有“黄帝以云为纪，创作云书”之说，道教产生后，又在此基础上改造成道教符箓系统。另外，道教以“肉身不死”“轻举飞升”作为对彼岸世界的追求，“云”在道教中被视为道士们通往仙界的媒介物，有着祥瑞神圣之象。南充顺庆老君山道观东岳殿的栏杆，选择莲花宝鼎形制作为望柱头，而莲花具有圣洁、清静、美好的宗教意涵。栏板位置则以道教“暗八仙”作为创作元素，分别指葫芦、团扇、鱼鼓、宝剑、荷花、花篮、横笛、阴阳板八种器物，这些法器各有其法力，反映了道教特有的思想义理。其中葫芦中据说装着长生不老的丹药，

---

① 潘樱:《“祥云”是否吉祥如云》,《沈阳大学学报》2010 年第 1 期。

寓意道教对长生不老的不懈追求。团扇能够让人起死回生，有绝境逢生的寓意。鱼鼓是道教占卜仙器，能知人过去未来，暗指知天命，顺天应人。宝剑可以斩妖除魔，寓意镇妖驱魔。荷花为不染尘垢之物，象征着修道之人冰清玉洁的人格特质。花篮中收纳各种仙品，可以广通神明。横笛使万物焕发生机，体现了道教“贵生”思想。阴阳板让人心态平和，不为外事所扰，寓指心静神明。梓潼七曲山大庙栏杆的特点体现在望柱头形式的千变万化上，其形制有鼓形、台锥形、兽形、和尚、仙人、青蛙、卧牛、多面体、净瓶、石榴等众多形态，人们行走其间会有种轻松活泼之感，毫无庄重压抑之氛围。建筑构件这一巧妙安排的背后恰恰体现了道教“海纳百川”“兼收并蓄”的理念，道教以“道”的无限性和广博性为形上根据，打破了单一刻板的模式系统，赋予了形下事物更多灵动性和丰富性的特质。

在垂带栏杆的上端和下端或大门两侧位置常设置有抱鼓石，起着稳固作用。抱鼓石形制似圆鼓，其下又有一石座呈抱鼓之状，圆鼓与石座上雕饰有各种道教吉祥图案。涪城仙云观的抱鼓石雕以花草，高坪玄天宫八卦台抱鼓石以太极图为形貌。大门两侧的抱鼓石的圆鼓常坐于一须弥座上，梓潼七曲山大庙山门两侧的抱鼓石施以彩雕，圆鼓上雕有“黄龙戏珠”的造型，其边缘有绿草环绕，须弥座与圆鼓间又有一条黄龙屈曲龙身呈抱鼓状，造型奇特，富于创造性，须弥座上饰以花草及水鸟，十分精美。

a. 南充高坪玄天宫

b. 绵阳涪城仙云观

c. 绵阳梓潼七曲山大庙

d. 广元苍溪真武宫

图 2.35　丰富多彩的栏杆形态（笔者摄）

图 2.36　融入道教元素的抱鼓石（笔者摄）

（二）屋身

柱子是建筑中最重要的承力构件，与其上的梁架体系共同构成房屋的骨骼。柱子分为多种，从材料上看，有木柱、石柱之分。从柱横截面形状上看，有方柱、圆柱、六角柱、八角柱等。依柱的外观，又有直柱、收分柱、梭柱、侧脚柱之分。收分柱指上径与下径粗细不等的柱子，一般做法为上径小于下径 1/100 柱高尺寸。侧脚柱的特点是柱子与地面不绝对垂直，柱顶处均向内侧倾斜，倾斜距离为柱高的 7/1000—1/100，这种做法更增强了整个梁柱体系的稳定性，梓潼七曲山大庙桂香殿内的柱子即采用侧脚柱做法。按照柱子使用的位置，又有檐柱、金柱、中柱、童柱、瓜柱、角柱、廊柱之分。其中金柱指位于建筑檐柱内侧，除去建筑正脊下方柱子外的柱子。童柱指下端不落地，直接立于梁枋之上的短柱。而瓜柱则是童柱的一种，位于两层梁架之间或梁檩之间的柱。关于柱的断面、高度与建筑尺度的关系，《营造法式》规定："凡用柱之制，若殿阁，即径两材两栔至三材；若厅堂柱，即径两材一栔；余屋，即径一材一栔至两材。若厅堂等屋内柱，皆随举势定其短长，以下檐柱为则。"① 上文中的"材""栔"均为宋代建筑计量单位，"举势"指屋面坡度。

位于重要殿堂的柱子常施以精美装饰，从道教宫观建筑上看，盘龙是最常采用的柱饰，这些柱饰有的作为柱上浮雕以柱的整体形式展现，有的则为以柱上装饰物的形式展现。涪城仙云观大佛殿内的石雕龙柱为清道光年间遗物，为全观留存下来年代最为久远者，其上沿柱盘旋而上的蟠龙及附近的如意线条走势仍清晰可见，栩栩如生。高坪玄天宫老君阁石雕龙柱造型与此相似，仅用祥云的图案代替如意。其他多处的龙饰柱采用外在装饰造型的方式，如绵阳涪城边堆山脚下三清道观的三清殿、绵阳盐亭真

---

① 潘谷西：《中国建筑史》，北京：中国建筑工业出版社，2015 年，第 274 页。

图 2.37 绵阳仙云观清道光石龙柱
（笔者摄）

常观三清殿、南充嘉陵乳泉山老君观老君大殿、南充顺庆舞凤山道观三清大殿、南充顺庆老君山道观老君大殿等，均为盘龙柱造型。另绵阳江油云岩寺大雄殿及三台云台观玄天宫前立柱以“童子”“盘龙”“祥云”为元素，饰以“童子驾祥龙”造型，为殿堂空间营造出仙界之气韵。根据闻一多先生的《伏羲考》，龙的产生最初以蛇为原型。他认为，上古时期，中国大地上曾有一个以蛇为图腾的强大部落，随着其陆续兼并周边各部落，作为部落象征的图腾也吸收进其他部落的一部分，于是创造出“龙”的形象，形成了“角似鹿，头似驼，眼似鬼，项似蛇，腹似蜃，鳞似鱼，爪似鹰，掌似虎，耳似牛”的综合体①。这种说法也解释了为何古代帝王要以龙为化身，因其带有“大一统”和“中央集权”的政治意象。此外，“龙”还是被赋予一种超凡脱俗、能兴风雨、变幻莫测的神圣之物，《吕氏春秋 · 举难》中引用孔子的话：“龙食乎清而游乎清；螭食乎清而游乎浊；鱼食乎浊而游

① 闻一多：《神话与诗》，长春：吉林人民出版社，2013 年，第 9—37 页。

乎浊。”[①] 所以孔子将道教始祖老子也喻为龙，《史记 · 老子韩非列传》载：“鸟，吾知其能飞；鱼，吾知其能游；兽，吾知其能走。走者可以为罔，游者可以为纶，飞者可以为矰。至于龙吾不能知，其乘风云而上天。吾今日见老子，其犹龙邪！”[②] 大概也基于此，道教宫观中老君殿和三清殿等重要殿堂的柱子常会饰以盘龙形象。道教也将龙视为“兴云致雨”“消灾祛祸”之神，常常建有龙王殿，如顺庆老君山道观和嘉陵乳泉山老君观。《太上洞渊说请雨龙王经》曰：“烧香诵念，普召天龙，时旱即雨，虽有雷电，终无损害。其龙来降，随意所愿。所求福德长生，男女官职，人民疾病，住宅凶危，一切冤家及诸官事，无有不吉。”[③]《太上召诸神龙安镇坟墓经》云：“天尊所告，真经龙王名号。若有善男善女，葬埋坟墓，有犯天星地禁。一切龙神，皆当延至正一道士，转诵此经，拜诸神龙，来安坟墓，自然门户光辉，子孙繁衍。此经神验，不可称量。”[④] 柱子底端设有柱础，主要起着承接与传递上部荷载及防止地面湿气侵蚀作用，其表现样式很多，如三台云台观的莲瓣柱础，舞凤山道观的鼓形柱础，涪城玉皇观的棱柱式柱础等。为了增强建筑的庄严性和追求建筑造型的多变性，也有将殿堂正间两侧檐柱做成立于两狮背部的造型，狮子又蹲坐于台基之上，这种做法在川北道教宫观中十分普遍，如南充舞凤山道观文昌宫、绵阳仙云观大佛殿、南充老君山道观山门、南充云台山道观山门及龙虎门、广元伍显庙大殿等均采用此

---

① （战国）吕不韦编，刘生良评注：《吕氏春秋》，北京：商务印书馆，2015年，第611页。

② （汉）司马迁：《史记》，北京：线装书局，2010年，第1039页。

③ 《太上洞渊说请雨龙王经》，《道藏》第6册，第246页。

④ 《太上召诸神龙安镇坟墓经》，《道藏》第6册，第247页。

造型。

a. 南充嘉陵老君观

b. 绵阳三台云台观

c. 绵阳涪城三清观

d. 南充舞凤山道观

图 2.38　各种形态的盘龙柱（笔者摄）

除了柱子，大木作构件还包括枋、梁、檩、椽、望板等。枋指沿建筑正立面方向排布，置于柱与柱间的矩形横木，其中檐柱与檐柱之间的枋称额枋或阑额，因额枋构成建筑正立面的一部分，其上常绘以精美图案。道教建筑中常以龙、凤、太极图、灵兽、仙鹤、花草等图案作为创作元素，如绵阳涪城玉皇观太乙宫、慈航殿、灵官殿上的“二龙戏珠”，南充高坪玄天宫三清殿的“二龙戏太极”，南充顺庆老君山道观老君大殿的“龙凤呈祥”等。梁承托着建筑物上部构件及屋面的全部重量，其方向与建筑进深方向一致，一般为矩形，为了节省木材，也可采用圆形断面。在大型建筑中，梁放在斗拱之上，而较小型建筑，梁直接放置在柱头上。宫观建筑为了获得殿堂内较大的开敞空间，多采用抬梁式构架形式，减少了室内柱网的布置。这样屋顶的梁架形成多层长短不等的梁，并形成阶梯状，每一根梁端部都置有檩。檩的断面为圆形，其上又置有椽子，椽子密集排布于檩上，其走向与梁一致，与枋、檩成正交。椽上又铺以望板，其厚为椽径的1/5—1/3，铺装方式可横向亦可纵向。

在平板枋之上与梁之下的位置还有一重要构件——斗拱，起着承受来自屋面荷载的作用，并实现屋顶大出檐的实用及美学效果。明清以降，斗拱的装饰功能越发突出，更多的是在皇家或大型寺观建筑中才采用，并于其上绘以精美纹饰。斗拱的主要构件包括斗、拱、升、昂，一组斗拱为一“攒”，根据每攒所处位置有平身科、柱头科、角科之分。斗拱的繁复程度也是建筑等级高低的体现，以“铺作”数和“出踩”数来衡量。自斗拱最底层斗算起，每铺加一层构件算是一铺作，铺作数越多建筑等级越高。关于出踩，王其均《中国建筑图解词典》的解释是：“出踩为清式名称，就是指斗拱中的翘、昂自中心线向外或向里伸出。如果正心是一踩，而里外又各出一踩，则合称‘三踩’，这就是出三踩。如果正心一踩，而里外各出两踩，则为‘五踩’。以此类推，多者可以出到九踩，甚至是十一踩。”① 出踩数越多也表明建筑等级越高。斗拱各构件尺寸以平身科坐斗正面刻口尺寸为模数核算，《工部工程做法则例》卷二十八规定如下：

> 凡算斗科上升斗、拱、翘等件长短高厚尺寸，俱以平身科迎面安翘昂。斗口宽尺寸为法核算，斗口有头等才、二等才以至十一等才之分：头等才迎面安翘昂，斗口宽六寸；二等才斗口宽五寸五分；自三等才以至十一等才各递减五分，即得斗口尺寸②。

从走访到的川北地区道教宫观看，建筑中使用斗拱的情况较少，分析原因有二：一是自明清后，木制结构力学体系的改进，使斗拱并不是唯一解决大屋顶出檐问题的构件形式，进而导致斗拱的使用较之前不再那么普遍；二是川北地区的道教宫观大多位于偏远山区，多是满足当地信众信仰需要，而非为官方层面的祭典和教化需要而设，因此，少有“雕梁画栋”“青锁丹楹”的高规格建筑。尽管如此，仍有一些采用斗拱做法的案例，如涪城仙云观外的“西蜀胜景坊”采用了“三昂七踩斗拱”做法，涪城玉皇观灵官殿为“五踩斗拱”做法，三台云台观青龙白虎殿为“双昂五踩斗拱”做法，梓潼七曲山大庙家庆堂也为“双昂五踩斗拱”。

---

① 王其均编：《中国建筑图解词典》，北京：机械工业出版社，2016 年，第 99 页。
② 罗哲文：《中国古代建筑》，上海：上海古籍出版社，2001 年，第 223 页。

图 2.39　西蜀胜景坊“三昂七踩”式斗拱（笔者摄）

连接柱、枋与柱、梁之间的构件有雀替和撑拱，它们即是结构构件又是重要的建筑装饰构件。雀替位于柱与枋的交接部位，起着减少枋的跨距长度和降低枋端剪应力的作用。撑拱俗称“牛腿”，位于柱与梁交接的外侧，它可以分担一部分梁传下来的荷载，起着降低柱顶集中应力的作用。作为装饰构件，其上常借助柔和婉转的线条来构图，形成花草、海浪、祥云的图案，如高坪凌云山玄天宫三清殿、阆中吕祖殿山门等。三台云台观雷祖殿等殿堂，在雀替上还施以丹青，内容多取自道教典籍中的神仙故事或道人的传奇事迹。除此之外，道教理念讲究创新变通，秉持自由灵活的艺术表现手法，这些为道教建筑也增添了活泼新奇的气韵。如南充嘉陵的云台山道观灵祖殿用展翅飞舞的蝴蝶形象作为雀替形制，绵阳涪城玉皇观太乙宫用“狮子滚绣球”的顽皮造型充当梁柱间的撑拱，传递出喜庆吉祥的寓意。还有用人形做成的撑拱，它们有的直立，有的倒骑毛驴状，有的屈背呈禀告貌，似正在用背部承托着上面的梁架，形象生动幽默。这些形态在江油云岩寺三清殿、三台云台观灵祖殿、梓潼七曲山大庙魁星楼上都能够找到，是道教将实用性与艺术性完美结合的典范。

a. 绵阳涪城玉皇观

b. 绵阳梓潼七曲山大庙

图 2.40　造型新颖独特的撑拱（笔者摄）

中国古典建筑两侧为山墙，这样，建筑的正立面与背立面则成为门窗唱主角的区域，门窗的分格样式直接反映着建筑立面的视觉效果。建筑的主次级别首先通过其开间数量体现出来，川北道教宫观中，三开间的建筑最多见，开间最多者为五开间，为高坪凌云山玄天宫三清殿。殿堂中间开间多采用“三关六扇门”，即在开间立柱间设置左中右三段，每段都有两扇门，共有六扇。这样的实例有很多，如涪城仙云观大佛殿、江油云岩寺大雄殿、盐亭真常观三清殿、梓潼七曲山大庙桂香殿和天尊殿、高坪凌云山玄天宫三清殿等。因采光和美化需要，门窗上会设计有各种窗棂纹饰，这些纹饰千变万化，同时又各有寓意，它们直接取材于中国传统民居，体现了道教建筑的世俗性特点，折射出道教义理上即追求彼岸超越又重视对现世美好生活追求的特质。例如，涪城玉皇观多采用“套方纹”，是由四个小正方形套在一个大正方形四角上组成的图案，构图要素上由“方形”和“十字”组成，寓意做人做事顶天立地、正直方正。江油云岩寺多为“灯笼纹”，寓意前途一片光明，邪魅之气无法靠近。三台云台观有“一码三箭纹”和“菱形纹”，前者映射有“道生一、一生二、二生三，三生万物”的义理，后者形似原始先民捕鱼用的鱼网，而网是进财的象征，因而此棂花有招财进宝的寓意，另梓潼七曲山大庙天尊殿的“方格纹”也有此寓意。甚至还有一些道观内建筑直接采用现代建筑门窗样式，如南充仪陇伏虞山明道观、南充嘉陵乳泉山老君观、绵阳涪城边堆山三清道观等。

（三）屋顶

古建筑中的屋顶形制十分丰富，有庑殿顶、歇山顶、悬山顶、硬山顶、攒尖顶、卷棚顶、盝顶之分，但从川北地区道教宫观看，绝大多数建筑采用歇山式屋顶，究其原因，当是这一地区的道教建筑还未达到采用庑殿顶的规制，而悬山顶与硬山顶多为民居建筑的屋顶样式，不宜营造出道教神圣空间的气场。歇山式屋顶又有单檐与重檐之分，江油云岩寺大雄殿、三台云台观玄天宫、顺庆舞凤山道观文昌宫为单檐歇山顶的经典之作，涪城玉皇观玉皇殿与太乙宫、高坪玄天宫三清殿、嘉陵老君观老君大殿则是重檐歇山顶的优秀案例。另还有一处采用了三檐歇山顶的做法，即梓潼七曲山大庙山门，其为三层楼阁建筑，楼上供奉有主考之神魁星，因此又名“魁星楼”，因楼高 33.15 米，约合百尺，还被称作“百尺楼”。此楼为清代建筑，其三檐歇山顶做法增强了建筑的雄伟壮观气势，被誉为“西蜀名楼”，可与荆楚黄鹤楼相媲美。另有攒尖式屋顶，主要用于亭阁类建筑，其特点是没有正脊，根据垂脊数量有三角攒尖顶、六角攒尖顶、八角攒尖顶等，如老君山道观长寿阁与老君阁分别为重檐四脊攒尖顶和三檐八脊攒尖顶、高坪玄天宫老君阁为重檐八脊攒尖顶、七曲山大庙时雨亭为单檐八脊攒尖顶。此外，还可做成没有垂脊的圆形攒尖顶，屋顶象征天穹，台基表征大地，寓意“天圆地方”“天人相通”。

图 2.41　绵阳七曲山大庙百尺楼（笔者摄）

屋顶也是进行点缀装饰表达特殊寓意之所。正脊上最常用到的装饰为中间置一宝顶，两侧各配有一龙，形似“二龙戏珠”之态，如涪城玉皇观三清殿、江油云岩寺山门、文武殿和大佛殿、盐亭真常观斗姥殿、顺庆老君山道观东岳殿、高坪玄天宫真武宫、嘉陵老君观老君大殿、顺庆舞凤山道观文昌宫、三清大殿和财神殿、嘉陵云台山道观开辟殿、云霄殿等。又有宝顶两侧设一龙一凤者，如老君山道观慈航殿。宝顶的形式有葫芦、宝塔、楼阁、太极图等。正脊两端均设有鸱吻，其形象为一兽头口部大张正吞着屋脊，尾部上翘卷起，背部还常有一剑把。据明代李东阳《怀麓堂集》载："蚩吻平生好吞。今殿脊兽头，是其遗象。"[①] 屋顶戗脊上的蹲兽数量反映了建筑等级关系，走访的川北道教宫观中，蹲兽数量最多者为 5 个，为涪城玉皇观的太乙宫，蹲兽前又有骑鸡仙人，蹲兽后设有戗兽。排第二位的是高坪凌云山玄天宫三清殿，共 4 个蹲兽，前有仙人，后无戗兽。其他置有蹲兽者两个最为多见，如涪城玉皇观慈航殿、灵官殿和山门等。嘉陵老君观玉皇殿戗脊处则用舒展卷曲的绿叶形态代替仙人和蹲兽，可谓是道教建筑对传统做法的一种创新。涪城边堆山三清道观三清殿在戗脊下还设有"套兽"，因其位于角梁端部，除了具有装饰作用外，还有防止梁头被雨水侵蚀的作用。部分屋顶垂脊末端会设有垂兽，其形态与戗兽同，比较特别的是，江油云岩寺中的建筑此部位代之人形雕刻，如云岩寺的山门、文武殿、大佛殿等。屋面位置也是道教建筑常借此表现的舞台，涪城玉皇观山门屋面有三教圣人立像，梓潼七曲山大庙娘娘殿上置有坐佛、顺庆老君山道观慈航殿为一得道仙人形象，一侧侍有道童。通过这一系列装饰集中表现了"消灾祛祸""尊卑有等""三教合一""清虚缥缈"的道教理念。

---

① （明）李东阳：《怀麓堂集》卷 72，爱如生数据库，文渊阁《四库全书》本，第 638 页。

图 2.42　绵阳玉皇观太乙宫蹲兽（笔者摄）

图 2.43　屋宇饰物（笔者摄）

道教建筑屋檐线条走势多柔美圆润，尤其屋檐四角处线条更呈屈曲反翘状，《诗经》对此有“如鸟斯革，如翚斯飞”① 的描

① 《诗经》，北京：北京出版社，2006 年，第 240 页。

述，“革”形容鸟展翅之态，“翚”言鸟鼓翅疾飞之势。这种屋顶形态尽管早在春秋时期就已出现，却是在道教建筑中得到进一步发展，它更好地诠释出道教“以柔为美”“灵动变通”“轻举飞升”的思想内涵。江油窦圌山近山巅东侧崖壁上建有飞仙亭，为纪念窦圌山开山之祖窦子明修炼飞升之所，此亭为重檐歇山顶建筑，反翘的亭宇呈现出舒展如翼的轻盈之态，在悬崖的衬托下远观，似有于空中轻快飞动的美感，可谓是将周边地势特点与建筑线条巧妙结合创造出的经典案例。有的屋檐干脆就做成向上弯曲的月牙形线条，如三台云台观的钟楼与鼓楼。这种反宇式做法还有很多，如江油窦圌山东岳殿、涪城玉皇观慈航殿、盐亭真常观斗姥殿、顺庆老君山道观三清殿、嘉陵乳泉山老君庙老君大殿等。而屋宇屈曲反翘的轻盈之貌与其下台基和立柱的方正刚直之态融合于一身，也更好地表现出道家哲理中的“对立统一”“阴阳相生”“刚柔相济”的思想内涵。可以说，道教建筑是将视觉艺术与深层义理两者完美结合的典范。

图 2.44　屈曲反宇形态（笔者摄）

(四) 数字与色彩

将道教思想义理蕴含在数字之中也是道教建筑常用的表现手法，以南充顺庆老君山道观老君阁为例，其数字玄机体现在对“三”和“八”两数的运用上。老君阁为一座三檐八脊攒尖顶式楼阁，下面台基踏跺数为“三”，台基形状为八边形，构成八卦的图形意象。从空间上讲，八卦代表了八个方位，即震东、兑西、离南、坎北、乾西北、坤西南、艮东北、巽东南，而台基踏跺数与屋檐数又象征着道教中所讲的“三天”，亦称“三清境”，为三十六天中仅次于大罗天的最高天界，是由大罗天所生的玄、元、始三炁化成。《道教义枢》卷七引《太真科》曰：“大罗生玄元始三炁，化为三清天：一曰清微天玉清境，始气所成；二曰禹余天上清境，元气所成；三曰大赤天太清境，玄气所成。”[①]《云笈七籤》卷三中说：“其三清境者，玉清、上清、太清是也。亦名三天，其三天者，清微天、禹余天、大赤天是也。”[②] 可见“三”与“八”表征了空间无限广阔的延伸，映射了“道”包罗万象的属性。从世间万物的运动变化角度看，老子说：“道生一，一生二，二生三，三生万物。”《周易·系辞上》讲：“《易》有太极，是生两仪，两仪生四象，四象生八卦。”八卦继而又衍生出六十四卦和三百八十四爻，化生出世间纷繁的事物。可知，“三”与“八”又含有派生出万物的意涵。而最初的原点又是始于“道”，三檐八脊攒尖屋顶会集于最顶端的宝顶尖即为建筑上的意象表达，映射“道生万物”之意涵。质而言之，道教建筑中的数字被赋予了深刻的内涵，需要我们透过现象来看本

① (唐) 孟安排编：《道教义枢》卷7，《道藏》第24册，第829页。
② (宋) 张君房辑：《云笈七籤》卷3，《道藏》第22册，第13页。

质，并且在深入理解道教思想义理下予以把握。

在礼制建筑中，建筑色彩是识别建筑等级的重要标志，《营造法式》云："楹，天子丹，诸侯黝，大夫苍，士黈。"① 这是当时柱色体现的阶级烙印。再如，明代对官员府第门环颜色的规定是，公侯用"金漆锡环"，一二品官用"绿油锡环"，三至五品官用"黑油锡环"，六至九品官用"黑油铁环"。道教建筑中更多以"青瓦灰墙"为其主色调，此外红色墙身也较常见，如梓潼七曲山大庙、三台云台观、顺庆舞凤山道观等，但总体上对浓烈艳丽之色的使用较为谨慎。这与道教教理密切相关，道教主张"返璞归真""见素抱朴""清心寡欲"，冷色调和暗色调更有助于营造出道教的神圣空间，更能使修道者的心灵沉静下来，使人们专注于日常宗教修持，从中获得更深的宗教体悟。

① （宋）李诫：《营造法式》卷1，爱如生数据库，文渊阁《四库全书》本，第7页。

第三章　川北地区道教建筑神圣空间的生成

建筑本身不仅仅是各种建筑材料间的组合，还是一种符号系统，这一系统为建筑所在场域赋予上丰富的意义，作为道教建筑，则更营造出其空间所具有的“神圣性”属性。罗马尼亚学者米尔恰·伊利亚德说：“对于宗教徒而言，空间并不是均质的。宗教徒能够体验到空间的中断，并且能够走进这种中断之中。空间的某些部分与其他部分彼此间有着内在品质上的不同。耶和华神对摩西说：‘不要近前来，当把你脚上的鞋脱下来，因为你所站之地是圣地。’”① 中国古典建筑中的门阙、牌坊、华表等建筑形态，就起到了标识空间的作用，营造出空间的“非均质”性特点。与生活中的世俗空间不同，道教建筑被赋予神圣性。《老君音诵诫经》讲：“靖主人入靖处，人及弟子尽在靖外。香火时法，靖主不得靖舍中饮食及着鞋靺，入靖坐起言语，最是

① ［罗］米尔恰·伊利亚德著，王建光译：《神圣与世俗》，北京：华夏出版社，2002 年，第 1 页。

求福大禁。”① 可见，从宗教视域审视，空间是有神圣与世俗之分别的，“人们对于空间的认知跨越了亚里士多德至牛顿奠定的均质空间、纯物理空间，发展为与感知生成高度交融的意义空间”②。

按照伊利亚德的观点，一个神圣空间的生成是靠“显圣物”的到场得以实现的。除上文提到的门阙、牌坊、华表外，香炉、祭坛、神像、壁画、楹联也是道教建筑中必不可少的显圣之物。特别是神像、壁画和楹联三者，对于阐释道教思想义理、传播道教文化进而烘托道教建筑空间的神圣性更具有不可替代的作用。陈金华在谈佛教建筑神圣空间时说：“如果要把一所世俗的王宅改变成一个佛教的圣域，那么塑造佛像、绘制佛教图画，就是一项最关紧要的工作。佛教题材的壁画一般绘在大殿的东西两壁、堂院、廊庑的主要位置，内容主要有尊像图、经变、本生故事等。尊像描绘佛祖、菩萨、罗汉、天王、天女、护法等佛教神像，经变和本生故事画则是依据佛经故事而成。非宗教类壁画有山水、花鸟等，一般配合宗教画的主题，或者点缀于主画之间，或者布置于殿宇的侧壁。”③ 又说：“这些壁画的主要功能是传播宗教，是配合宗教活动，把原本是一座座普通的殿堂、庭院，变成一座座、一所所宗教的空间场所。不同的殿堂自有不同的功能，不同的院落也有不同的宗教用途。经过这样的绘制壁画和雕塑佛像的过程，原本的私人宅第，就变成了一个个具有神圣性格

---

① （北魏）寇谦之：《老子音诵诫经》，《道藏》第18册，第215页。

② 王子涵：《“神圣空间”的理论建构与文化表征》，《文化遗产》2018年第6期。

③ 陈金华等编：《神圣空间：中古宗教中的空间因素》，上海：复旦大学出版社，2014年，第18—19页。

的空间，成为佛教进行宗教活动的场所。”① 接下来，本章就分别从道教建筑造像、壁画、楹联几个方面来探究它们在道教建筑神圣空间生成过程中所起的作用。

第一节　川北道教建筑造像的象征之义

根据以往道教造像的分类，可分为宫观造像和石窟造像两大类，前者以宫观为载体而存在，是道教建筑的重要组成部分，后者则主要以岩石、山崖为载体，一般没有建筑物，或仅有一些简单的建筑形态。川北地区的道教石窟造像主要分布于广元剑阁县境内，包括鹤鸣山摩崖造像、天马山摩崖造像、锦屏山摩崖造像、碗泉山摩崖石刻、环梁子摩崖造像、王家河摩崖造像等，这其中以唐代的长生保命天尊造像为代表。本书主要讨论与建筑神圣空间的构建密切相关的宫观造像。

一　道教造像的缘起

早期道教并无为神立像之说。《老子想尔注》讲：“道至尊，微而隐，无状貌形像也；但可从其诫，不可见知也。”② 陈国符《道教形象考原》一文说：“唐释法琳《辨正论》卷六自注：

① 陈金华等编：《神圣空间：中古宗教中的空间因素》，上海：复旦大学出版社，2014 年，第 20—21 页。

② 刘昭瑞：《〈老子想尔注〉导读与译注》，南昌：江西人民出版社，2012 年，第 94 页。

‘考梁陈齐魏之前，唯以瓠庐盛经，本无天尊形象。按任子《道论》及杜氏《幽求》云：道无形质，盖阴阳之精也。’”① 目前现存最早的道教造像为广元剑阁县碗泉乡泉水村道教摩崖石刻造像，据说这里最初建有老君庙，“石刻有3层11龛，造像20尊，左起第1龛有三尊造像，主像高0.66米，宽0.32米，为坐像。左右站立神像高0.64米，宽0.24米。另一龛高0.36米，宽0.36米，两神像中一像头发高绾，一像头戴道冠，两像均坐莲台。莲台下有高台，台下卧有两石兽。两侍从站立左右。其他各龛神像头部都被损坏。大石岩下角刻有‘大兴二年九月十一日弟子×造’”②。可知，此处造像开凿于公元319年，属东晋时期，这个时间早于四大石窟最早的莫高窟开凿时间，即前秦苻坚建元二年（366），这是中国保留下来的较早石窟造像（仅次于开凿于公元3世纪的新疆克弥尔石窟），早于佛教石窟造像。

不过以上毕竟仅为一孤证，且属石窟造像范畴，不能据此说明道教宫观立像之风始于东晋初年，唐代玄嶷《甄正论》卷下提道：“自开辟以来，至于晋宋，元无戴斑谷之冠，被黄彩之帔，立天尊之像，习灵宝之称为道士者矣。”③ 事实上，进入南北朝后道教宫观立像才逐渐出现。据《隋书·经籍志》，北魏太武帝时，寇谦之“于代都东南起坛宇……刻天尊及诸仙像，而供养焉。”④《敕建乌石观碑记》云：

① 陈国符：《道藏源流考》，北京：中华书局，2014年，第214页。
② 蔡运生：《剑阁鹤鸣山——道教发源地考证》，内部出版，第255页。
③ （唐）玄嶷：《甄正论》卷下，《中华大藏经》第62册，北京：中华书局，1993年，第675页。
④ （唐）魏征：《隋书》第4册卷35，北京：中华书局，2019年，第1240页。

许君遂改迁茇庐于其处，烧丹炼汞。至宁康二年（374）八月十五日午时，许公举家拔宅仙去。南宋永初中（420），徒裔万太元号石泉者，分宁人也，复寻故居，结庐居之，遂开缘募化十方，始构巍殿三重，塑绘许公圣像，尸位其中。首枕岐峰之巅，帘卷西山之雨，狮沙左抱，象曜右缠[①]。

《道教形像考原》引王淳《三教论》云："近世道士，取活无方，欲人归信，乃学佛家制作形象，假号天尊，及左右二真人，置之道堂，以凭衣食。宋陆修静亦为此形。"[②] 但这一时期用于道士们斋戒修炼的靖室并不设神像，《陆先生道门科略》曰："靖室是致诚之所，其外别绝，不连他屋……其中清虚，不杂余物，唯置香炉、香灯、章案、书刀四物而已。"[③] 至晚于陶弘景时期，道堂立像仍不普遍，"在茅山中立佛道二堂，隔日朝礼，佛堂有像，道堂无像"[④]。可见，道教立像并非一蹴而就之事，是一个渐进过程。

《南齐书》中的一段记载也揭示了关于当时道教立像之事的实情：

顾欢，字景怡，吴郡盐官人也……佛道二家，立教既异，学者互相非毁。欢著《夷夏论》……欢虽同二法，而意党道教。宋司徒袁粲托为道人通公驳之……《经》云戎

① （清）董诰等编：《全唐文》第2册卷162，北京：中华书局，1983年，第1660页。

② 陈国符：《道藏源流考》，北京：中华书局，2014年，第214页。

③ （南朝宋）陆修静：《陆先生道门科略》，《道藏》第24册，第780页。

④ （唐）释法琳：《辩正论》卷8，爱如生数据库，《大正新修大藏经》本，第115页。

气强犷，乃复略人颊车邪？又夷俗长跽，法与华异，翘左跂右，全是蹲踞。故周公禁之于前，仲尼戒之于后。又舟以济川，车以征陆。佛起于戎，岂非戎俗素恶邪？道出于华，岂非华风本善邪？今华风既变，恶同戎狄，佛来破之，良有以矣。佛道实贵，故戒业可遵；戎俗实贱，故言貌可弃。今诸华士女，民族弗革，而露首偏踞，滥用夷礼。云于翦落之徒，全是胡人，国有旧风，法不可变。又若观风流教，其道必异，佛非东华之道，道非西戎之法，鱼鸟异渊，永不相关，安得老释二教，交行八表？今佛既东流，道亦西迈，故知世有精粗，教有文质。然则道教执本以领末，佛教救末以存本。请问所异，归在何许？若以翦落为异，则胥靡翦落矣。若以立像为异，则俗巫立像矣。此非所归，归在常住。常住之象，常道孰异？①

从上文知，在南北朝初期至中期，“翦落”与“立像”与否还是佛道二教间的区别所在。

质而言之，为道教神明立像于东晋初年甚至更早，南北朝以降，随着道观与道馆的大量兴建，以及佛教立像之风的刺激，道教立像之风渐行，至南北朝后期演变为一种定制。

道教立像制度得以确立，离不开内外在因素的作用。从外在说，当时佛教造像的广泛传播、南北朝时期道观与道馆制度的成熟及道教神仙体系的构建为道教立像制度的确立创造了必要条件，但更为根本的还是源于我国文化背景和道教自身的发展需

① （南朝梁）萧子显：《南齐书》卷54，北京：中华书局，1999年，第631—635页。

要。我国自古就有“象教”之传统，《周易·系辞上》曰：“圣人有以见天下之赜，而拟诸其形容，象其物宜，是故谓之象。”①王弼于《周易略例·明象》中说：“夫象者，出意者也。言者，明象者也。尽意莫若象，尽象莫若言。言生于象，故可寻言以观象；象生于意，故可寻象以观意。意以象尽，象以言著。”②而对于道教之“道”，更为玄幽高远，需借助形象之物以显“道”。《洞玄灵宝三洞奉道科戒营始·造像品》讲：“夫大像无形，至真无色，湛然空寂，视听莫偕，而应变见身，暂显还隐，所以存真者系想圣容，故以丹青金碧，摹图形相，像彼真容，饰兹铝粉。凡厥系心，皆先造像。”③“殿堂帐座，幡华幡盖，飞天音乐，种种侍卫，各随心力，以用供养。礼拜烧香，昼夜存念，如对真形，过去未来，福祸无量，克成真道。”④《太上洞玄灵宝国王行道经》云：“次当造诸形象，真应化身……一念发心，大小随力。庄严朴素，各尽当时，如事我身，至诚供养。随心获福，果报不差。普使人天归依礼拜，幽明享祚，功德难思。”⑤另外，道教“象教”还有“致诚明”的意义。徐铉曰：“为科诫以检其情性，为象设以致其诚明。情性平则和气来，诚明通则灵符集。由是登正真之境，入希夷之域。旷矣无际，薰然太和。”⑥金元

① 陈鼓应、赵建伟注译：《周易今注今译》，北京：中华书局，2015年，第592页。

② （三国魏）王弼撰，楼宇烈校释：《周易注》，北京：中华书局，2011年，第414页。

③ （唐）金明七真：《洞玄灵宝三洞奉道科戒营始》卷2，《道藏》第24册，第747页。

④ 同上，第748页。

⑤ 《太上洞玄灵宝国王行道经》，《道藏》第24册，第662页。

⑥ （清）董诰等编：《全唐文》第9册卷882，北京：中华书局，1983年，第9220页。

时石刻《玉虚观记》亦云："然耳风为声，而声之无声；目空成色，而色之无色。使游礼之人，瞻像以生敬；学道之人，因寂以悟玄。"① 元代高道井德用说："若夫假像以明真，立言而悟理，像设熏修之典，科筵肆席之仪。亲之者遏恶扬善之心生，敬之者正心诚意之道立。此先哲所以立观度人之本旨也。"② 侍讲学士徒单公履也有一段论说："耸天下耳目于见闻之际，而绝其亵易之心，严乎外者，所以佐乎内，象之所以崇者，道之所以尊也。由是言之，师之恢大盛缘，作新崇构，岂徒以夸其壮丽也哉！"③

二 川北地区道教神明信仰的特征

道教是以"道"作为终极信仰的宗教，因"道"具有化生万物且无所不在的属性，所以道教中的神明也杂而多端、各司其职，体现了道教在神仙体系建构中持着一种开放包容的态度。考其源流，道教中神明来源主要可分为三大部分。第一部分是继承和改造上古巫术中的神灵。道教的产生是在古代巫术基础上发展而来的，而古代巫术在"万物有灵"观念支配下，创造出众多神灵，主要包括日、月、星、江、湖、海等自然神，各种植物或动物的精怪神，还有族群祖先或英雄人物的人鬼神。第二部分是道教产生后创设的神。随着道教自身素质的不断提升，道教人士

---

① 陈垣编，陈智超校补：《道家金石略》中册，北京：文物出版社，1988年，第442也。

② 景安宁：《道教全真派宫观、造像与祖师》，北京：中华书局，2012年，第115页。

③ 陈垣编，陈智超校补：《道家金石略》中册，北京：文物出版社，1988年，第555也。

有意构建自己的神仙体系，创造出很多新神，如元始天尊、太乙救苦天尊、南极仙翁、北极紫微大帝等。另道教教派的创教始祖或有名高道，后世也被尊奉为道教神明，如张天师、吕洞宾、丘处机等。第三，由民间信仰的俗神晋升到道教神仙体系中。随着某些民间信仰之神影响范围的扩大，往往后来被道教收编于自己旗下，以示其正统性和尊贵性，如关公、梓潼神、妈祖、碧霞元君、门神等。需要说明的是，各神明的来源往往并非单一，而多涉及不同神明间的影响互动，这使道教的神仙体系变得更为复杂。例如，文昌帝君就是上古时期星辰信仰和精怪信仰同梓潼当地民间信仰梓潼神相结合而产生的新神。

因很多神明源自上古和本地民间信仰，所以神明身份能够反映出本地域的文化特质，为本地域道教建筑神圣空间赋予了文化内涵，接下来，笔者对川北地区供奉神灵之身份做一番探究。笔者以走访的川北道教宫观为样本来进行统计，这些样本虽未能穷尽川北地区的所有道教宫观，但数量上已占到相当大部分，并且重要的宫观都有前去走访，在此样本下做出的推论基本可以反映出此地区道教信仰的实际情况。另外，进行统计之前还需做如下说明：第一，集合供奉的神明作为整体统计，如三清神和老子分别计算，不相叠加；第二，侍神不计入统计之内，如真武大帝两侧的周公与桃花女，文昌帝君两旁的天聋和地哑等；第三，只计入殿堂内供奉之神，小神龛内的神不计，例如，宫观山门外道旁几乎都设有一泥龛，里面供奉有土地神，这已然成为此地区宫观建筑的一种定制，因此不计入其中。

表 3.1 川北地区道教宫观供奉神明统计表

序号	神位	宫观	地区	数量	备注
1	三清	三清道观	绵阳涪城	11	道教至尊三神，即清微天玉清境的元始天尊，禹余天上清境的灵宝天尊，大赤天太清境的道德天尊。其中碧峰观内三清造像神位一反常制，以道德天尊位居中位，其左侧为元始天尊，右侧为灵宝天尊。
		玉皇观	绵阳涪城		
		云岩寺	绵阳江油窦圌山		
		真常观	绵阳盐亭		
		七曲山大庙	绵阳梓潼		
		老君山道观	南充顺庆		
		玄天宫	南充高坪凌云山		
		舞凤山道观	南充顺庆		
		云台山道观	南充嘉陵		
		碧峰观	广元朝天		
		元山观	广元利州		
2	斗姆元君	三清道观	绵阳涪城	7	女神名，为北斗众星之母，其形象三目、四首、八臂，多供奉于道教宫观中的元辰殿或斗姥殿内。
		云台观	绵阳三台		
		真常观	绵阳盐亭		
		伏虞山明道观	南充仪陇		
		云台山道观	南充嘉陵		
		真武宫	广元苍溪西武当山		
		云台观	广元苍溪		

续表

3	慈航真人	三清道观	绵阳涪城	20	《封神演义》中说为元始天尊的弟子，十二金仙之一，其实即为观世音菩萨，体现了佛教对道教的影响。
		玉皇观	绵阳涪城		
		伏虞山明道观	南充仪陇		
		老君山道观	南充顺庆		
		灵城观	南充阆中		
		玄天宫	南充高坪凌云山		
		老君观	南充嘉陵乳泉山		
		舞凤山道观	南充顺庆		
		碧峰观	广元朝天		
		慈航宫	广元利州		
		飞仙观	广元朝天		
		红庙子	广元朝天		
		洪督观	广元朝天		
		牛头山道观	广元昭化		
		天雄观	广元昭化		
		伍显庙	广元利州		
		真武宫	广元苍溪西武当山		
		玉皇殿	广元旺苍		
		云台观	广元苍溪		
		城隍庙	广元昭化		

续表

<table>
<tr><td rowspan="14">4</td><td rowspan="14">王灵官</td><td>三清道观</td><td>绵阳涪城</td><td rowspan="14">14</td><td rowspan="14">道教护法监坛之神，其形象赤面、三目、披甲执鞭，常供于道教宫观山门。</td></tr>
<tr><td>玉皇观</td><td>绵阳涪城</td></tr>
<tr><td>三台观</td><td>绵阳三台</td></tr>
<tr><td>真常观</td><td>绵阳盐亭</td></tr>
<tr><td>七曲山大庙</td><td>绵阳梓潼</td></tr>
<tr><td>伏虞山明道观</td><td>南充仪陇</td></tr>
<tr><td>老君山道观</td><td>南充顺庆</td></tr>
<tr><td>老君观</td><td>南充嘉陵乳泉山</td></tr>
<tr><td>舞凤山道观</td><td>南充顺庆</td></tr>
<tr><td>慈航宫</td><td>广元利州</td></tr>
<tr><td>真武宫</td><td>广元苍溪西武当山</td></tr>
<tr><td>禹王宫</td><td>广元青川</td></tr>
<tr><td>元山观</td><td>广元利州</td></tr>
<tr><td>云台山道观</td><td>广元昭化</td></tr>
<tr><td rowspan="11">5</td><td rowspan="11">玉皇大帝</td><td>三清道观</td><td>绵阳涪城</td><td rowspan="11">11</td><td rowspan="11"></td></tr>
<tr><td>仙云观</td><td>绵阳涪城</td></tr>
<tr><td>玉皇观</td><td>绵阳涪城</td></tr>
<tr><td>玉皇殿</td><td>绵阳江油窦圌山</td></tr>
<tr><td>云台观</td><td>绵阳三台</td></tr>
<tr><td>真常观</td><td>绵阳盐亭</td></tr>
<tr><td>伏虞山明道观</td><td>南充仪陇</td></tr>
<tr><td>老君观</td><td>南充嘉陵乳泉山</td></tr>
<tr><td>云台山道观</td><td>南充嘉陵</td></tr>
<tr><td>云台山道观</td><td>广元昭化</td></tr>
<tr><td>玉皇观</td><td>广元旺苍</td></tr>
</table>

续表

6	释迦牟尼佛	仙云观	绵阳涪城	4	
		云岩寺	绵阳江油窦圌山		
		云台山道观	南充嘉陵		
		玉皇观	广元旺苍		
7	大势至菩萨	仙云观	绵阳涪城	1	
8	观世音菩萨	仙云观	绵阳涪城	8	
		云岩寺	绵阳江油窦圌山		
		云台观	绵阳三台		
		七曲山大庙	绵阳梓潼		
		老君观	南充嘉陵乳泉山		
		云台山道观	南充嘉陵		
		禹王宫	广元青川		
		云台山道观	广元昭化		
9	文殊菩萨	玉皇观	绵阳涪城	1	

续表

10	文昌帝君	玉皇观	绵阳涪城	13	为梓潼当地民间信仰的梓潼神与古代文昌星星辰信仰结合后产生的神明，祖庭在四川绵阳梓潼七曲山大庙。
		云岩寺	绵阳江油窦圌山		
		七曲山大庙正殿	绵阳梓潼		
		七曲山大庙桂香殿	绵阳梓潼		
		老君山道观	南充顺庆		
		舞凤山道观	南充顺庆		
		碧峰观	广元朝天		
		真武宫	广元苍溪西武当山		
		禹王宫	广元青川		
		玉皇观	广元旺苍		
		文昌宫	广元朝天		
		云台观	广元苍溪		
		云台山道观	广元昭化		
11	财神	玉皇观	绵阳涪城	14	
		云岩寺	绵阳江油窦圌山		
		伏虞山明道观	南充仪陇		
		老君山道观	南充顺庆		
		舞凤山道观	南充顺庆		
		碧峰观	广元朝天		
		飞仙观	广元朝天		
		红庙子	广元朝天		
		真武宫	广元苍溪西武当山		
		禹王宫	广元青川		
		玉皇殿	广元旺苍		
		元山观	广元利州		
		云台观	广元苍溪		
		云台山道观	广元昭化		

续表

<table>
<tr><td rowspan="19">12</td><td rowspan="19">真武大帝</td><td>玉皇观</td><td>绵阳涪城</td><td rowspan="19">19</td><td rowspan="19">源于古代的星辰崇拜和动物崇拜，宋代以后屡受各朝加封，逐渐上升为道教中大神，至明时其信仰达到鼎盛。道经描述其形象：披发黑衣、金甲玉带、仗剑怒目、足踏龟蛇、顶罩圆光。供奉于道教建筑中的真武殿、玄天宫或降魔殿中。</td></tr>
<tr><td>云岩寺</td><td>绵阳江油窦圌山</td></tr>
<tr><td>云台观降魔殿</td><td>绵阳三台</td></tr>
<tr><td>云台观玄天宫</td><td>绵阳三台</td></tr>
<tr><td>伏虞山明道观</td><td>南充仪陇</td></tr>
<tr><td>玄天宫</td><td>南充高坪凌云山</td></tr>
<tr><td>云台山道观</td><td>南充嘉陵</td></tr>
<tr><td>碧峰观</td><td>广元朝天</td></tr>
<tr><td>飞仙观</td><td>广元朝天</td></tr>
<tr><td>红庙子</td><td>广元朝天</td></tr>
<tr><td>金台观</td><td>广元朝天</td></tr>
<tr><td>九龙观</td><td>广元朝天</td></tr>
<tr><td>真武宫</td><td>广元苍溪西武当山</td></tr>
<tr><td>禹王宫</td><td>广元青川</td></tr>
<tr><td>云台观</td><td>广元苍溪</td></tr>
<tr><td>云台山道观</td><td>广元昭化</td></tr>
<tr><td>灵台观</td><td>广元利州天罂山</td></tr>
<tr><td>金斗观</td><td>广元朝天火焰山</td></tr>
<tr><td>真庆宫</td><td>广元苍溪烟峰山</td></tr>
</table>

续表

<table>
<tr><td rowspan="8">13</td><td rowspan="8">药王</td><td>玉皇观</td><td>绵阳涪城玉皇观</td><td rowspan="8">8</td><td rowspan="8">其神有多个版本，一为扁鹊，一为唐代道士孙思邈，一为韦慈藏，唐景龙中光禄卿，以医术知名。另有韦古，字老师，西域天竺人，后入京师，医道高超被称药王。</td></tr>
<tr><td>七曲山大庙</td><td>绵阳梓潼</td></tr>
<tr><td>伏虞山明道观</td><td>南充仪陇</td></tr>
<tr><td>真武宫</td><td>广元苍溪西武当山</td></tr>
<tr><td>禹王宫</td><td>广元青川</td></tr>
<tr><td>玉皇观</td><td>广元旺苍</td></tr>
<tr><td>云台观</td><td>广元苍溪</td></tr>
<tr><td>云台山道观</td><td>广元昭化</td></tr>
<tr><td rowspan="2">14</td><td rowspan="2">太乙救苦天尊</td><td>玉皇观</td><td>绵阳涪城</td><td rowspan="2">2</td><td rowspan="2">是天界专门拯救不幸堕入地狱之人的大神，受苦难者只要祈祷或呼喊天尊之名，就能得到救助。多供奉于道教宫观太乙殿中。</td></tr>
<tr><td>禹王宫</td><td>广元青川</td></tr>
<tr><td rowspan="4">15</td><td rowspan="4">关公</td><td>云岩寺</td><td>绵阳江油窦圌山</td><td rowspan="4">4</td><td rowspan="4"></td></tr>
<tr><td>七曲山大庙</td><td>绵阳梓潼</td></tr>
<tr><td>碧峰观</td><td>广元朝天</td></tr>
<tr><td>禹王宫</td><td>广元青川</td></tr>
<tr><td rowspan="2">16</td><td rowspan="2">弥勒佛</td><td>云岩寺</td><td>绵阳江油窦圌山</td><td rowspan="2">2</td><td rowspan="2"></td></tr>
<tr><td>老君山道观</td><td>南充顺庆</td></tr>
</table>

续表

17	四大天王	云岩寺	绵阳江油窦圌山	1	
18	东岳大帝	东岳殿	绵阳江油窦圌山	2	泰山之神，为五岳神之首。
		老君山道观	南充顺庆		
19	鲁班	鲁班殿	绵阳江油窦圌山	3	道教中的行业神。
		云台观	绵阳三台		
		云台山道观	广元昭化		
20	窦子明	窦真殿	绵阳江油窦圌山	1	唐代曲江人，高宗时为彰明主簿，后弃官隐于窦坪，不久至圌山修道，山因名“窦圌山”。
21	三圣	云台观	绵阳三台	2	供奉释迦牟尼、孔子、老子。
		飞仙观	广元朝天		
22	丘处机	云台观	绵阳三台	1	道教中的创派教主和高真神。
23	赵肖庵	云台观	绵阳三台	1	南宋道士，绵阳三台云台观的开创者，尊号“妙济真人”。

续表

24	城隍神	云台观	绵阳三台	3	
		禹王宫	广元青川		
		城隍庙	广元昭化		
25	吕洞宾	云台观	绵阳三台	3	道教中的创派教主和高真神。
		吕祖殿	南充阆中		
		云台山道观	南充嘉陵		
26	魁星神	七曲山大庙	绵阳梓潼	2	主管文运之神，其形象是赤发青面獠牙的鬼，立于鳌头之上，一只脚向后翘起，如同“魁”字的大弯钩，一手捧斗，一手拿笔，相传他用笔点中的姓名就是中举人。
		云台山道观	南充嘉陵		
27	瘟祖	七曲山大庙	绵阳梓潼	1	传瘟祖乃文昌化身，司收瘟摄毒之职，以保“人畜兴旺，健康长寿”。
28	白特	七曲山大庙	绵阳梓潼	1	为一马头、骡身、驴尾、牛蹄、通体白色的神兽，宋代曾追封其为“鸣邪真君”。
29	五瘟神	七曲山大庙	绵阳梓潼	1	主人间瘟疫灾疾，分别为春瘟张元伯，夏瘟刘元达，秋瘟赵公明，冬瘟钟仁贵，总管中瘟史文业。

续表

30	十二金仙	七曲山大庙	绵阳梓潼	2	出自《封神演义》，为元始天尊门下的十二弟子，分别指广成子、赤精子、清虚道德真君、太乙真人、玉鼎真人、灵宝大法师、黄龙真人、普贤真人、慈航真人、惧留孙、道行天尊、文殊广法天尊。
		云台山道观	南充嘉陵		
31	谷神	七曲山大庙	绵阳梓潼	1	此词多指道教炼养，源出《道德经》“谷神不死，是谓玄牝”，“谷”指虚室，强调道教养神之重要。七曲山大庙内供奉的谷神是周朝先祖后稷，主管农事和农作物。
32	牛王	七曲山大庙	绵阳梓潼	5	民间俗神。
		飞仙观	广元朝天		
		红庙子	广元朝天		
		牛头山道观	广元昭化		
		云台山道观	广元昭化		
33	蚕神	七曲山大庙	绵阳梓潼	1	即嫘祖。

续表

<table>
<tr><td rowspan="6">34</td><td rowspan="6">送子娘娘</td><td>七曲山大庙</td><td>绵阳梓潼</td><td rowspan="6">6</td><td rowspan="6"></td></tr>
<tr><td>伏虞山明道观</td><td>南充仪陇</td></tr>
<tr><td>碧峰观</td><td>广元朝天</td></tr>
<tr><td>飞仙观</td><td>广元朝天</td></tr>
<tr><td>玉皇观</td><td>广元旺苍</td></tr>
<tr><td>云台山道观</td><td>广元昭化</td></tr>
<tr><td>35</td><td>三官大帝</td><td>伏虞山明道观</td><td>南充仪陇</td><td>1</td><td>指上元一品天官赐福大帝，中元二品地官赦罪大帝，下元三品水官解厄大帝。三官神源于原始宗教对天、地、水的自然崇拜。</td></tr>
<tr><td>36</td><td>齐天大圣</td><td>伏虞山明道观</td><td>南充仪陇</td><td>1</td><td></td></tr>
<tr><td rowspan="2">37</td><td rowspan="2">伏羲</td><td>伏虞山明道观</td><td>南充仪陇</td><td rowspan="2">2</td><td rowspan="2"></td></tr>
<tr><td>云台山道观</td><td>南充嘉陵</td></tr>
<tr><td>38</td><td>神农</td><td>伏虞山明道观</td><td>南充仪陇</td><td>1</td><td></td></tr>
<tr><td>39</td><td>黄帝</td><td>伏虞山明道观</td><td>南充仪陇</td><td>1</td><td></td></tr>
<tr><td rowspan="2">40</td><td rowspan="2">大禹</td><td>伏虞山明道观</td><td>南充仪陇</td><td rowspan="2">2</td><td rowspan="2"></td></tr>
<tr><td>禹王宫</td><td>广元青川</td></tr>
</table>

续表

<table>
<tr><td>41</td><td>诸葛亮</td><td>伏虞山明道观</td><td>南充仪陇</td><td>1</td><td></td></tr>
<tr><td>42</td><td>女娲</td><td>伏虞山明道观</td><td>南充仪陇</td><td>1</td><td></td></tr>
<tr><td>43</td><td>西王母</td><td>伏虞山明道观</td><td>南充仪陇</td><td>1</td><td></td></tr>
<tr><td rowspan="2">44</td><td rowspan="2">后土娘娘</td><td>老君山道观</td><td>南充顺庆</td><td rowspan="2">2</td><td rowspan="2">四御之一。</td></tr>
<tr><td>红庙子</td><td>广元朝天</td></tr>
<tr><td rowspan="6">45</td><td rowspan="6">老子</td><td>老君山道观</td><td>南充顺庆</td><td rowspan="6">6</td><td rowspan="6"></td></tr>
<tr><td>灵城观</td><td>南充阆中</td></tr>
<tr><td>玄天宫</td><td>南充高坪凌云山</td></tr>
<tr><td>老君观</td><td>南充嘉陵乳泉山</td></tr>
<tr><td>玉皇殿</td><td>广元旺苍</td></tr>
<tr><td>云台观</td><td>广元苍溪</td></tr>
<tr><td rowspan="3">46</td><td rowspan="3">八仙</td><td>吕祖殿</td><td>南充阆中</td><td rowspan="3">3</td><td rowspan="3"></td></tr>
<tr><td>真武宫</td><td>广元苍溪西武当山</td></tr>
<tr><td>玉皇殿</td><td>广元旺苍</td></tr>
<tr><td rowspan="2">47</td><td rowspan="2">龙王</td><td>老君山道观</td><td>南充顺庆</td><td rowspan="2">2</td><td rowspan="2"></td></tr>
<tr><td>老君观</td><td>南充嘉陵乳泉山</td></tr>
</table>

续表

48	地藏菩萨	云台山道观	南充嘉陵	1	
49	盘古	云台山道观	南充嘉陵	1	
50	孔子	云台山道观	南充嘉陵	1	
51	青林祖师	慈航宫	广元利州	3	广元民间信仰神明。
		青林祖师庙老殿	广元利州		
		青林祖师庙新殿	广元利州		
52	马王	飞仙观	广元朝天	1	民间俗神。
53	太白金星	红庙子	广元朝天	1	
54	川主	红庙子	广元朝天	2	川主在四川各地多有供奉，属四川地域神明，其身份说法不一，有李冰、二郎神、孟知祥等多个说法。
		云台山道观	广元昭化		
55	土主	红庙子	广元朝天	2	四川地域神明。
		云台山道观	广元昭化		

续表

56	灵宝天尊	洪督观	广元朝天	1	
57	多宝道人	洪督观	广元朝天	1	灵宝天尊四大弟子之首，代理师傅设立诛仙阵。
58	龟灵圣母	洪督观	广元朝天	1	灵宝天尊四大弟子之一。
59	金灵圣母	洪督观	广元朝天	1	灵宝天尊四大弟子之一。
60	无当圣母	洪督观	广元朝天	1	灵宝天尊四大弟子之一。
61	五显财神	伍显庙	广元利州	1	据《铸鼎余闻》载，南齐柴姓五兄弟为五显财神，老大柴显聪，老二柴显明，老三柴显正，老四柴显直，老五柴显德，为江西德兴、婺源一带信奉的财神。

续表

<table>
<tr><td rowspan="3">62</td><td rowspan="3">张天师</td><td>真武宫</td><td>广元苍溪西武当山</td><td rowspan="3">3</td><td rowspan="3"></td></tr>
<tr><td>禹王宫</td><td>广元青川</td></tr>
<tr><td>云台观</td><td>广元苍溪</td></tr>
<tr><td rowspan="2">63</td><td rowspan="2">六十甲子</td><td>真武宫</td><td>广元苍溪西武当山</td><td rowspan="2">2</td><td rowspan="2">道教信奉的六十个星宿神，用天干和地支循环相配来称呼其神名。</td></tr>
<tr><td>云台观</td><td>广元苍溪</td></tr>
<tr><td rowspan="2">64</td><td rowspan="2">三霄娘娘</td><td>禹王宫</td><td>广元青川</td><td rowspan="2">2</td><td rowspan="2">即云霄、琼霄、碧霄，《封神演义》中为财神赵公明的三个师妹。在民间信仰中，百姓求子、生育多会叩拜三霄，故又称为“送子娘娘”。</td></tr>
<tr><td>红庙子</td><td>广元朝天</td></tr>
<tr><td>65</td><td>南极仙翁</td><td>云台观</td><td>广元苍溪</td><td>1</td><td></td></tr>
<tr><td rowspan="2">66</td><td rowspan="2">雷神</td><td>老君山道观</td><td>南充顺庆</td><td rowspan="2">2</td><td rowspan="2"></td></tr>
<tr><td>云台山道观</td><td>广元昭化</td></tr>
<tr><td>67</td><td>普贤菩萨</td><td>云台山道观</td><td>广元昭化</td><td>1</td><td></td></tr>
<tr><td>68</td><td>猪王</td><td>云台山道观</td><td>广元昭化</td><td>1</td><td>民间俗神。</td></tr>
</table>

通过对表 3.1 进行整理，可得出表 3.2 的排序，此表直观地反映了川北地区各道教神明受当地百姓的接受和欢迎程度。

表 3.2　川北地区道教神明牌位数量排序表

位序	神　位	数量	位序	神　位	数量
1	慈航真人	20	12	雷神	2
2	真武大帝	19		三霄娘娘	2
3	王灵官	14	13	大势至菩萨	1
	财神	14		文殊菩萨	1
4	文昌帝君	13		四大天王	1
5	三清	11		窦子明	1
	玉皇大帝	11		丘处机	1
6	观世音菩萨	8		赵肖庵	1
	药王	8		瘟祖	1
7	斗姥元君	7		白特	1
8	送子娘娘	6		五瘟神	1
	老子	6		谷神	1
9	牛王	5		蚕神	1
10	释迦牟尼佛	4		三官大帝	1
	关公	4		齐天大圣	1
11	鲁班	3		神农	1
	城隍神	3		黄帝	1
	吕洞宾	3		诸葛亮	1
	八仙	3		女娲	1
	青林祖师	3		西王母	1
	张天师	3		地藏菩萨	1
12	太乙救苦天尊	2		盘古	1
	弥勒佛	2		孔子	1
	东岳大帝	2		马王	1
	三圣	2		太白金星	1
	魁星神	2		灵宝天尊	1
	十二金仙	2		多宝道人	1
	伏羲	2		龟灵圣母	1
	大禹	2		金灵圣母	1
	后土娘娘	2		无当圣母	1
	龙王	2		五显财神	1
	川主	2		南极仙翁	1
	土主	2		普贤菩萨	1
	六十甲子	2		猪王	1

从表3.2可看出，在走访的川北地区道教宫观中，奉祀最多的神明并非道教中最为尊贵的三清、老子或玉皇大帝，而是慈航真人，多达20处。而道教所说的慈航真人其实即佛教中的观世音菩萨，《历代神仙通鉴》载：“普陀落伽岩潮音洞中有一女真，相传商王时修道于此，已得神通三昧，发愿欲普度世间男女。尝以丹药及甘露水济人，南海人称之曰慈航大士。”① 走访的道教宫观中还有多处供祀有观世音菩萨，笔者归类时的依据是，冠名有“慈航殿”或“慈航真人”牌位的，按慈航真人计，冠名有“观音殿”或“观世音”牌位的按观世音菩萨计，有些乡下小庙没有任何标识的，就归入慈航真人条。这样，加上8处观世音的供奉牌位，这些道教宫观内供奉慈航真人处达28处之多。这仅仅是对道教宫观而言，佛教寺庙几乎都供有观音，且佛教寺庙数量远多于道教宫观，由此可见，观音信仰在川北地区非常盛行。这也揭示出川北地区是一种民间信仰文化主导的信仰形态，慈航真人（或观音）以其大慈大悲、救苦救难的亲民形象迎合了广大百姓的心理需求，作为四大菩萨之一，其在民间的知名度远远高出另外三位菩萨。从走访宫观的规模和形制看也能说明这一点，大部分都是山上的小庙子，仅仅是满足附近乡民祈福消灾之需。从表3.1还可以看出，慈航真人的供奉还存在着地区间差异，这28处供奉神位中绵阳、南充较少，广元则多达14处，占到50%，笔者在田野调研中，也多次听当地人说过“此地人都拜观音”，这也反映出广元地区民间信仰氛围较前两地更为浓厚。盖广元地处四川北部边境，山脉连绵，相对闭塞，又远离文

① 贝逸文：《普陀紫竹观音及其东传考略》，《浙江海洋学院学报（人文科学版）》2002年第1期。

化中心，民众生活在一种民俗文化主导的人文环境之中。

排在第二位的是真武大帝，其神本名“玄武”，起源于古代星宿信仰，为二十八宿北方七宿的总名。自唐以后，屡受皇室加封，神格不断攀升，至明代燕王朱棣靖难之役篡夺皇位后，又大肆宣扬真武神灵护佑之功，真武信仰达到了鼎盛。川北地区供奉真武之多就与明代全国广建真武庙有关，又因明末清初“湖广填四川”，真武总庭湖北武当山周边有大量移民迁入川北地区，使真武信仰进一步流布于此地，关于这个问题后面章节还将进行深入探讨。现川北地区奉祀真武的有几处重要宫观：广元苍溪真武宫坐落于西武当山上，是西部最大的正一道道场，正一道传度法会每两年在此举办一次。绵阳三台云台观为明代官制道观，是四川最大的真武道场，有“楚之太和、蜀之云台，独称最焉”[①]之美誉。南充玄天宫与广元灵台观分别位于著名的凌云山风景区和天曌山风景区内，是览胜访道之佳境。另有广元朝天红庙子，它体现了真武信仰与民间信仰相结合的特质，每年春节期间这里会举行挨家挨户的游龙仪式，农历三月初三真武诞辰之日，有热闹的朝山进香香会，是不可多得的研究民间信仰的“活化石”。真武神的供奉也存在着地区间的不平衡性，从田野样本看，广元地区供祀真武之处就达 12 处，占比 63%，而且多为山头的小庙子，体现了此地区更多民间信仰因素的参与，具体情况后面专节讨论。

① （明）郭元翰编：《云台胜纪墨稿》，现存三台县文物管理所。

a. 绵阳涪城三清道观

b. 绵阳涪城玉皇观

c. 南充顺庆老君山道观

d. 广元利州慈航宫

图 3.1　各式慈航真人造像（笔者摄）

王灵官与财神也是川北地区供奉比较普遍的神明，二者排在并列第三位上，但细究原因，二者情况又有别。王灵官本名王善，是道教中的护法监坛之神，本为湖南湘阴县的地方小神，后被萨守坚收作部将。《三教源流搜神大全》载：

（萨守坚真人）继至湘阴县浮梁，见人用童男童女祀本处庙神。真人曰："此等邪神，即焚其庙！"言讫，雷火飞空，庙立焚矣。真人至龙兴府，江边濯足，见水有神影，方面、黄巾、金甲，左手拽袖，右手执鞭。真人曰："尔何神人也？"答曰："吾乃湘阴庙神王善，被真人焚吾庙后，今相随一十二载，只候有过，则复前仇。今真人功行已高，职隶天枢，望保奏以为部将。"真人曰："汝凶恶之神，坐吾法中，必损吾法。"庙神即立誓不敢背盟，真人遂奏帝授职①。

此后，道教将王灵官塑造成刚正不阿，疾恶如仇，纠察天上人间，除邪祛恶的形象，道教宫观营建中将其殿堂灵官殿设在宫观山门之位，寓"护法惩恶"之意。由此知，对王灵官的供奉更多的并非来自信仰因素，而是为了遵从道教宫观营建的规制。一般来说，除了那些乡间小庙，正式的道教道场都会设置灵官殿，这也是王灵官供奉神位较多的原因。

供奉财神则出于人们对殷实富裕生活的向往，升官发财是广大百姓共同的心理需求，从表3.2看，主管财富的财神和主管官禄的文昌帝君分别排在第三和第四位次上，高于道教三清和玉皇大帝。这进一步说明了川北地区道教信仰的民间化特性，人们更青睐那些所司神职与自身世俗生活更相关的神明，除慈航真人、财神、文昌帝君外，药王、送子娘娘、牛王、关公等神明奉祀也较多。药王司管去疾保寿之事，可以保佑一方百姓免受疾患困扰。送子娘娘主管生育送子，保家族人丁兴旺，家业昌盛。牛王、马王、猪王等主司牲畜免遭瘟疫，是我国古代小农经济模式

① 《搜神记》卷2，《道藏》第36册，第267页。

下的信仰遗存。关公则象征着公正、正义、大义凛然这些理想人格特质，体现了人们对自身人格修养上的追求。关于王灵官与财神神位供奉因由的差异，从地域间的不平衡上也可窥探一二，前面讲过，相对绵阳与南充地区，广元地区的民间信仰更为浓厚，从道教建筑上看，绵阳与南充地区由道士住守的宫观占比更多，广元地区乡间小庙比例则更高，庙宇的营建不必严格遵循常制。尽管从样本看，两者数量上相当，但王灵官在广元供奉比例不到36%，而财神则高达64%，明显财神更受此地民众欢迎。

三清、老子、玉皇大帝均为道教神仙体系中至高神明，地位尊贵，但表3.2上位序不算靠前，反映了川北道教信仰的民间化现状。民间信仰与道教徒信仰的一大区别，即老百姓并不在意某位神明在道教神仙体系的神格位置，也没兴趣探究玄奥的道教教理，而关注于其是否与自身的生活实际相关。另外，从地域上考察，靠近蜀中成都的绵阳和南充两地，历史上官制宫观较广元要多些，南充的老君山道观是唐代祀老子之处，舞凤山道观为前蜀皇帝供奉王子乔之所，绵阳的云台观创建于南宋，宁宗加封真武神为“北极佑圣助顺真武灵应真君”。因此，祀三清、老子、玉皇大帝处多集中于绵阳、南充两地，例如，祀三清与玉皇者两地占比达82%，专祀老子的6处道观中，南充就占有4处。这些都说明道教信仰的民间化特点，以及川北绵阳、南充、广元三地间也呈现着差异性。

川北的道教信仰神明中有不少来源于古代的星辰崇拜，如斗姥元君、真武大帝、文昌帝君、魁星神、六十甲子、太白金星等。斗姥元君乃北斗九星贪狼、巨门、禄存、文曲、廉贞、武曲、破军、左辅、右弼之母。《云笈七籤》曰：“夫九星者，是九天之灵根，日月之明梁，万品之宗渊也。故天有九气则以九星为其灵纽，地有九州则以九星为其神主，人有九孔则以九星为其命府，阴阳九宫则以九星为其门户，五岳四海则以九星为其渊府。”[①] 由此可知作为九星之母的斗姥元君地位之尊崇。真武大帝源于二十八宿中北方玄武七宿，关于其神流变后有专节讨论。文昌帝君乃古代文昌星辰信仰与梓潼地方信仰结合的产物，魁星神为文昌帝君的辅弼之神，主文章兴衰，关于二神后面也有专节论述。六十甲子为六十位星宿神，以天干与地支循环相配来称呼这些神名，又被称作太岁神，《月令广义》讲：“太岁者，主宰一岁之尊神。凡吉事勿冲之，凶事勿犯之。凡修造、方向等事宜慎避。”[②] 这些神早在唐代便有供奉，《嘉泰会稽志》云：“开元宫，在府南四里一百二步，隶山阴，唐开元二十八年建宫，旧极闳广，后多为民居所侵，今所谓甲子巷者乃开元之六十甲子殿也。”[③] 太白金星源自金星信仰，《诗经·小雅·大东》有“东有启明，西有长庚”[④]，“启明”“长庚”皆指金星。早期它被视为武神，主战争之事，《汉书·天文志》有“太白经天，天下革，民更王”[⑤] 之说。《七曜禳灾法》中又将其描绘成穿着黄色裙子、戴着鸡冠、演奏琵琶的女性。《西游记》中他成为玉皇大帝的特使，被塑造为长须慈祥善于周旋的老者形象。

---

① （宋）张君房辑：《云笈七籤》卷20，《道藏》第22册，第147页。

② 董绍鹏：《北京先农坛的太岁殿与明清太岁崇拜》，《北京民俗论丛》（年刊），2019年。

③ 《嘉泰会稽志》卷7，爱如生数据库，清嘉庆十三年刻本，第434页。

④ 程俊英译注：《诗经译注》，上海：上海古籍出版社，2016年，第395页。

⑤ （汉）班固：《汉书》卷26，上海：上海古籍出版社，1986年，第127页。

a. 广元朝天碧峰观

b. 绵阳梓潼七曲山大庙

c. 南充高坪玄天宫

d. 南充嘉陵云台山道观

图 3.2　各式三清造像（笔者摄）

这些星神在此多有供奉并非偶然，川北苍阆地区自古就是观天舆地文化氛围浓郁之地，从西汉到唐代，这里产生了诸多著名天文术士，包括落下闳、任文孙、任文公、谯玄、周舒、周群、周巨、袁天罡、李淳风等。汉武帝时，下诏造新历，在众多历法方案中，落下闳的最佳，遂“改颛顼历作太初历”。《太初历》也是我国有文字记载的第一部完整历法，太初元年（前 104）颁行，共实行 188 年，这一历法将原先以十月为岁首改为正月，从此每年岁首有了统一的节日——春节，落下闳被尊称为“春节老人”。除了编订历法，落下闳还发展了古代“浑天说”理论，认为“天地之体，状如鸟卵，天包地外，犹壳之裹黄也，周旋无端，其形浑浑然”①，明显优于“盖天说”的认识。唐代袁天罡，成都人，《舆地纪胜》云：“袁天罡宅，《一统志》‘罡’作‘纲’，即蟠龙山前，《一统志》作在阆中县东蟠龙山侧。”②《蜀中名胜记·川北道·保宁府》曰：“蟠龙山前，袁天罡尝筑台于此，以占天象。”③ 其好友李淳风，岐州雍人，得知袁天罡寓居阆中后，也前来此处研究天象。李淳风继承和完善了落下闳的“浑天说”，他说：“汉孝武时，落下闳复造浑天仪，事多疏阙，故贾逵、张衡各有营铸，陆绩、王蕃递加修补，或缀附经星，机应漏水，或孤张规郭，不依日行，推验七曜，并循赤道。今验冬至极南，夏至极北，而赤道当定于中，全无南北之异，以测七曜，岂得其真？”④ 总之，苍阆地区在中华文化的建构中曾书写过不凡篇章，此地“堪天舆地”的传统和氛围也深深地影响到道教，如今的苍溪西武当山和苍溪云台观还将斗姥元君、文昌帝君、真武大帝、六十甲子诸位星神供奉于其中。

川北道教宫观内还有不少佛像神位，包括释迦牟尼佛、大势至菩萨、文殊菩萨、观世音菩萨、弥勒佛、四大天王、地藏菩萨、普贤菩萨等，这揭示了此地区两教融合之现状，历史上，这一区域佛寺改道观或道观变为佛寺的现象很普遍。例如，南充嘉陵云台山道观明末清初为佛寺东林寺，民国时期高峰山道教后学唐氏兄弟到此后修复为道教福地。广元朝天红庙子，据现存碑刻

---

① （唐）房玄龄等：《晋书》卷11，上海：上海古籍出版社，1986年，第31页。

② （宋）王象之：《舆地纪胜》第8册卷185，北京：中华书局，1992年，第6981页。

③ （明）曹学佺著，刘知渐点校：《蜀中名胜记》卷24，重庆：重庆出版社，1984年，第355页。

④ （后晋）刘昫等：《旧唐书》卷79，上海：上海古籍出版社，1986年，第326页。

记载，在明代时为石竹寺，后改为祀真武的道观。南充高坪朱凤寺唐时为道观凤山观，民国《南充县志》载："朱凤山，在治南六里嘉陵江岸。《寰宇记》云：高一百七十二丈，周回二十里，昔有凤凰集，因置凤山观……相传为尔朱通微及李淳风修炼之地。山有天封井，尔朱真人尝吐丹其内，有疾者饮之即愈，故称丹井。"① 南充高坪宝寿寺原为东岳庙，祀东岳大帝，《南充县志》载："东岳庙，在治东江岸，与白塔寺相连，中铜玉皇像一尊，高四尺。"② 20 世纪 50 年代庙产被没收，道士还俗，21 世纪初被批准改为佛教坛场，更名为"宝寿寺"。另还有不少佛道混合的寺观。如绵阳涪城仙云观，前殿为玉皇殿，后殿为大佛殿。绵阳江油窦圌山云岩寺，即有大雄殿、天王殿、观音殿等佛教殿堂，又有三清殿、文武殿、财神殿等道教殿堂。这些现象表征了佛道二教合流的历史现状，同时也说明了川北地区佛道信仰的民间化特征，百姓只求灵验和福佑，而不在意教出何门。

此外，还供奉有体现地域文化特点的神明，包括川主、土主、五显财神、青林祖师等。五显财神源自江西婺源一带的民间信仰，属外来神流布于此。川主、土主则为蜀地特有神明，关于川主身份，说法不一，至少有李冰、李二郎、孟知祥几种说法。《遵义府志》云："高岩祖庙，在城外二十里，用祀川主行神，郡人更祗祀之。一云二郎庙，祀蜀郡守李冰。"③ 清陈祥裔《蜀都碎事》卷一："蜀人奉二郎神甚虔，谓之'川主'。"④ 朱熹

① 民国《南充县志》卷 2，爱如生数据库，民国十八年刻本，第 198 页。
② 民国《南充县志》卷 5，爱如生数据库，民国十八年刻本，第 747 页。
③ 《遵义府志》卷 8，爱如生数据库，清道光刻本，第 675 页。
④ （清）陈祥裔：《蜀都碎事》卷 1，爱如生数据库，清康熙漱雪轩刻本，第 5 页。

《朱子语类》卷三说："蜀中灌口二郎庙，当初是李冰因开离堆有功，立庙。今来现许多灵怪，乃是他第二儿子出来，初间封为王。后来徽宗好道，谓他是什么真君，遂改封为真君……利路又有梓潼神，极灵。今二个神似乎割据了两川矣。"① 青林祖师，则为广元当地的民间神，传说其为"黄猴蛇"所化，出生于朝天鱼洞乡漕子沟，后穿过"七十二洞"来到广元黑石坡，在此修炼得道，褪去蛇身，屡著灵异，当地人在黑石坡为其立庙，成为青林祖师的总坛。这些地方俗神丰富了道教神仙体系，也最能体现道教信仰的地域化特性。

图 3.3　青林祖师造像（笔者摄）

不同的宫观庙宇所奉祀之神也呈现出自身特色。作为川北地区最大的全真道场绵阳三台云台观，尊奉全真教的创教创派始祖

① （宋）黎靖德：《朱子语类》第 1 册卷 3，北京：中华书局，1981 年，第 53—54 页。

吕洞宾和丘处机，将二者神位分列于真武大帝神像左右。而云台观的创观之祖赵肖庵在此也被特别供奉，专门在玄天宫左侧设有茅庵殿供奉，据说明万历大火以前，其遗蜕一直保存于此。作为古代二十四治之一的云台山治，现为重要正一道场的苍溪真武宫和云台观，其主神位上则不可少其创教始祖张天师。唐时隐士窦子明曾修道于江油窦圌山，后在此建窦真殿奉祀。七曲山大庙内供奉有诸多与文昌文化相联系的特有神明，如魁星神、白特、瘟祖、谷神等。南充仪陇伏虞山明道观则供奉有诸多远古时期神明或传说人物，这些在其他宫观已不多见，如伏羲、女娲、神农、西王母、黄帝、大禹等。广元朝天洪督观为主祀灵宝天尊的道场，所以这里专门供奉有其他宫观也很少见到的其四大弟子的神位，即多宝道人、龟灵圣母、金灵圣母和无当圣母。

三　道教造像的轨制及思想内涵

道教造像深受佛教造像影响，佛教中的佛、菩萨、天王、罗汉、护法的形象都各有严格规定，制作造像时必须遵守。依据佛经，佛具有三十二相、八十种好，其中比较突出的特征有，头顶上有圆形隆起的肉髻、螺发、面如满月、双耳垂肩、身披通肩式大衣或袒右肩式大衣，不佩戴璎珞、钏锡等饰物，不戴冠，胸前标有“卍”字符，头顶和身后有背光等。因必须按照“三十二相”“八十种好”要求造像，所以佛像大都差别不大，有“千佛一面”之称。此外，佛教造像在坐姿、手印、法器、坐骑等方面都有相关轨制，坐姿有全跏趺坐、半跏趺坐、轮王坐之分，手印有施无畏印、施愿印、说法印、触地印、禅定印等，法器有宝剑、柳枝、净瓶、金刚杵、金刚铃、锡杖等，坐骑有青狮、白象、莲花、谛听等。总之，每一造像其形象都传递着不同佛理内涵。

较佛教造像，道教造像制作的灵活性要大得多，但本质上它体现着道教宇宙生成论和宇宙结构模式，是道教世界观的一种物化形态，所以，道教造像同样有着自己的仪轨。《洞玄灵宝三洞奉道科戒营始·造像品》讲："凡造像，皆依经，具其仪相。天尊有五百亿相，道君有七十二相，老君有三十二相，真人有二十四相。衣冠华座，并须如法。天尊上披以九色离罗或五色云霞，山水杂锦，黄裳、金冠、玉冠……真人又不得散发、长耳、独角，并须戴芙蓉、飞云、元始等冠。"[①] 如果制作神像不恭不敬，过于随意，将招来祸患，"鬼神罚之，即非僭滥，祸可无乎"[②]。王宜峨说："道教的造像艺术不仅要明道，还要明德，不仅要反映神像的神格，也要反映它的信仰宗旨；不仅要表现其作为神的尊容，还要表现其所具有的道德、内在的美和它的神威，所以，道教的造像是道德性人格化的表现。"[③]

道教造像之难在于借有形之"象"来表达无形之"意"，《清和真人北游语录》论述有：

> 中秋十七夜，栖真观合众露坐，塑师王才作礼，求为道像法。师曰："凡百像中，独道像难为，不惟塑之难，而论之亦难。则必先知教法中礼仪，及通相术，始可与言道像

① （唐）金明七真：《洞玄灵宝三洞奉道科戒营始》卷2，《道藏》第24册，第748页。

② （南朝宋）陆修静：《陆先生道门科略》，《道藏》第24册，第781页。

③ 王宜峨：《道教美术概说》，《中国宗教》1997年第2期。

矣。希夷之道，视之不见，听之不闻。声色在乎前，非实不闻不见，特不尽驰于外，而内有所存焉耳。而谓实不见闻，则死物也。如内无所存，而尽驰于外，则物引之而已。道家之像，要见视听于外，而存内观之意，此所以为难。世间虽大富贵人，其像亦甚易见。谓如富有之人，则多气酣肉重，颐颔丰满，然而近乎重浊。道像则不失其风骨清奇，而有大贵人之气，见于眉目之上，天庭日月之角，又背若万解之舟，喻其厚重也。必先知此大略，其为像庶几矣。虽然，但当有其意，甚不欲圭角呈露，此所以为尤难。世之富贵，虽大至于帝王，犹于术之中可求。惟道像则要于术外求之，术说外相，则穷到妙极处，至于内相，则术不能尽。然有诸内，则必形诸外，而见于行事。事，迹也；所以行事者，理也。寻其事而理可知，故知内外可通为一。惟道家贵在慎密不出，故人终不可得见。”①

上文所揭示道像难为的道理无非出于以下两个层面：一是制作造像之人首先必精通于外术，如相面术和各种尊卑礼仪；二是道教意旨的表达向来含蓄委婉，所以在不彰显于外的情况下又要映射出道教深刻义理就变得尤为困难。尽管如此，笔者还是从神像的神态、服饰、位置、手诀、法器、材质等外在特征入手，试图揭示造像在道教建筑神圣空间营造中的作用。

三清神像供于三清殿内，三清殿作为道教宫观中极为重要的殿堂多设置于建筑中轴线上或宫观内地势最高位置。三清中以玉

① （元）尹志平述，段志坚编：《清和真人北游语录》卷2，《道藏》第33册，第161页。

清境的元始天尊地位最高，造像设于中位，其左为灵宝天尊，右为道德天尊，以川北地区宫观论，也有例外，广元朝天碧峰观中的三清是以道德天尊为中位，其左元始天尊，右灵宝天尊。这应是出于道德天尊太上老君在民间影响力远大于另两者，适应民众心理而进行的变通。从神态上看，三清神像都按照“庄重平和”的原则来塑造，没有丝毫情感的显露，映射出至上性的“道”化生万物而又无声无息的意象，阐释了大道“天地不仁，以万物为刍狗”的品性。从法器上看，元始天尊多双手叠放，手心朝上并与下丹田平齐，手心上托一太极图或混元宝珠，绵阳盐亭真常观其像则托着一葫芦，灵宝天尊左手执一如意，道德天尊多为右手执阴阳扇，也有手托太极八卦者，如南充高坪云台山道观。太极图与混元宝珠都表示天地开辟前混沌未分的状态，蕴含有“一炁化三清”之意。葫芦是道教暗八仙之一，也是道家文化的一种符号，且葫芦与“福”“禄”谐音，乃吉祥之器。如意又为何物？有“爪杖”说，宋代吴曾《能改斋漫录》称：“齐高祖赐隐士明僧绍竹根如意，梁武帝赐昭明太子木樨如意，石季伦、王敦皆执铁如意。三者以竹木铁为之，盖爪杖也。故《音义指归》云：‘如意者，古之爪杖也。’或骨角竹木削作人手指爪，柄可长三尺许。或背有痒，手所不到，用以搔抓，如人之意。”[①] 又有“兵戈”说，《天皇至道太清玉册》卷六曰：“黄帝所制战蚩尤之兵器也，后世改为骨朵，天真执之，以辟众魔。”[②] 可见，道教中又将其视作辟邪之物，因如意头部常制作成心形，

① （宋）吴曾：《能改斋漫录》上册卷2，上海：上海古籍出版社，1979年，第36页。

② （明）朱权：《天皇至道太清玉册》卷6，《道藏》第36册，第414页。

意指“如意，心之表也”。太上老君的阴阳扇其上一般绘有太极图或日月图案，意指“阴阳和合创生万物”。又“扇”与“善”谐音，体现着老子“上善若水”的人格修养追求。另外，阴阳扇还是太上老君在八卦炉内演示宇宙生化时使用的重要法器。此外，背光的设置不如佛像严格，有的绘有华美的背光，如南充凌云山玄天宫等，有的则无。

相对三清造像，专供老子的神像其造型则更灵活多变，除了盘坐于莲台形象，还有立式者或坐于青牛背上者。有手举阴阳扇，也有执拂尘者，如广元旺苍玉皇观中的老子像，此像为立式像，老子左手托着葫芦，右手执一拂尘。道教中拂尘又名“麈拂”，早在魏晋时期就已出现，《世说新语·容止》云：“王夷甫容貌丽整，妙于谈玄，恒捉白玉柄麈尾，与手都无分别。”① 道教经典中称麈拂“虽非天尊左右急须，亦道士女冠供养切要，并随时造备，不得阙替”②。麈拂可以用来扫除尘迹或驱赶蚊蝇，所以道教赋予其“扫去尘世烦恼”之意涵，手执拂尘者具有了超凡脱俗之意象。另麈拂还涵有“指引点化”之意，吴曾《能改斋漫录》引释藏《音义指归》云：“鹿之大者曰麈，群鹿随之，皆看麈所随麈尾所转准。今讲僧执麈尾拂子，盖象被有所指麾故耳。”③ 老子在道教中被奉为创教始祖，西出函谷关化胡而去，其形象正切合了麈拂这一法器的思想内涵。

---

① （南朝宋）刘义庆著，张㧑之译注：《世说新语译注》，上海：上海古籍出版社，2016 年，第 563 页。

② （唐）金明七真：《洞玄灵宝三洞奉道科戒营始》卷 3，《道藏》第 24 册，第 754 页。

③ （宋）吴曾：《能改斋漫录》上册卷 2，上海：上海古籍出版社，1979 年，第 36 页。

图 3.4　广元旺苍玉皇观老子像（笔者摄）

真武，本为北方星宿之神，后又指代四象之一的龟蛇合体，初为司命之神及司水之神。入宋以后，真武神逐渐演化为主兵革的战神，并造作出大量道经将其人格化，赋予其人形形象，《元始天尊说北方真武妙经》说他“披发跣足，踏胜蛇八卦神龟”①。南宋赵彦卫《云麓漫钞》云“被发黑衣，杖剑蹈龟蛇，从者执黑旗”②。可见，披发、黑衣、跣足、杖剑、踏龟蛇是真武形象的标志。川北道教宫观中的真武像绝大多数也是按照此形象来塑

① 《元始天尊说北方真武妙经》，《道藏》第 1 册，第 813 页。

② （宋）赵彦卫撰，傅根清点校：《云麓漫钞》，北京：中华书局，1996 年，第 148 页。

造的，这些造像头上无冠，身披战甲，右手举起七星剑，左手做出真武手诀，右腿向内弯曲并抬起，左脚踏着龟蛇。这一形象背后的意涵很丰富，它将真武神神职的多重性特点表现出来。法器名为“七星剑”，是因真武神最早源于二十八宿中的北方七宿。真武又是北方水神，足下踏的龟蛇乃四象之一，代表北方，为水神的象征。而披发、战甲、仗剑、真武手诀又刻画了真武“驱妖降魔”的战神形象。可见，通过这些要素的组合恰当地反映了真武神的多重神职特征。

a. 广元朝天碧峰观

b. 广元朝天飞仙观

图 3.5　仗剑跳足的真武造像（笔者摄）

真武手诀可谓是其造像中最具特色和神秘之处，本质上它也是道教中的一种方术。《云笈七籤》云：“道者，虚无之至真也；术者，变化之玄技也。道无形，因术以济人；人有灵，因修而合道。”[①] 所以，道教认为手诀是与“道”相通的。《道法会元·明光枢要目》讲：“祖师心传诀目，通幽洞微，召神御鬼。要在于握诀，默运虚无，因目之为诀也。”[②] 按任宗权的观点，手诀的意义和作用有召神、御鬼和载道，所谓“载道”，就是道士凭借手诀显示自己“通幽洞微”“默运虚无”修炼得道的神通。道教认为手指指节与八卦、天干、地支有着一一对应的关系，把握这些关系是掌握各种手诀的基础。依照各真武造像，真武诀为左手食指与无名指交叉置于中指外侧，其中食指在最外侧，中指向上挺直，拇指指尖按压中指中间节处，小指向手心内侧弯曲，左手置于身体前中线位置。道教认为此手诀能够与天地神通，达到降妖伏魔的目的。

关于真武造像也有一反常规者，绵阳三台云台观玄天宫与广元苍溪西武当真武宫内供奉的真武，身着龙袍，正襟危坐，后绘有背光祥云，前者做有手诀态并执一宝剑于胸前，神态平和，毫无其他真武像怒煞威猛之气，后者双手扶膝上，目视前方。此二者已无任何神明之气息，更像面南而治的君王。因明代皇帝朱棣将真武塑造成自己皇族的守护神，武当山宫观成为明代皇室的家庙，据说金殿内的真武神像就是依照朱棣本人形象制作的，真武神身份的转变，使其在官制道观内的形象越发似一帝者之象。作为有“楚之太和、蜀之云台，独称最焉”美誉的三台云台观和因武当山而得名的西武当山真武宫，都曾是带有官制色彩的重要真武道场，这两处的真武造像也不可避免受到武当山真武大帝形象的影响。

---

① （宋）张君房辑：《云笈七籤》卷45，《道藏》第22册，第317页。

② 《道法会元》卷160，《道藏》第30册，第6页。

图 3.6　帝王之相的真武形象（笔者摄）

王灵官的造像特征为赤面、红发、三目、披甲，右手高举神鞭，左手灵官诀，右腿弯曲抬起，其下踏着风火轮，表情凶煞，威气逼人。这一形象与其神职特点相契合，《太上元阳上帝无始天尊说火车王灵官真经》说他是“南斗，禹星火之首，燮火万里，掷千重火车，豁落飞走乾坤，功莫大焉”①。后又被天庭授“三五火车雷公”之职。因而有赤面、红发、风火轮形象。又因玉帝认他司天上、人间纠察之事，并镇守道教宫观，所以赋予其三目、执鞭、威猛之貌，道观山门灵官殿的楹联是其最好的注脚：三眼能观天下事；一鞭惊醒世间人。

① 《太上元阳上帝无始天尊说火车王灵官真经》，《道藏》第 34 册，第 737 页。

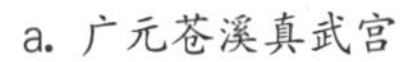
a. 广元苍溪真武宫　　b. 广元青川禹王宫

图 3.7　赤面红发的王灵官（笔者摄）

图 3.8　灵官手诀（笔者摄）

文昌帝君的造像多身着朝服，手持笏板，神态静谧端庄。川北地区最有代表的文昌造像当属梓潼七曲山大庙正殿里那尊，据此像后面铭文记载，该造像铸造于明崇祯元年（1628），当时共铸造有十尊，铸造工是陕西礼泉县金火匠人薛尚梅与薛新，由四川龙安府平武县江口村信吏任宪及妻冯氏，子任寅东、任家灿等人捐献。此像为铁像，空心，表面镀有金色，文昌帝君头戴九旒冕，手持笏板，正襟危坐，毫无道教神仙飘逸或恶煞之气息，完全似一帝者形象。这是由于文昌是司管人间禄籍之神，与百姓现世生活关系最为密切，其形象也更加世俗化。文昌帝君手中的笏板是朝见玉皇大帝时用于记事，此器物突显出其温文尔雅的气质特征。《释名》曰：“笏，忽也。君有教命，及所启白，则书其上备忽忘也。”[①]《舆服杂事》讲：“古者贵贱皆执圭，书君上之政令。有事，则搢之于腰带中。五代以来，唯八座尚书执笏者，白笔缀手板头，以紫囊裹之，其余王公卿士但执手板。板主于敬，不执笏，示非记事官也。”[②] 笏板的材料也是尊卑的体现，《礼记 · 玉藻》云：“笏：天子以球玉，诸侯以象，大夫以鱼须

a. 广元苍溪真武宫

b. 绵阳梓潼七曲山大庙

图 3.9　文昌帝君造像（笔者摄）

① （汉）刘熙：《释名》，北京：中华书局，2016 年，第 87 页。

② 杨秋红：《“披袍秉笏”杂剧内涵新证》，《北京科技大学学报（社会科学版）》2016 年第 2 期。

文竹，士竹本象可也。”[1] 这些原则在道教立像中也同样适用，例如，广元青川禹王宫正殿内的大禹像，其双手所执圭（圭为笏板的早期形态）为玉制，而同在一个殿堂内的配神张天师手中的圭则为木质。

七曲山大庙明代十尊铁像中有一尊单独供奉于大庙山门百尺楼中，此为魁星像。魁星神形象面目狰狞，赤发金身，右手执朱笔左手拿着富贵花，右腿直立于一龙头上，左腿呈屈膝后踢状，这一形貌也诠释了魁星的神职内涵。早期主文运的星本为奎星，为二十八宿之一的西方白虎七宿之首。魁星则指的是北斗七星中第一至第四星，四星组成北斗七星的斗勺部分。古代科举考试考取第一者称“夺魁”，“奎”与“魁”音同，故司文运之神逐渐由奎星转变为魁星。从“魁”字字形上取象，为一小鬼向后踢斗状，因而其造像塑造为一鬼物左脚向后抬起貌，名之“魁星踢斗”。又有说被魁星执笔点取姓名者即考取第一者，所以魁星手执朱笔，欲点夺魁者貌，名之“魁星点斗”。古时皇宫大殿前石阶上刻有鳌头，考取状元者面见皇上需经过此石阶，五代李瀚《留题座主和凝旧阁》有“座主登庸归凤阙，门生批诏立鳌头”[2] 一语。因此，魁星像一脚独立于鳌头之上就有考取第一之意，名之“独占鳌头”。

① 李史峰编：《四书五经》，上海：上海辞书出版社，2007年，第192页。

② （清）曹寅、彭定求等编：《全唐诗》第11册卷737，北京：中华书局，1999年，第8498页。

图 3.10 “魁星点斗”造像（笔者摄）

其他各道教神明，其形象也与各自神职内涵相表里。斗姥元君的形象受到佛教密教人物摩利支天的影响，塑造为三目、四首、八臂的形象，作为北斗众星的母亲，地位尊崇，此形象体现出其法力无边及神秘性的特点。药王多手中托着一装满药丸的葫芦，端坐于虎背上，虎头在其身的右下侧位置，药王的左肩处则探出一个龙头，因药王长期隐居于药王谷，谷左侧名青龙砂，右侧名白虎砂，风水有云“宁叫青龙高万丈，不让白虎高一尺”，药王神像中肩上的龙头总是高于座下的虎头即表示这一内涵。慈航真人与太乙救苦天尊的法器为杨柳枝和净瓶，寓意“柳枝洒琼浆，救苦于苍生”。送子娘娘手抱一婴孩于膝上。牛王坐于牛背上，手捧《牛王经》。青林祖师手执葫芦正襟危坐。

图 3.11　斗姥元君造像（笔者摄）

主像两侧的侍像其身份也有定制，如关公左右为周仓与关平，文昌帝君左右是天聋和地哑，真武大帝左右为周公与桃花女，斗姥元君则配以六十甲子神相拱卫。主侍神造像揭示了神仙世界的等级尊卑关系，多层次的塑像阵容传达出尊神的肃穆威严之貌。在这些主侍神中，笔者起初对真武大帝两侧为何侍有周公与桃花女感到不解，特考其渊源。元代有一戏剧名《桃花女破法嫁周公》，其大意讲：

> 周公，洛阳人，善箕卜；桃花女任姓，善解禳。一日，周公闷坐无事，为其佣人彭祖算命，算毕，谓彭祖曰："汝后日午时，合该于土炕上板僵身死。"彭祖闻之大惊，即至任二公家告别。女问其故，彭祖以实告，女乃教彭祖祷告于北宫七星君真武神，为之增寿三十年，得以不死。周公闻之，怒甚，即命彭祖备花红酒礼，送于任家，名为答谢，实则为其子增福订婚。桃花女早知其来意，因即允之。周公俟

其迎亲日处处择凶神恶煞时辰，以谋加害，而女则一一设法破之。周公佩其高明，即备庆喜筵席，以宴宾客，一家团聚，其乐融融。因周公与桃花女二人，皆天上种，故归天后，真武皆收为侍将云①。

“箕卜”与“解禳”都是对人命运的把握，因真武在星辰信仰中也有“司命”一职，《星经》云：“南斗六星，主天子寿命，亦宰相爵禄之位。”② 从真武主帝王将相之命，周公与桃花女主凡民百姓之命角度考量，于是将周公与桃花女附会为其侍神。

图 3.12　药王造像（笔者摄）

---

① 宗力、刘群：《中国民间诸神》，石家庄：河北人民出版社，1986 年，第 77 页。
② 黄河：《元明清水陆画浅说——中》，《佛教文化》2006 年第 3 期。

图3.13　真武祖师及侍神周公与桃花女（笔者摄）

造像所选用的材质也是宫观规格和神明神格的重要反映，一般来说，玉制或金制为上乘，次者为铜铸或铁铸，再次则为石刻，以泥塑者为最下。据《旧唐书·礼仪志》记：“（天宝）三载（744）三月，两京及天下诸郡于开元观、开元寺，以金铜铸玄元等天尊及佛各一躯。”[①] 又记：“初，太清宫成，命工人于太白山采白石，为玄元圣容，又采白石为玄宗圣容，侍立于玄元之右。皆依王者衮冕之服，缯彩珠玉为之。”[②] 白石为何物？杜光庭《录异记》中说：“金星之精，坠于终南圭峰之西，因号为太白山。其精化白石，状若美玉，时有紫气覆之。”[③] 其实，白石

① （后晋）刘昫撰：《旧唐书》卷24，爱如生数据库，清乾隆武英殿刻本，第464页。

② 同上。

③ （五代）杜光庭：《录异记》卷7，《道藏》第10册，第877页。

即太白山特产的一种优质玉石，玄宗在皇室家庙太清宫内采用玉石造像，足见玉像之尊崇。早在上古时期，我们的先民就已将玉石视为通灵之物，红山文化和良渚文化中大量的玉珠、玉玦、玉琮都是当时用于祭祀之器。《说文解字》云："灵，灵巫，以玉事神。"[1] 唐代地方上祀老子处则多采用铜制造像，《赤城志》记："天庆观，在州东北一里一百步……至开元中获天宝度人经，建天宝台，复建观榜曰'开元'，天宝中铸铜老子像。"[2] 至宋代，天庆观内造像则改为"漆布塑像"，《宋会要辑稿·礼五》载："天下州军天庆观，圣祖像有系泥塑者，并令合属计置，改允漆布塑像，物料工直至置造银花瓶，并以系省钱充。"[3] 川北地区的宫观，以绵阳三台云台观、绵阳梓潼七曲山大庙、南充高坪玄天宫、广元苍溪真武宫内的造像制作最为精美，其中云台观的真武大帝、吕祖、丘真人，梓潼七曲山大庙的文昌帝君、三清、关公，高坪凌云山玄天宫的三清，广元朝天碧峰观的真武大帝等神像均为金色造像，属川北地区的上乘之作。以上几处主要是过去的官制道观，或全国重要的道教道场和旅游景区，而川北地区分布更多的是大量乡村小庙，其神像制作则十分质朴，甚至粗糙，多为泥塑材质。这些庙子为附近乡民捐资而建，财力有限，乡民也不追求殿宇的高崇和神像的奢华，他们更在意的是有一颗对神明的崇敬之心，这主要体现在日常的烧香朝拜和对神像的清整保护上面。正如《洞玄灵宝三洞奉道科戒营始·造像品》

---

① （汉）许慎撰，汤可敬译注：《说文解字》，北京：中华书局，2018 年，第 80 页。

② 《赤城志》卷 30，爱如生数据库，台州丛书本：第 934—935 页。

③ （清）徐松辑：《宋会要辑稿》，爱如生数据库，稿本，第 408 页。

所讲："凡诸天尊、道君、老君，及诸圣真仙相，年久时深，或风雨飘零浸损，皆以时修，复勿使真容雕坠，当得福无量。"[①]又有："凡天尊形象，金铜宝玉者，每至月十五日，设斋香汤洗饰。若夹纻雕木，即揩试使光净，最得功德。"[②]

第二节　川北道教建筑壁画的教化功用

壁画是描绘在建筑物墙壁或天花板上的图画，道教建筑壁画当是由我国古代宫廷壁画发展而来，目前实物能证实的我国最早壁画为2300年前的陕西咸阳秦宫壁画残片《车马出行图》。西汉时，汉武帝曾命画工画诸神像于甘泉宫，汉宣帝图功臣像于麒麟阁。东汉以降，佛法东渐，壁画创作之风开始盛起。汉明帝时期，在洛阳新建成的白马寺内绘制有《千乘万骑群象绕塔图》，是我国寺观壁画的滥觞。经过后世各代发展，至元代壁画艺术已达到巅峰，永乐宫壁画是其中代表，体现了道教建筑壁画的最高成就。永乐宫壁画布满在永乐宫三大殿——三清殿、纯阳殿和重阳殿内，总面积达1000平方米，壁画取材丰富、画技高超、道教意涵深刻，其中，三清殿内的《朝元图》水平最高。《朝元图》绘于三清殿西、北、东三面墙壁上，整幅画构图上连成一气，反映的是玉皇大帝率领众神前来朝拜元始天尊、灵宝天尊和道德天尊的宏大场景。当然，除了追求精美构图和宏大场面外，

① （唐）金明七真：《洞玄灵宝三洞奉道科戒营始》卷2，《道藏》第24册，第749页。

② 同上。

道教建筑壁画更重要的是通过形象图画艺术阐释其内在宗教义理，以达到传播道教文化和教化民众的目的，正如《周易·系辞下》所说："古者包牺氏之王天下也，仰则观象于天，俯则观法于地，观鸟兽之文与地之宜。近取诸身，远取诸物，于是始作八卦以通神明之德，以类万物之情。"①

尽管壁画在寺观建筑中具有美化、阐教、劝善、营造神圣空间的重要作用，可壁画这一宗教艺术形式在川北道教宫观中并不常见，田野走访到的宫观施有壁画者主要包括：绵阳三台云台观十殿的《二十四孝图》、南充嘉陵云台山道观山门的《二十四孝图》、广元昭化城隍庙大院两侧的《十殿阎王图》和山门内的《二十四孝图》、广元利州东坝黑石坡伍显庙殿堂内的《十殿阎王图》等。这些壁画中除了广元昭化城隍庙内的较为华丽精美外，其他几处均显粗糙，广元伍显庙者仅是用墨笔绘于水泥墙壁之上，壁画题材上也仅是局限于"劝善惩恶"层面，少有对道教教理和仙界意境的描绘。这些反映出川北道教宫观总体上规制不高，道教信仰呈现出民间化、世俗化特征。

a. 绵阳三台云台观

b. 南充嘉陵云台山道观

① 黄寿祺、张善文译注：《周易》，上海：上海古籍出版社，2007年，第402页。

c. 广元昭化城隍庙

d. 广元利州伍显庙

图 3.14　川北地区的道教宫观壁画（笔者摄）

一　中国古典画中的道家与道教情结

壁画艺术脱胎于中国古典画艺术，关于后者，不可回避两位重要古典画画家顾恺之和吴道子，二人不仅在古典画领域成就卓越，并且都创作过寺观壁画，顾恺之曾为南京瓦官寺作维摩诘菩萨像，吴道子曾作道教壁画《五圣朝元图》于洛阳北邙山老君庙。此外，二人均与道教和蜀地有着不解之缘。顾恺之晚年作有山水画理论的奠基之作《画云台山记》一文，曾说亲自到访川北的苍溪云台山。吴道子晚年奉唐玄宗之命也曾入蜀作画，最后病死于蜀地，《资阳县志稿·冢墓》记载："吴道子墓在县北十五里李家沟。"[①] 更重要的是，他们的画中从深层次上都蕴含着丰富的道家思想文化内涵。

顾恺之，字长康，小字虎头，晋陵无锡人，祖辈在晋朝做

① 咸丰《资阳县志》卷5，爱如生数据库，文渊阁《四库全书》本，第320页。

官，为书香门第，他博学多才，工于诗赋书法，尤精于绘画，时人称其有三绝：才绝、画绝和痴绝。“才绝”指顾恺之聪慧，多才多艺；“画绝”指他的画作技法高超，具有精湛的艺术水准；“痴绝”形容他投入于艺术创作的痴迷精神。在其多年绘画艺术创作中，顾恺之创造性地提出“迁想妙得”“以形写神”等论点，在绘画理论上提出“传神于阿睹（指眼睛）之中”等理论，在绘画技法上开创了“春蚕吐丝”式的人物衣着服饰表现手法。因此，与曹不兴、陆探微、张僧繇等享有“六朝四大家”的美誉，又因其是中国历史上第一位有知名画作流存于世的画家，又被后世尊奉为“画祖”，代表作有《洛神赋图》《女史箴图》《列女仁智图》等，在绘画理论上今存有《魏晋胜流画赞》《论画》《画云台山记》等文章。

顾恺之在绘画艺术领域取得的成就与他的道教信仰不无关系，关于他笃信道教，首先可以从其名字上入手加以探究。如果对我国古代人名进行一番梳理，会发现两晋南北朝时期人们起名多喜欢带有“之”字，除顾恺之外，还有其父顾悦之，书法家王羲之、王献之，北魏道教改革领袖寇谦之，科学家祖冲之，史学家裴松之，文学家颜延之，东晋将领刘牢之，南朝宋将领沈庆之，南朝梁将领陈庆之等。这一现象并非巧合，根据陈寅恪《天师道与滨海地域之关系》一文，“之”字是五斗米道中标识道徒身份的一个暗记，另外，两晋南北朝时期取名重视家讳，而诸如“之”“道”等字则不在避讳之列①。从天师道世家王羲之家族成员命名情况更能体现这一点，王羲之家族为琅琊王氏

① 陈寅恪：《陈寅恪史学论文选集》，上海：上海古籍出版社，1992 年，第 157 页。

"衣冠南渡"江东后的一支，六世有晏之、允之、羲之、颐之、胡之、耆之、羡之、彭之、彪之；七世有崑之、晞之、玄之、凝之、徽之、操之、献之等；八世有随之、肇之、桢之、瓌之、仄之；九世有悦之、怦之、瓒之、标之、唯之、逡之、珪之；十世有秀之、延之、舆之。又据《晋书·王羲之传》，"王氏世事张氏五斗米道"[1]。至于五斗米道为何以"之"字作为道教信徒暗记，盖出于"之"字为"道"字简化。东汉末年后，道教信仰者中普遍存在用反映道教义理的字作为人名的现象，如张道陵、葛玄、郑隐等。因早期民间道教对统治阶级具有威胁，受到统治阶级的血腥镇压和严密管制，迫使早期道教教民采取较为隐晦方式标识自身身份，出现众多以"之"命名的文化现象。

魏晋南北朝时期广大门阀士族阶层开始接受并信奉天师道。据陈寅恪先生的研究，这一时期门阀士族大家中的琅琊王氏、会稽孔氏、陈郡殷氏、高平郗氏、丹阳葛氏与陶氏、吴郡杜氏、吴兴沈氏、东海鲍氏等都信奉天师道，《晋书·王羲之传》载："羲之既去官，与东土人士尽山水之游，弋钓为娱。又与道士许迈共修服食，采药石不远千里，遍游东中诸郡，穷诸名山，泛沧海。"[2] 这里提到的道士许迈也是士族出身，《晋书·王羲之传附许迈传》载："许迈，字叔玄，一名映，丹阳句容人也。家世士族，而迈少恬静，不慕仕进……后莫测所终，好道者皆谓之羽化矣。"[3] 高平郗氏郗愔、郗昙因信奉天师道还受到讥讽，《晋书·何充传》载："于时郗愔及弟昙奉天师道，而充与弟准崇信释

① （唐）房玄龄等：《晋书》，上海：上海古籍出版社，1986年，第1489页。
② 同上，第1489页。
③ 同上，第1490页。

氏，谢万讥之云：‘二郗谄于道，二何佞于佛。’”① 吴郡钱塘有杜子恭，奉行五斗米道，有秘术，擅长医术，《南史 · 沈约传》说他“通灵有道术，东土豪家及都下贵望，并事之为弟子”②。而顾恺之人生仕途道路上投靠的两位重要人物殷仲堪与桓玄同样信奉道教。《晋书 · 殷仲堪传》讲：“殷仲堪，陈郡人也……少奉天师道，又精心事神，不吝财贿，而怠行仁义，啬于周急，及（桓）玄来攻，犹勤请祷。”③ 桓玄，字敬道，小字灵宝，谯国龙亢人，从“玄”“敬道”“灵宝”这些称谓上看，已表明他的崇道倾向，为了扶植道教，他还力排佛教，指责佛教的积弊，说佛教使“天府以之倾匮，名器为之秽黩，避役钟于百里，逋逃盈于寺庙”④。顾恺之同样出身于士族家庭，据《无锡顾氏宗谱》载，顾氏祖上先后多人出仕过东吴或西晋政权。曾祖顾荣是三国时名相，祖父顾毗，晋康帝时任散骑常侍，后迁光禄卿，父亲顾悦之，历任扬州别驾，官至尚书右丞。顾恺之生活在这样一种道教信仰氛围浓厚的门阀士族环境下，每日耳濡目染受其熏陶，《晋书 · 顾恺之传》说他“尤信小术，以为求之必得”⑤，可见他对各种道教方术的痴迷。至于为何道教能在门阀士族阶层有着这么广泛影响力，主要是因为对于那些门阀士族的大家族而言，在朝廷做官可由士族内部一代代世袭，可以说，为官是他们需要承担的一项义务，因而，对这些门阀士族而言，远离人世间的尔

---

① （唐）房玄龄等：《晋书》，上海：上海古籍出版社，1986 年，第 1481 页。

② （唐）李延寿：《南史》，上海：上海古籍出版社，1986 年，第 2822 页。

③ （唐）房玄龄等：《晋书》，上海：上海古籍出版社，1986 年，第 1500—1501 页。

④ （南朝宋）僧祐编，刘立夫、魏建中、胡勇译注：《弘明集》，北京：中华书局，2013 年，第 886 页。

⑤ （唐）房玄龄等：《晋书》，上海：上海古籍出版社，1986 年，第 1525 页。

虞我诈，体验田园生活的闲适放达，追求自身生命的长生久视反而变得更加具有诱惑力。而崇道的顾恺之则将自己的道教情怀更多地融入自己的画作之中，这在其《洛神赋图》中体现得更为淋漓尽致。

《洛神赋图》的高妙之处首先体现在画者对意境的营造烘托上，在人物中间点缀有青山、绿树、水波、红日、彩霞、轻云、荷花、秋菊、鸿雁、游龙等景物以及风神、河神、女娲等神灵，使超凡梦幻的神仙意境跃然纸上，为“人神相爱”但又“虚幻不实”的主题定下基调。这一注重对意境营造的画法蕴含有深刻的道家思想，魏晋玄学家王弼说：“夫像者，出意者也。言者，明象者也。尽意莫若象，尽象莫若言。言生于象，故可以寻言以观象；象生于意，故可寻象以观意。意以象尽，象以言著。故言者所以明象，得象而忘言；象者所以存意，得意而忘象。”[①] 基于此，我国古代画家作画时尤其注重对意境的营造，关于营造意境的具体方法，常常是借助山水为画面背景，这与向往山林田野，提倡返璞归真的道教思想是分不开的，更为重要的是，道教的“道”包罗万象，因此以山水为背景更能体现出“道”的恢宏视界。老子所说的“域中四大”，即“道大，天大，地大，人亦大”[②]，将“道”视为“四大”之首，他认为“大”是“道”的一个重要属性，他说：“大白若辱，大方无偶，大器晚成，大音希声，大象无形，道隐无名。”[③] 这一思想对我国绘画艺术产

① （三国）王弼撰，楼宇烈校释：《周易注》，北京：中华书局，2011年，第414页。
② 贾德永译注：《老子》，上海：生活·读书·新知三联书店，2013年，第57页。
③ 同上，第95页。

生深远影响，一幅画作价值大小，不单取决于画面上具体景物的优劣与否，更重要的是画作所能传递给人们的意境和思想内涵。

《洛神赋图》表现出的另一高超技法是对画中人物神韵的把握。顾恺之在画人物时着力点并不是放在写实性上，而是讲究画外之意，注重人物情感表达，对此他创造出了“以形写神”的画风，而人物形体中最能体现人物内心情感之处，他认为是眼睛，提出“传神于阿睹之中”的绘画理论。据说顾恺之在画人物时总是在最后一个环节才画上眼睛，《晋书·顾恺之传》载：“恺之每画人成，或数年不点目睛，人问其故，答曰：‘四体妍蚩，本无阙少于妙处，传神写照，正在阿睹中。’”① 后来的中国古典绘画继承发扬了顾恺之这一重写意的绘画风格，这与西方古典绘画有很大差别，西方绘画讲究写实性和科学性，对所画之物的透视、明暗、立体、比例、结构都有严格要求，中国画则关注的是画作之外透漏出的情感，认为画作使鉴赏者产生情感上的共鸣比写实性本身更为重要，这可以说是道家美学在绘画中的表现，《列子·周穆王》有：

> 燕人生于燕，长于楚，及老而还本国。过晋国，同行者诳之，指城曰：“此燕国之城。”其人愀然变容。指社曰：“此若里之社。”乃喟然而叹。指舍曰：“此若先人之庐。”乃涓然而泣。指垄曰：“此若先人之冢。”其人哭不禁。同行者哑然大笑，曰：“予昔绐若，此晋国耳。”其人大惭。及至燕，真见燕国之城社，真见先人之庐冢，悲心更微②。

① （唐）房玄龄等：《晋书》，上海：上海古籍出版社，1986 年，第 1525 页。
② 陈才俊译注：《列子》，北京：海潮出版社，2012 年，第 82 页。

可见，唤起燕人伤感之情的最关键的不是庐冢本身，而是燕人内心思念亲人的真挚情感，基于此，庄子对儒家形式上繁文缛节的礼仪持以鄙夷态度，为维护人自身主体地位，他提出了"贵真"理念，《庄子·渔夫》讲道：

> 真者，精诚之至也。不精不诚，不能动人。故强哭者虽悲不哀，强怒者虽严不威，强亲者虽笑不和。真悲无声而哀，真怒未发而威，真亲未笑而和。真在内者，神动于外，是所以贵真也。其用于人理也，事亲则慈孝，事君则忠贞，饮酒则欢乐，处丧则悲哀①。

关于洛神之美，《洛神赋》描绘有："其形也，翩若惊鸿，婉若游龙……披罗衣文璀璨兮，珥瑶碧之华琚。戴金翠之首饰，缀明珠以耀躯。践远游之文履，曳雾绡之轻裾。"② 顾恺之通过表现衣纹走势和衣带飘动来衬托洛神飘逸灵动的美感，被称为"春蚕吐丝"技法，衣纹的线条像春蚕吐出来的丝在绘图空间中摆动，赋予画面以动感。这种技法的运用体现了道家"以柔为美"的审美旨趣，道家赞美水、婴儿和女性，认为这些事物具有"柔"的属性，象征着旺盛的生命力。另外，依据道家理论，"美"是凭借自身审美情趣，通过调动个人无限想象空间而感知的，实体化、对象化的美仅仅是"美"的低级形式。《庄子·知北游》中，一位称作"知"的人就"懂道""合道""得道"的问题先后发问于无为谓、狂屈和黄帝，黄帝最终的回答可谓道出

① 《老子·庄子》，北京：北京出版社，2006年，第375—376页。
② 华业编：《中华千年文萃·赋赏》，北京：中国长安出版社，2007年，第219页。

了“道”的真谛：

> 知谓黄帝曰：“吾问无为谓，无为谓不我应。非不我应，不知应我也。吾问狂屈，狂屈中欲告我而不我告，非不我告，中欲告而忘之也。今予问乎若，若知之，奚故不近?”黄帝曰：“彼其真是也，以其不知也；此其似之也，以其忘之也；予与若终不近也，以其知之也。”①

上文揭示了“道”并不是一种对象化的存在，也不能用具体的言语来表述，只有通过个人的体悟加以把握。体现在中国古典绘画中，就是画者往往以委婉曲折的方式来表现所画之物的美或画作主题。

图 3.15　洛神赋图（局部）

顾恺之晚年应当来过广元苍溪云台山，并作有《画云台山记》一文，据文本，画面以“张道陵七试赵升”为创作元素，立足于揭示古典山水画的理论和技巧，此文因收录于唐代张彦远的《历代名画记》中而得以保存：

---

① 《老子·庄子》，北京：北京出版社，2006 年，第 314 页。

画云台山记

山有面，则背向有影。可令庆云西而吐于东方。清天中，凡天及水色尽用空青，竟素上下以映日。西去山，别详其远近。

发迹东基，转上未半，作紫石如坚云者五六枚，夹冈乘其间而上，使势蜿蜒如龙，因抱峰直顿而上。下作积冈，使望之蓬蓬然凝而上。次复一峰是石，东邻向者峙峭峰，西连西向之丹崖，下据绝涧，画丹崖临涧上。当使赫巘隆崇，画险绝之势。天师坐其上，合所坐石及荫。宜涧中桃傍生石间。画天师瘦形而神气远，据涧指桃，回面谓弟子。弟子中有二人临下，侧身大怖，流汗失色。作王良，穆然坐答问，而赵升神爽精诣，俯眄桃树。又别作王、赵趋，一人隐西壁倾岩，余见衣裾。一人全见室中，使轻妙泠然。凡画人，坐时可七分，衣服彩色殊鲜微，此正盖山高而人远耳。

中段，东面丹砂绝崿及荫，当使嵃峭高骊，孤松植其上。对天师所，壁以成涧，涧可甚相近。相近者，欲令双壁之内，凄怆澄清，神明之居，必有与立焉。可于次峰头作一紫石亭立，以象左阙之夹高骊绝崿。西通云台以表路，路左阙峰，以岩为根，根下空绝，并诸石重势，岩相承以合。临东涧，其西，石泉观，乃因绝际作通冈，伏流潜降，小复东出，下涧为石濑，沦设于渊。所以一西一东而下者欲使自然为图。云岩西北二面可一图冈绕之，上为双碣石，象左右阙。石上作狐游生凤，当婆娑体仪，羽秀而详，轩尾翼以眺绝涧。

后一段，赤岓，当使释牟如裂电，对云台西凤所临壁以成涧，涧下有清流，其侧壁外作一白虎，匍石饮水，后为降势而绝。

凡三段山，画之虽长，当使画甚促，不尔不称。鸟兽中时有用之者，可定其仪而用之。下为涧，物景皆倒。作清气，带山下，三分居一以上，使耿然成二重①。

吴道子，字道玄，阳翟（今河南禹州）人，盛唐时期最负盛名的画家，出身卑微，幼年父母双亡，早年曾随张旭、贺知章学习书法，后在长安、洛阳两地从事壁画创作，因其精湛绘画才能，开元年间被唐玄宗招入宫中。吴道子的画作开创了一种新的运笔方式，线条简练，变化多端，富有节奏感，具有强烈的写意性，业内人士将此笔法称作“兰叶描”，线条表现衣服褶纹更加洒脱自然，使人物衣饰有轻盈飞舞之感，此画风被冠以“吴带当风”的美誉，后人将他与张僧繇合称“疏体”代表，以区别顾恺之和陆探微的“密体”。关于吴道子画作，大文豪苏轼评价：“诗至于杜子美，文至于韩退之，书至于颜鲁公，画至于吴道子，而古今之变，天下之能事毕矣。”② 因吴道子在绘画创作中取得的卓越成就，被后世尊奉为“画圣”，他创作的主要绘画题材为道释画，代表作有《送子天王图》《八十七神仙卷》（有争议），探究其作品，可以挖掘出深刻的道家及道教意蕴。

吴道子画作中“兰叶描”式的线条用笔精练，虽寥寥数笔，通过线条的提按、转折、粗细赋予了线条以生命力，使所画之物的量感、立体感和运动感都得以表现，他的画也常常不施粉墨重

① 梁大忠编：《道教圣地广元》，北京：中国文史出版社，2013 年，第 213—214 页。

② （宋）苏轼：《东坡题跋》，杭州：浙江人民美术出版社，2016 年，第 168 页。

彩，多以“墨踪为之”，开创了我国白描画和水墨画的绘画形式。这些作画特点蕴含着道家所讲的“大道至简”的原则，线条的多寡并不是画作成功与否的关键，重要的是把握住绘画中的“道枢”，即“枢始得其环中，以应无穷”①。具体说来，是道家所讲的“无”的价值，《道德经》讲：“三十辐，共一毂，当其无，有车之用。埏埴以为器，当其无，有器之用。凿户牖以为室，当其无，有室之用。故有之以为利，无之以为用。”② 魏晋玄学家王弼更明确提出“以无为本”的理念，他说：“天下之物，皆以有为生，有之所始，以无为本。将欲全有，必反于无也。”③ 这些思想给吴道子以启示，培养了他以简练笔法以展现画作灵魂的画风。

自魏晋以来，“春蚕吐丝”“曹衣出水”的画风已成为把握人物衣饰纹理走势的程式化画法，吴道子在借鉴前人的基础上又做创新，形成自己独特的“吴带当风”画法，所画人物、衣袖、飘带具有迎风起舞的灵动飘逸之感，这种画风的形成应与吴道子早年向张旭学习狂草有关，是道家所追求的无拘无束、奔放不羁意境的画面表达。正如《庄子·逍遥游》中所描写的“大”的境界：“北冥有鱼，其名曰鲲。鲲之大，不知其几千里也；化而为鸟，其名为鹏。鹏之背，不知其几千里也；怒而飞，其翼若垂天之云……鹏之徙于南冥也，水击三千里，抟扶摇而上者九万里，去以六月息者也。”④ 此种笔法上的张扬也是画者自身情感

① 《老子·庄子》，北京：北京出版社，2006年，第181页。

② 贾德永译注：《老子》，上海：生活·读书·新知三联书店，2013年，第25页。

③ （三国）王弼注，楼宇烈校释：《老子道德经注校释》，北京：中华书局，2008年，第110页。

④ 《老子·庄子》，北京：北京出版社，2006年，第173页。

的宣泄，相较于顾恺之画作的婉约，吴道子则更显豪放，画如其人，他自身的性格特点已深深浸润进画作之中。

从吴道子的代表作《送子天王图》看，该图完美地展现了将外来宗教本土化、世俗化的特点。《送子天王图》分为两大部分，前一部分展现的是天王传唤送子之神的情景，后一部分是净饭王抱着刚出生的孩子与摩耶夫人一同拜谒天王的场景。尽管画面的人与神都属西方佛国之域，却完全是中国人的相貌和装束特点，净饭王与摩耶夫人就是中国皇帝与皇后的装扮，天王的形象更像是中国道教中的玉皇大帝，其他的侍从也是中国古代侍女、官员的形象，连其中的瑞兽也像是中国龙的变体。这体现了吴道子立足于本土的现实主义创作理念，这与他的道教信仰是分不开的，道教具有神圣性与世俗性双重特点，即向往着超脱人世，进入逍遥自在的仙界之境，又不放弃追求现世当下的幸福生活，这种矛盾表现在绘画中，就是强烈地立足于现实的本土意识，用中国人特有的理解方式和表现形式来传达佛教的思想理念。可以说，道教的这一特点赋予了国人性格中理想性与现实性的完美统一，佛教的中国化也是这种价值取向或思维模式作用的结果。

图 3.16　送子天王图（局部）

二　三台云台观壁画《二十四孝图》

通过对川北地区大大小小几十处道观的田野考察，笔者发现这些道观中绘有壁画的并不多见，究其原因，一方面因为川北的道观多分布在偏远罕至山区，规模较小，形式上也较质朴，多是为了满足附近乡民祈福消灾的道教信仰需要，道观本身并不追求过多的奢华艺术装饰。另一方面，川北地区的道观绝大多数也是改革开放后响应国家宗教政策而陆续重建的，笔者在走访过程中，发现很多道观的建筑还在不断增饰中，作为更高雅的壁画艺术还待以后慢慢施绘。这其中，具有代表性的道观壁画当属绵阳三台云台观的《二十四孝图》，此壁画位于进入三合门后的一进院落两侧廊道的墙壁上，壁画共二十四幅，每幅反映“二十四孝”中的一个故事，均由画题、文字介绍和画面三部分构成，以形象生动的方式向人们传递我国古代的孝道文化，潜移默化中达到教化世人的目的。壁画所在区域又称作“十殿”，属云台观地、人、天三界格局的地界区段，道教认为主管阴曹地府的有十个掌控者，分别为：一殿秦广王、二殿楚江王、三殿宋帝王、四殿五官王、五殿阎罗王、六殿卞城王、七殿泰山王、八殿都市王、九殿平等王、十殿转轮王。此处还设有黑白无常祀堂，里面的塑像面目狰狞，甚是恐怖。《二十四孝图》壁画绘于此更好地渲染出冥界神圣空间的意涵，达到警示世人的目的，告诫那些不奉行孝道的子孙，死后将进阴曹地府受尽鬼神折磨。

《二十四孝图》源于元代郭居敬编著的《全相二十四孝诗选集》，作者从历代选取具有典型意义的二十四位孝子形象，其题材大都源于西汉刘向编的《孝子传》，此外，《艺文聚类》《太平御览》《搜神记》等书也有取材，后世又将这二十四则故事配上图，即《二十四孝图》。故事中的人物最早上溯至远古虞舜时代，下至北宋时期，从故事发生的地域看，东至现在的山东境内，如“卧冰求鲤”“啮齿痛心”，西至如今的四川，如“涌泉跃鲤”，北至河北，如“乳姑不怠”，南至湖北、江西，如“戏彩娱亲”“怀橘遗亲”。

a. 拾葚异器

b. 怀橘遗亲

c. 恣蚊饱血

d. 啮齿痛心

图 3.17　三台云台观壁画《二十孝图》(部分)

“孝”是儒家思想体系得以建构的一块基石，按照儒家的修身→齐家→治国→平天下这一修持路径，修身是第一步，而能够奉行孝道则是修身的核心内容，《孝经·开宗明义》讲："夫孝，德之本也，教之所由生也。"[①]《孝经·三才》曰："夫孝，天之经也，地之义也，民之行也。"[②] 孔子讲："其为人也孝悌，而好犯上者，鲜矣；不好犯上，而好作乱者，未之有也。君子务本，本立而道生。孝悌也者，其为仁之本欤。"[③] 孔子嫡孙子思继承了孔子孝道思想，认为"仁者人也，亲亲为大"[④]，指出对长辈尽孝是仁者最重要的表现，子思后学孟子也持相同观点，讲"事，孰为大？事亲为大"[⑤]。

早期的民间道教同样劝导世人要行孝道，其经典《太平经》讲："孝善之人，人亦不侵之也。侵孝善之人，天为治之。"[⑥] 进入魏晋南北朝时期，道教经历了一个由民间道教向官方道教的改造过程，为了维护统治阶级自身利益，道教大量引入儒家思想构建自己的神学体系，对儒家提倡的孝道也极为推崇，不同之处在于道教将行孝与个人的长生成仙联系在一起。葛洪讲："欲求仙者，要当以忠孝和顺仁信为本。若德行不修，而但务方术，皆不得长生也。"[⑦]《无上秘要》云："父母之命，不可不从，宜先从之。人道既备，余可投身。违父之教，仙无由成。"[⑧] 又有从道

① 汪受宽译注：《孝经译注》，上海：上海古籍出版社，2016年，第1页。
② 同上，第30页。
③ 李史峰编：《四书五经》，上海：上海辞书出版社，2007年，第17页。
④ 同上，第10页。
⑤ 万丽华、蓝旭译注：《孟子》，北京：中华书局，2006年，第163页。
⑥ （汉）于吉撰，杨寄林译注：《太平经》，北京：中华书局，2013年，第1912页。
⑦ （晋）葛洪撰，张松辉译注：《抱朴子内篇》，北京：中华书局，2011年，第103页。
⑧ 《无上秘要》卷15，《道藏》第25册，第33页。

性角度来谈孝悌之道的,《太上灵宝首入净明四规明鉴经》说:“道者性所有,固非外而烁;孝悌道之本,固非强而为。得孝悌而推之忠,故积而成行,行备而造日充,是以尚士学道,忠孝以立本也,本立而道日生也。”① 仿儒家的修、齐、治、平的修持层次,道教也有一套自己的修持位阶,《太上洞玄灵宝智慧本愿大戒上品经》讲:

> 夫学道之为人也,先孝于所亲,忠于所君,悯于所使,善于所友,信而可复,谏恶扬善,无彼无此,吾我之私,不违外教,能事人道也;次绝酒肉、声色、嫉妒、杀害、奢贪、骄恣也;次断五辛伤生滋味之肴也;次令想念兼冥,心睹清虚也;次服食休粮,奉持大戒,坚质勤志,导引胎息,吐纳和液,修建功德②。

以下从“二十四孝”图中选取体现有道家元素的“戏彩娱亲”“亲尝汤药”和“骨父感诚”三幅做一番品鉴。

(一) 戏彩娱亲

“戏彩娱亲”故事的主人翁是老莱子,已七十多岁高龄,与近百岁父母隐居于楚国蒙山,为了能一直陪在父母身边,他一再谢绝楚惠王的出仕请求。生活中老莱子想尽一切办法逗得两位老人开心,有一次,他偷听到二老私下谈话中感慨自身已年老体衰,不能长久陪伴自己儿子而忧心伤感,此时的老莱子更是心如刀割,尽管父母身体尚还硬朗,但若每日如此烦忧,对二老的健康状况势必产生影响,于是他便想方设法逗父母开心。他穿上用

---

① 《太上灵宝首入净明四规明鉴经》,《道藏》第24册,第614页。
② 《太上洞玄灵宝智慧本愿大戒上品经》,《道藏》第25册,第142页。

五彩斑斓的布条缝缀成的衣服，手里拿着拨浪鼓，如同孩童一般在父母面前手舞足蹈，二老被他这一滑稽行径逗得前俯后仰，感觉自己也像是回到了年轻时代。还有一次，老莱子在挑水时不小心滑倒，在一旁端坐着的父母一阵惊吓，老莱子顿时急中生智，作出一副嗷嗷待哺的婴儿状在地上打滚啼哭，父母也知是虚惊一场，被这一滑稽场景又一次逗乐了。云台观中《戏彩娱亲》的壁画就是描绘的此场景，画面中一位留着山羊胡的老者正俯身趴在地面上，抬头望着父母，一副无辜顽皮的表情，两位老人作双手合十姿势，露出欣慰笑容，像是在念叨着："没大碍就好，儿快起来吧！谢天谢地啊！"整幅壁画构图虽然简单，却将老莱子滑稽幽默的赤子之心形象以及一家人其乐融融的家庭氛围表现得淋漓尽致，笔者自身也深有感触，在父母晚年，自己放弃一些人生追求，能多陪在他们身边其实就是人生莫大幸福。

老莱子本是先秦时期一位道家人物，奉行"无为""守柔""自由超脱"等理念，但他又是如何演变为一位孝子形象的呢？关于他的记载，《庄子·外物》有："老莱子之弟子出薪，遇仲尼，反以告，曰：'有人于彼，修上而趋下，末偻而后耳，视若营四海，不知其谁氏之子。'老莱子曰：'是丘也，召而来。'"[①]《战国策·或谓黄齐》记有："公不闻老莱子之教孔子事君乎？示之其齿之坚也，六十而尽相靡也。"[②] 秉持严谨修史态度的司马迁将老莱子的情况列于老子之后，说他"亦楚人也，著书十

① 《老子·庄子》，北京：北京出版社，2006年，第353页。
② （汉）刘向编，（宋）姚宏、鲍彪等注：《战国策》，上海：上海古籍出版社，2015年，第331页。

五篇，言道家之用，与孔子同时云”①。西汉刘向《列女传》说他与妻子本生活在蒙山，楚王请其出仕，他答应了楚王，他的妻子却对他说；“可食以酒肉者，可随以鞭捶；可授以官禄者，可随以铁钺。今先生食人酒肉，授人官禄，为人所制也，能免于患乎？”② 老莱子认为妻子所言极是，为了躲避楚王，举家又迁至江南之地，“鸟兽之解毛，可绩而衣之。据其遗粒，足以食也”③，于是与妻子继续过着隐居安逸生活。从这些早期文献记载看，老莱子是与孔子同时代的一位道家学派思想家和隐者，并未提及他娱孝双亲之事，“戏彩娱亲”的故事当是后世附会。

图 3.18　壁画《戏彩娱亲》

① （汉）司马迁：《史记》，北京：线装书局，2010 年，第 1039 页。

② （汉）刘向编，张涛译注：《列女传译注》，北京：人民出版社，2017 年，第 97 页。

③ 同上。

老莱子娱孝双亲之事较早的文献记载在唐时的《艺文聚类》中："老莱子孝养二亲，行年七十，作婴儿自娱，着五彩衣裳，取浆上堂跌仆，固卧地为小儿啼，或弄雏鸟于亲侧。"[①] 南朝宋时著名孝子师觉授著有《孝子传》，其上也讲到"戏彩娱亲"的故事，但原书早已亡佚，《太平御览》引有其佚文："老莱子者，楚人，行年七十，父母俱存。至孝蒸蒸，常着斑斓之衣，为亲取饮，上堂脚跌，恐伤父母之心，因僵仆为婴儿啼。孔子曰：'父母老，常言不称老也，为其伤老也。'若老莱子可谓不失孺子之心矣。"[②] 由此知，南朝时期"戏彩娱亲"的故事已流行开来，另从目前出土的东汉墓室壁画实物看，此故事的产生还要更早。孝道题材画作在东汉墓室中十分普遍，嘉祥武梁祠石壁上的"老莱子娱亲"就是其中代表，画上注有题榜："老莱子楚人也，衣服斑连。婴儿之态，令亲有欢。君子之孝，孝莫大焉。"可以推断，"戏彩娱亲"故事形成于东汉时期并非偶然，这与当时的时代精神密切相关。自汉武帝接受了董仲舒的"罢黜百家，独尊儒术"的建议，官方层面上积极以儒家思想来导民化世，大力推行"以孝治天下"的政策，汉代举孝廉制度将孝子与廉吏作为选拔人才的标准，社会上形成一股重视孝道的舆论氛围，孝子成为人们争相效仿的楷模，为了树立孝子的典型形象达到教化民众的目的，这一时期杜撰了不少有关孝子的故事，按照《孝经》中的要求，"居则致其敬，养则致其乐，病则致其忧，丧则

① （唐）欧阳询：《艺文聚类》，爱如生数据库，文渊阁《四库全书》本，第286页。

② （宋）李昉编：《太平御览》，爱如生数据库，《四部丛刊三编》景宋本，第2537页。

致其哀，祭则致其严，五者备矣，然后能事亲”①，老莱子“戏彩娱亲”的故事就是依“养则致其乐”的标准而编撰的。至于为何选择老莱子作为创作素材，大概由于他在道家学派中的崇高地位，更有利于达到教化世人的作用。

关于老莱子与老子是否为同一人，学术界一直争论未休，从《庄子》一书有“老聃”与“老莱子”不同称谓看，二者应不是同一人。《史记·仲尼弟子列传》说：“孔子之所严事：于周则老子；于卫，蘧伯玉；于齐，晏平仲；于楚，老莱子；于郑，子产；于鲁，孟公绰。数称臧文仲、柳下惠、铜鞮伯华、介山子然，孔子皆后之，不并世。”② 在此“老子”与“老莱子”分别提到，可见司马迁也认为二者非同一人，但从其各自学说思想上看，都秉持道家的“无为”“贵柔”“重隐”等思想理念，又都与孔子同一时代，似乎持同一人之说也有道理，限于笔者的学术水平在此就不做深究。

（二）亲尝汤药

汉文帝刘恒继承皇位前，被分封在偏远的北方边塞地区的代郡，在刘邦的众多子女中，刘恒并不受重视，加之刘邦死后飞扬跋扈的吕后对刘邦家族成员大肆迫害，使刘恒处境更加危难，好在刘恒与其母亲薄氏处事向来低调，奉行守柔不争的政治理念，吕后并未将他们视作威胁自身的最大政治力量，还没来得及把主要精力投入到他们身上而先于他们辞世，使他们母子二人能在残酷的政治斗争下得以保全。在代郡，刘恒与母亲相依为命，对母亲的关照无微不至。有一段时间薄氏得了一场重病，前后长达三

① 汪受宽译注：《孝经译注》，上海：上海古籍出版社，2016 年，第 53 页。
② （汉）司马迁：《史记》，北京：线装书局，2010 年，第 1067 页。

年时间，刘恒每日必亲自为母亲煎熬汤药，为了解药性，他每给母亲喂药前要自己先尝一尝，确保没有问题后才给母亲服用，在母亲休息时也要一直陪在床边，生怕下人有服侍不周地方。后世有诗颂曰："仁孝闻天下，巍巍冠百王。汉庭事贤母，汤药必先尝。"① 壁画《亲尝汤药》描绘的就是刘恒正在为母亲尝汤药时的情景，画面上一位老妇人正瘫卧在床上，神情痛苦而忧虑，刘恒左手拿着碗，右手食指正放入嘴边，一旁的侍从注视着他，随时待命，整幅壁画人物大小比例关系处理得当，使画中人物间前后关系的空间感很好地表现出来。

望母塔与汉文帝霸陵可视作见证文帝孝行的物化载体，望母塔位于咸阳礼泉县烽火镇，又称作薄太后塔，今塔为唐末时期原址重建，最初为汉文帝下令营建，因母亲薄太后不喜宫中尔虞我诈生活，故常年居住于刘邦早年为其建的行宫红觉院里，即望母塔所在地，每当文帝思母心切之时，即从长安城远眺咸阳方向，见塔如见母，两千多年过去了，沧海桑田，望母塔却已成为一种孝道文化符号。另汉文帝的陵墓霸陵与其母墓的形局也有特殊意涵，文帝先于母亲去世，为了死后能与母亲在一起继续行孝道，他嘱咐手下人按照"顶妻背母"方式安置陵墓方位，薄太后的墓最后选在文帝霸陵的南方，形如文帝背母状，可见文帝对母亲深切的爱。

① （明）张瑞图校：《新锲类解官样日记故事大全》，爱如生数据库，日本宽文九年覆明万历刊本，第21页。

图 3.19　壁画《亲尝汤药》

汉文帝的孝母情结也潜移默化地影响着其子民，在其执政期间，孝女缇萦曾上书，指出肉刑种种弊端，愿意身充官婢代父受肉刑之苦，据《史记·扁鹊仓公列传》载：“妾切痛死者不可复生而刑者不可复续，虽欲改过自新，其道莫由，终不可得。妾愿入身为官婢，以赎父刑罪，使得改行自新也。”① 汉文帝为缇萦孝心感动，废除肉刑和连坐刑律，“缇萦救父”的故事在当时也传为佳话，东汉史学家班固曾赞曰：“百男何愦愦，不如一缇萦。”②

文帝对母亲的孝行反映了他自身悲天悯人的人文主义情怀，

① （汉）司马迁：《史记》，北京：线装书局，2010 年，第 1442 页。
② （汉）司马迁：《史记》，上海：上海古籍出版社，2016 年，第 2129 页。

根据《逸周书·谥法解》其谥号“文”的含义：“经纬天地曰文，道德博闻曰文，学勤好问曰文，慈惠爱民曰文，愍民惠礼曰文，赐民爵位曰文。”[①] 其继任者汉景帝评价他“德厚侔天地，利泽施四海”[②]。明代学者谢肇淛评价：“三代以下之主，汉文帝为最；光武、唐太宗次之；宋仁宗虽恭俭，而治乱相半，不足道也。”[③] 这些都说明他在治国理政上取得的成就，主要体现了他“与民休养生息”“省苛事，薄赋敛，毋夺民时”的道家黄老思想治国理念。

对黄老思想的政治实践首先体现在文帝对民众的仁爱上，他把民生问题作为自己执政的重中之重，曾下诏曰：“而吾百姓鳏寡孤独穷困之人或阽于死亡而莫之省忧。为民父母将何如？其议所以振贷之……年八十已上，月赐米人月一石……九十已上，又赐帛人二匹……遣都吏循行，不称者督之。”[④] 为了恢复秦汉之际战乱导致的濒于崩溃的经济，汉文帝大力减轻人民赋税，将之前的“十五税一”降为“三十税一”，于汉文帝十三年（前167）起全部免去田税，又下诏“丁男三年而一事”，将成年男子的徭役由每年一次改为每三年一次。文帝还对一些残忍而不合时宜的酷刑进行革除，废除连坐与收孥之法，《史记·孝文本纪》云：“法者，治之正也，所以禁暴而率善人也。今犯法已论，而使毋罪之父母妻子同产坐之，及为收孥，朕甚不取，其议

① （晋）孔晁注：《逸周书》卷6，爱如生数据库，《四部丛刊》景明嘉靖二十二年本，第32—33页。

② （汉）班固：《汉书》，北京：中华书局，1962年，第137—138页。

③ （明）谢肇淛：《五杂组》卷1，爱如生数据库，明万历四十四年潘膺祉如韦馆刻本，第252页。

④ （汉）班固：《汉书》，北京：中华书局，1962年，第113页。

之。”① 关于肉刑之法，将黥刑以剃去头发做苦工来替代，劓刑改为打三百大板，刖刑改为打五百大板，只有罪行特别严重的才判以死刑。

对战争的认识，汉文帝鲜明地继承了老子的观点，“兵者不祥之器，非君子之器，不得已而用之”②，指出：“且兵凶器，虽克所愿，动亦秏病，谓百姓远方何？又先帝知劳民不可烦，故不以为意。朕岂自谓能？今匈奴内侵，军吏无功，边民父子荷兵日久，朕常为动心伤痛，无日忘之。今未能销距，愿且坚边设侯，结和通使，休宁北陲，为功多矣。”③ 基于此，他与匈奴实行“和亲”“划界分而治之”的修好政策，为大汉王朝休养生息创造了有利条件。

以今日民主视角审视，汉文帝一定程度上为其民众营造了较为宽松的言论自由环境，废除了“诽谤妖言之罪”，要求从此以后“有犯此者勿听治”。他还希望自己的臣下能开诚布公积极献计献策，推崇“狂夫之言，明主择焉”，认为“言者不狂，而择者不明，国之大患，故在于此。使夫不明择于不狂，是以万听而万不当也”④。在当时的历史环境下能做到如此开明实属难能可贵。

“节俭持国”“不好大喜功”是汉文帝治国理政的又一大特点，在其执政的 23 年中，宫室、苑囿、狗马、服御等无所增益，预建造一个露台，但“召匠计之，直百金。上曰：‘百金中民十家之产。吾奉先帝宫室，常恐羞之，何以台为。’”⑤ 于是也没有

① （汉）司马迁：《史记》，北京：线装书局，2010 年，第 184 页。
② 贾德永译注：《老子》，上海：生活 · 读书 · 新知三联书店，2013 年，第 71 页。
③ （汉）司马迁：《史记》，北京：线装书局，2010 年，第 513 页。
④ （汉）班固：《汉书》，北京：中华书局，1962 年，第 2283 页。
⑤ （汉）司马迁：《史记》，上海：上海古籍出版社，2016 年，第 355 页。

建成。当有人向其进献千里马时，又回绝说：“朕不受献也，其令四方毋求来献。”[①] 在陵冢的营建上，他嘱咐要从简，认为人的生死是自然现象，无须过度增益粉饰陵冢，“治霸陵皆以瓦器，不得以金银铜锡为饰，不治坟，欲为省，毋烦民。”[②] 不仅自己节俭，文帝对其身边人也如此要求，他宠幸的慎夫人，“令衣不得曳地，帏账不得文绣，以示敦朴，为天下先”[③]。

通过汉文帝对黄老思想的政治实践，使汉王朝开始由弱小走向强盛，开创了中国历史上第一个盛世——文景之治，为后面汉武帝成就霸业奠定了坚实基础，这不得不归功于这位充满着道家智慧的孝子皇帝汉文帝刘恒。

（三）骨父感诫

云台观壁画并没有二十四孝中的“埋儿奉母”，取而代之的是二十四孝中本没有的道丕禅师“至孝感白骨”的壁画，这反映了道教并不是无原则地将其他思想体系里的东西都吸纳进来，而是根据自身教理教义及时代特征做出变通性的取舍和改造。道教将“生命”现象视作宇宙间最为神奇和可贵之事，围绕生命的保养和延长衍生出繁多的道教方术，《度人经》讲“仙道贵生，无量度人”[④]，《老子想尔注》说“生，道之别体也”[⑤]，将生命视作“道”的一种表现形式。宋末元初之际，全真教领袖丘处机为了阻止成吉思汗的杀戮行为，远赴千里之外劝诫。“埋

---

① （汉）班固：《汉书》，北京：中华书局，1962 年，第 2282 页。
② （汉）司马迁：《史记》，上海：上海古籍出版社，2016 年，第 355 页。
③ 同上。
④ 《灵宝无量度人上品妙经》卷 1，《道藏》第 1 册，第 5 页。
⑤ 刘昭瑞：《〈老子想尔注〉导读与译注》，南昌：江西人民出版社，2012 年，第 131 页。

儿奉母”的故事是讲孝子郭巨为了孝敬母亲，把辛苦挣来的好吃的留给母亲，而母亲却每次都让给自己的孙子享用，郭巨不忍心看着母亲每日粗茶淡饭的生活，于是将自己的亲生儿子埋了以便更好地供养母亲，这种尽孝的方式在道教看来简直就是愚孝，是对神圣生命的践踏，因此云台观《二十四孝》壁画中未有此孝。

唐朝僧人道丕禅师在刚满周岁那年，父亲战死在霍山战场，二十年后，道丕禅师母亲对他说：“你父亲在霍山战死，尸骨尚还暴露在风霜中，你能把他寻回来让他入土为安吗?”道丕禅师来到霍山，此时的战场只见一堆堆白骨，一片凄惨苍凉之貌，如何才能找寻到父亲的尸骨?他对自己默默说：“古人精诚的感应，有滴血认骨的事，如今我以至诚之心诵念经书，看父亲能否在天有灵，如果他能感应到自己儿子的到来，其尸骨就会动起来。”于是他就地打坐，精诚地诵读佛经，几天后果然有一具骷髅从骨堆中钻出来，摇动了许久，道丕禅师确定这就是他要找的父亲尸骨，将其运回了家乡。据说就在找到尸骨这天晚上，道丕禅师的母亲还梦见了丈夫归家的情景。壁画《骨父感诚》以大山作为画面背景，道丕禅师身穿黄色僧衣，做双手合十状，正在凝视着前方霍山脚下的一堆堆骷髅白骨，画面中仅大山、和尚、白骨、草地四种构图元素，却营造出了极其凄凉哀伤之意境，通过这一意境可以把握住道丕禅师当时的内心情感世界。

图 3.20　壁画《骨父感诚》

除了为父亲安顿尸骨，道丕禅师对母亲也孝敬有加，为逃避乱世，他背起母亲来到华山隐居，平时靠化缘供养母亲，为了能让母亲吃得更多，他自己辟谷不食，其事迹记录在《宋高僧传》中：

> 释道丕，长安贵胄里人也，唐之宗室……年始周晬，父将命汾晋，会军至于霍山，没王事……七岁，忽绝荤羶，每游精舍，怡然忘返。遂白母往保寿寺，礼继能法师，尊为轨范。九岁，善梵音礼赞。是岁襄宗幸石门，随师往迎驾。十九岁，学通《金刚经》义，便行讲贯。又驾迁洛京，长安焚荡，遂背负其母，东征华阴。刘开道作乱，复荷母入华山，安止岩穴。时谷麦勇贵，每斗万钱。丕巡村乞食，自专胎息，唯供母食。母问还食未，丕对曰："向外斋了。"恐

伤母意，至孝如此①。

由上可见，道教宫观壁画试图借助这些形象的图面信息达到教化世人、敦风化俗、营造意境的效果，较冗繁深奥的经书，道教宫观壁画确实更好地发挥出传道、教化的功能，是道教建筑神圣空间生成不可或缺的要素。

第三节 川北道教建筑楹联的义理内涵

楹联作为我国古代传统文化的重要物质载体，内含着深刻的哲学意涵，其上下联字数相等、词性相对、平仄相拗的特点，是《易经》中所讲的“太极生两仪”“一阴一阳之谓道”思想的物化，另老子讲“万物负阴而抱阳，冲气以为和”②，荀子说“天地合而万物生，阴阳接而变化起”③，《黄帝四经》中的“天地之道，有左有右，有牝有牡”④ 等思想通过楹联这一形式都得以完美诠释。一般认为，楹联是由秦汉之际的桃符演变而来，那时人们有悬挂桃符于户门两侧的习俗。所谓桃符，根据《淮南子》记载，是一种桃木制作的木板，宽一寸，长七八寸，木板上画上传说中降鬼之神神荼和郁垒的画像，分别悬挂在户门的左右两侧，古人认为可以驱鬼镇邪，可知，楹联一开始就与道教间有着

---

① （宋）释赞宁：《宋高僧传》卷 17，爱如生数据库，大正新修大藏经本年，第 198 页。

② 贾德永译注：《老子》，上海：生活 · 读书 · 新知三联书店，2013 年，第 98 页。

③ 王威威译注：《荀子》，上海：生活 · 读书 · 新知三联书店，2014 年，第 208 页。

④ 陈鼓应：《黄帝四经今注今译》，北京：商务印书馆，2016 年，第 367 页。

深厚渊源。道教宫观普遍设有楹联，多设置在山门、殿堂入口及神像两侧，楹联内容多涵盖道教义理、教义、神仙故事等，除了增饰建筑本身外，这些楹联还潜移默化地传递着道教思想和文化，提升了宫观的整体文化品位，营造出道教建筑空间的神圣性。楹联主要是借助书法艺术得以表现，接下来笔者主要从道家及道教对书法艺术的影响及川北宫观楹联内容思想内涵两方面做较为深入探究。

一　道家思想与书法创作

（一）道家辩证观与书法

一幅书法作品的生成过程，首先考验书写者的是对“黑”与“白”，“实”与“虚”关系的把握，如整幅书法的谋篇布局、大字与小字间的搭配以及字与字间隙大小等，这些直接关系到书法作品的优劣及品级，需要书者在落笔前就要做到成竹在胸。这其中蕴含着丰富的道家辩证法思想，老子讲“有无相生”“知其白，守其黑”，用在书法上，则揭示出书法创作中黑字与白纸间相辅相成、相得益彰的辩证关系，黑字得以彰显依赖于白纸的陪衬，如全为黑色，字体也被湮没其中，更无美感可言，所以老子又说“有之以为利，无之以为用”[①]，只有处理好这种“有”与“无”的关系，才能体现出书法的线条之美来，关于字体与留白的关系，又有“疏处可以走马，密处不使透风”[②] 之

① 贾德永译注：《老子》，上海：生活·读书·新知三联书店，2013 年，第 25 页。

② （清）包世臣：《艺舟双楫》卷 5，爱如生数据库，清道光安吴四种本，第 74 页。

说，需要具有一定造诣的书法家在书写实践中灵活处理。

书法创作的辩证性不仅体现于黑字与留白上，在墨法上，墨有干湿、浓淡、润燥之分，需根据书法表现主题做到恰当取舍。笔法上，需有正有斜、有急有缓、有藏有露、有提有按，这样写出的字才能刚柔兼济、方圆兼容。在结体上，需讲究平衡照应，清代书法家朱和羹《临池心解》有："作字如应对宾客，一堂之上，宾客满座，左右照应，宾不觉其寂，主不失之懈。"[①] 关于如何处理好书法创作中的辩证关系问题，唐代书法理论家孙过庭《书谱》论述到：

> 违而不犯，和而不同。留不常迟，遣不恒疾。带燥方润，将浓遂枯。泯规矩于方圆，遁钩绳之曲直。乍显乍晦，若行若藏。穷变态于毫端，合情调于纸上[②]。

（二）道家自然观与书法

道家的自然观渗透到书法的方方面面。从书法的渊源上探究，最早可推及文字的创造发明，而文字的产生是人类社会发展到一定阶段后的现实需要，这是一个自然过程，正如清代岭南学者陈醴《东塾读书记》中的论述："声不能传于异地，留于异时，于是乎书之为文字。文字者，所以为意与声之迹也。"[③] 自文字产生，大致经历了甲骨文、金文、大篆、小篆、隶书、楷书的流变路径，这一变化也是一种自然发展过程。例如，秦代小篆的推行是为了适应秦朝大一统的政治需要，汉隶替代小篆，将汉

---

① （清）朱和羹：《临池心解》，线装书社，第15页。

② （唐）孙过庭，（宋）姜夔撰，陈硕评注：《书谱·续书谱》，杭州：浙江人民美术出版社，2012年，第80页。

③ （清）陈澧：《东塾读书记》卷11，爱如生数据库，清光绪刻本，第138页。

字书写笔画变革为横平竖直的形式，是出于人们书写的方便，更便于政令的及时发布和汉字的普及传播，《历代书法论文选》载："草本隶，隶出于籀，籀始于古文，皆体于自然，效法天地。"① 书法作为一门艺术登上人类历史舞台始于东汉时期，东汉书法家蔡邕《九势》说："夫书肇于自然，自然既立，阴阳生焉，阴阳既立，形势出焉。"② 道出了书法产生的自然性。魏晋时期，书法达到一个高峰，元代刘因《荆川稗编》中评论："字画之工拙，先秦不以为事……魏晋以来，其学始盛，自天子、大臣至处士，径往以能书为名，变态百出，法度备具，遂为专门之学。"③ 书法兴于魏晋也不是偶然的，这与当时的时代背景不无关系，魏晋时期国家四分五裂，社会动荡不安，士人阶层中有相当一部分人为了全身保性，远离政治迫害，把精力投注到对哲学和艺术的追求中，书法也是他们陶冶性情、抒发情怀的方式。这一时期，西汉以来的儒家宗教神学观也已日渐式微，丧失了统治人心的地位，取而代之的是给予个体更多关照的老庄哲学，是"人的觉醒"的时代。这个转变促进了书法艺术的发展，书写者借助书法尽情表达自己，将个人的人生理想融入书法之中。

书法家创作中的灵感主要来源于自然物象，如山水、田园、花鸟、虫鱼等，他们认为大自然之美才算得上真正的大美，正如庄子所讲："天地有大美而不言，四时有明法而不议，万物有成理而不说。"④ 唐代著名书学理论家张怀瓘《六体书论》中讲：

---

① （清）卞永誉：《式古堂书画汇考》卷3，爱如生数据库，文渊阁《四库全书》本，第90页。

② （宋）陈思：《书苑菁华》卷19，爱如生数据库，宋刻本，第157页。

③ （明）唐顺之：《荆川稗编》卷77，爱如生数据库，宋刻本，第1267页。

④ 《老子·庄子》，北京：北京出版社，2006年，第315页。

"臣闻形见曰象，书者，法象也。"[①] 道出了书法与自然间的本质关系。元代学者郝经《陵川集·论书》也讲到："必观夫天地法象之端，人物器皿之状，鸟兽草木之文，日月星辰之章，烟云雨露之态，求制作之所以然，则知书法之自然。"[②] 唐代书学理论家孙过庭在《书谱》中进一步阐释道：

> 观夫悬针垂露之异，奔雷坠石之奇，鸿飞兽骇之资，鸾舞蛇惊之态，绝岸颓峰之势，临危据槁之形；或重若崩云，或轻如蝉翼；导之则泉注，顿之则山安；纤纤乎似初月之出天崖，落落乎犹众星之列河汉；同自然之妙有，非力运之能成[③]。

在书法创作实践中，唐代著名狂草大家怀素言："贫道观夏云多奇峰，辄尝师之，夏云因风变化乃无常势，又无壁折之路，一一自然。"[④] 韩愈《送高闲上人序》中对另一位唐代狂草大家张旭评说道：

> 观于物，见山水崖谷，鸟兽虫鱼，草木之花实，日月列星，风雨水火，雷霆霹雳，歌舞战斗，天地事物之变，可喜可愕，一寓于书。故旭之书，变动犹鬼神，不可端倪，以此

---

① （唐）张怀瓘撰，云告译注：《张怀瓘书论》，长沙：湖南美术出版社，1997年，第237页。

② （元）郝经：《陵川集》卷23，爱如生数据库，文渊阁《四库全书》本，第203页。

③ （唐）孙过庭，（宋）姜夔撰，陈硕评注：《书谱·续书谱》，杭州：浙江人民美术出版社，2012年，第15页。

④ （清）董诰辑：《全唐文》卷433，爱如生数据库，清嘉庆内府刻本，第4407页。

终其身而名后世[1]。

对取法于自然物象的创作方法，宋代书法家雷简夫讲到："卧郡阁，因闻平羌江暴涨声，想其波涛翻翻，迅驶掀搕，高下蹙逐奔走之状，无物可寄其情，遽起作书，则中心之想尽出笔下矣。"[2] 从自然物象上获取灵感也渗透到书家的运笔上，在描绘书法的笔法时常常借用大自然的物象，如"如锥划沙""如屋漏痕""如折钗股"，运笔时"疾若惊蛇之失道，迟若绿水之徘徊"[3]，"导之则泉注，顿之则山安"[4]。欧阳询更是将汉字的笔画采用形象的自然物象来比喻，使书法初学者更能有章可循，他说：

> （点）如高峰之坠石，（卧勾）似长空之初月，（横）如千里之阵云，（竖）如万岁之枯藤，（戈勾）劲松倒折落挂石崖，（折）如万钧之弩发，（撇）利剑截断犀象之牙，（捺）一波常三过笔[5]。

书法艺术中所秉持的自然观更深层的意义体现在书者将自身内心情感注入其书法作品之中，书法可以使他们的心灵得到安抚，精神上获得快慰，一幅好的书法作品就是书者真实自我的呈现。关于此，古代诸多书法理论大家强调过，东汉蔡邕《笔论》

---

① （唐）韩愈：《昌黎先生文集》卷21，爱如生数据库，宋蜀本，第154页。

② （元）陶宗仪：《书史会要》卷6，爱如生数据库，文渊阁《四库全书》本，第76页。

③ （明）唐顺之：《荆川稗编》卷81，爱如生数据库，宋刻本，第1314页。

④ （唐）孙过庭，（宋）姜夔撰，陈硕评注：《书谱·续书谱》，杭州：浙江人民美术出版社，2012年，第15页。

⑤ （宋）陈思：《书苑菁华》卷3，爱如生数据库，宋刻本，第17页。

说："书者，散也。欲书先散怀抱，任情恣性，然后书之。"① 唐代张过庭《书谱》讲："达其情性，形其哀乐"②，揭示了书法是一种表情达性的艺术。唐代张怀瓘《文字论》指出："文则数言乃成其意，书则一字已见其心，可谓得简易之道。"③ 作为"书圣"的王羲之则将其总结为"把笔抵峰，肇乎本性"④；"喜怒、窘穷、忧悲、愉佚、怨恨、思慕、酣醉、无聊、不平，有动于心，必于草书焉发之"更是对"草圣"张旭创作状态的真实写照⑤。可以说，书法艺术赋予创作主体以崇高地位，好的书法作品，书者必须对自身情感有恰当把握，清人刘熙载在其所注《艺概·书概》中讲："学书有二观，日观物，日观我。观物以类情，观我以通德。"⑥

而要使真实情感得以流露，书者首先需要做到心无杂念，让自己置于一种虚静恬淡境地，以使书者内心凝聚于笔墨，身心进入艺术殿堂，从而创作出空灵之美的作品。蔡邕《笔论》讲："夫书，先默坐静思，随意所适，言不出口，气不盈息，沉密精彩，如对至尊，则无不善矣。"⑦ 他还说："若迫于事，虽中山兔

---

① （清）王锡侯：《书法精言》卷2，爱如生数据库，清刻本，第11页。

② （唐）孙过庭，（宋）姜夔撰，陈硕评注：《书谱·续书谱》，杭州：浙江人民美术出版社，2012年，第31页。

③ （唐）张怀瓘撰，云告译注：《张怀瓘书论》，长沙：湖南美术出版社，1997年，第228页。

④ （元）陶宗仪：《书史会要》卷9，爱如生数据库，文渊阁《四库全书》本，第108页。

⑤ （唐）韩愈：《昌黎先生文集》卷21，爱如生数据库，宋蜀本，第154页。

⑥ （清）刘熙载：《艺概》卷5，爱如生数据库，清同治刻古桐书屋六种本，第89页。

⑦ （清）王锡侯：《书法精言》卷2，爱如生数据库，清刻本，第11页。

毫不能佳也。”[①] 晋人王羲之的《题卫夫人笔阵图后》载有：“夫欲书者，先干研磨，凝神静思，预想字形大小，偃仰平直振动，令筋脉相连，意在笔前，然后作字。”[②] 唐太宗李世民曾说：“夫欲书之时，当收视反听，绝虑凝神，心正气和，则契于玄妙。”[③] 以上这些书家对“静”的强调，其思想渊源来自道家思想，老子讲：“致虚极，守静笃。万物并作，吾以观其复。”[④] 他还讲“重为轻根，静为躁君”[⑤]，指出“静”才更为根本，这无疑为书法艺术创作提供了形上依据。

除了对“静”的强调，书法创作还要求书者忘名利、忘法度，因为这些都是牵绊人们艺术创作的藩篱，消弭掉了人们本与生俱来的灵性。清代周星莲《临池管见》讲：“废纸败笔，随意挥洒，往往得心应手。一遇精纸佳笔，整襟危坐，公然作书，反不免思遏手蒙。”[⑥] 《新唐书》说张旭“每大醉，呼叫狂走，乃下笔，或以头濡墨而书，既醒自视，以为神，不可复得也，世呼‘张癫’”[⑦]。唐代诗人戴叔伦在《怀素上人草书歌》中云：“心手相师势转奇，诡形异状反云宜。人人细问此中妙，怀素自言初不知。”[⑧] 黄庭坚回答弟子如何作草书时说：“老夫之书本无法也，但观世间万缘如蚊蚋聚散，未尝一事横于胸中，故不择笔

---

① （宋）陈思：《书苑菁华》卷3，爱如生数据库，宋刻本，第17页。
② （宋）陈思：《书苑菁华》卷1，爱如生数据库，宋刻本，第3页。
③ （清）孙岳颁：《佩文斋书画谱》卷3，爱如生数据库，文渊阁《四库全书》本，第51页。
④ 贾德永译注：《老子》，上海：生活·读书·新知三联书店，2013年，第37页。
⑤ 同上，第59页。
⑥ （清）李星莲：《临池管见》，北京：线装书局，2001年，第12页。
⑦ （宋）宋祁、欧阳修等：《新唐书》，上海：上海古籍出版社，1986年，第4741页。
⑧ （宋）陈思：《书苑菁华》卷18，爱如生数据库，宋刻本，第152页。

墨，遇纸则书，纸尽则已，亦不计较工拙与人之品藻讥弹。”①以上引文都说明了书法艺术创作中“忘”的重要性，这些思想来源于庄子的“三忘”之说：

> 梓庆削木为镰，镰成，见者惊犹鬼神。鲁侯见而问焉，曰：“子何术以为焉？”对曰：“臣工人，何术之有？虽然，有一焉。臣将为镰，未尝敢以耗气也，必齐以静心。齐三日，而不敢怀庆赏爵禄；齐五日，不敢怀非誉巧拙；齐七日，辄然忘吾有四肢形体也。当是时也，无公朝，其巧专而外骨消。然后入山林，观天性，形躯至矣，然后成见镰，然后加手焉；不然则已，则以天合天，器之所以疑神者，其是与！”②

上文揭示了，只有真正做到“三忘”，才能达到“以天合天”的境界，自然状态的“真我”才得以呈现，书法创作中尤其贵真情实感。庄子讲：“真者，精诚之至也。不精不诚，不能动人。故强哭者虽悲不哀，强怒者虽严不威，强亲者虽哭不和。真悲不声而哀，真怒未发而威，真亲未笑而和。真在内者，神动于外，是所以贵真也。”③对“忘”与“真”的强调，出于庄子对“物物而不物于物”，“不以物害己”，不“追于时”，不“拘于财”，不“屈于势”理想人格的追求，从而使自己达到“求天地之正，而御六气之辩，以游无穷”④的“逍遥游”化境，真正实现人生的“无待”状态。尽管这种状态在现实生活中很难达

① （清）孙岳颁：《佩文斋书画谱》卷6，爱如生数据库，文渊阁《四库全书》本，第141页。

② 《老子·庄子》，北京：北京出版社，2006年，第294页。

③ 同上，第375—376页。

④ 同上，第174页。

到，但在艺术王国里却不是乌托邦，当书者以这种“无待”的精神状态进行创作时，正像苏轼《石苍书醉墨堂》中讲的：“自言其中有至乐，适意无异逍遥游……我书意造本无法，点画信手烦推求。”[①] 而书法中最能体现道家“逍遥游”思想内涵的书体莫过于草书，其笔画连绵，线条无拘无束，笔墨在白纸上恣意挥洒，表达出道家追求的自由状态和逍遥境界。现代美学家宗白华先生《论〈世说新语〉和晋人之美》一文说：“行草艺术纯系一片神机，无法而有法，全在于下笔时的点画自如，一点一拂皆有情趣，从头至尾，一气呵成，如天马行空，游行自在。”[②] 狂草大家张旭“每醉后号呼狂走，索笔挥洒，变化无穷，若有神助”[③]。另一位狂草大家怀素则“饮酒以养性，草书以畅志，时酒酣兴发，遇寺壁、里墙、衣裳、器皿，靡不书之”[④]。

从深受道家思想文化浸润的书法艺术的特点看，道家与儒家的艺术观存在着本质区别。体现着儒家思想理念的礼乐文明，其特点是注重艺术的功用性，艺术首先是为了教化人心为当权统治阶级服务，并且需秉持“乐而不淫，哀而不伤”的中庸原则，这就将艺术和艺术创作者降格为一种附庸地位，为了满足统治阶级的口味而放弃自己创作的自由空间。而道家的艺术观则强调艺术服务于人们内心的真情实感，优秀的艺术作品应是打动人心之作，艺术是艺术创作者们张扬个性、放飞自我的载体，艺术创作应秉持“真实”“自由”的原则。

---

① （宋）苏轼：《苏文忠公全集》卷2，爱如生数据库，明成化本，第17页。

② 宗白华：《美学与意境》，南京：凤凰文艺出版社，2017年，第112页。

③ （后晋）刘昫：《旧唐书》，上海：上海古籍出版社，1986年，第4081页。

④ （清）董诰辑：《全唐文》卷333，爱如生数据库，清嘉庆内府刻本，第4407页。

图 3.21 成都青羊宫“道”字草体

（三）书法艺术中的道家神韵

道家思想“贵柔”“守雌”，推崇“女性”“婴儿”“流水”的品性，影响到道家审美上视柔美淡雅、朦胧含蓄、灵动飘逸为美，表现在书法艺术上，字体的线条富于变化，方与圆、曲与直、长与短、粗与细、浓与淡、轻与重、缓与速、疏与密、虚与实、斜与正、巧与拙都能够得到巧妙的组合，并且字体线条的形态多屈曲柔和，符合道家“贵柔”“尚虚”的理念，写出的字体不但生动活泼，也充满了动感，赋予字体以生命气息。这种被道家美学意蕴浸润的书法在草书中表现得尤为突出，西晋书法家索靖《草书状》对此描述：“盖草书之为状也，婉若银钩，飘若惊鸾。舒翼未发，若举复安。虫蛇虬蟉，或往或还。类婀娜以赢形，欻奋亹而桓桓。”①

书法的美不仅仅停留在具象的形式美层面，更重要的在于书

① （唐）房玄龄等：《晋书》，上海：上海古籍出版社，1986 年，第 1436 页。

法中融入进了书者的精神与情感，这促进了书法审美上“形神观”的形成。南朝齐书法家王僧虔《笔意赞》讲：“书之妙道，神采为上，形质次之。”[①] 唐代张怀瓘《文字论》说：“深识书者，惟观神采，不见字形。”[②] 这里的“神”指书法作品中透出的神韵，属于意象层面，创作者通过书法这一载体将自己主观情感注入其中，使书法这一具象物蕴含了深在之意，鉴赏者需通过体悟方式才能感触到。正如老子所讲的“道，可道，非常道；名，可名，非常名”[③]，庄子的“意之所随者，不可以言传也”[④]。对书法意象的把握，初唐虞世南说：

> 字虽有质，迹本无为，禀阴阳而动静，体万物以成形，达性通变，其常不主。故知书道玄妙，必资于神遇，不可以力求也……字有态度，心之辅也；心悟非心，合于妙也……学者心悟于至妙，书契于无为，苟涉浮华，终懵于斯理也[⑤]。

二　书法中的道教情结

（一）道教人士与书法

历史上的道士或信道之士多身兼数艺，其中有诸多书法造诣

---

① （清）王锡侯：《书法精言》卷2，爱如生数据库，清刻本，第11页。

② （唐）张怀瓘撰，云告译注：《张怀瓘书论》，长沙：湖南美术出版社，1997年，第228页。

③ 贾德永译注：《老子》，上海：生活·读书·新知三联书店，2013年，第3页。

④ 《老子·庄子》，北京：北京出版社，2006年，第257页。

⑤ （清）董诰辑：《全唐文》卷138，爱如生数据库，清嘉庆内府刻本，第1383—1384页。

深厚的大家，最为突出的要数王羲之与王献之父子，王羲之笃信道教，史载其家族“世事张氏五斗米道”，还说：“羲之雅好服食养性，不乐在京师，初渡浙江，便有终焉之志。”① 王羲之晚年与道士许迈交游，二人共修服食，不远千里采拾药金。《晋书·王羲之传》记有他书《道德经》换鹅之事，其上曰：“山阴有一道士，养好鹅，羲之往观焉，意甚悦，固求市之。道士云：‘为写《道德经》，当举群相赠耳。’羲之欣然写毕，笼鹅而归，甚以为乐。”② 王羲之之子王献之也是一位道教信徒，曾请道士为自己避邪驱鬼，并向道士交代了自己一生最大的悔恨之事——与前妻郗道茂离婚。宋朝画家李公麟对王献之笔记考证后说：“海州刘先生收王献之画符及神一卷，咒小字，五斗米道也。”③ “画符”与“神咒”均为道教中的法术，从中可窥见王献之的崇道情结。

东晋道士杨羲，字羲和，道教上清派重要传承人，刘大彬《茅山志》说他“幼而通灵，美姿容，善言笑，工书画，与王右军并名海内”④。“王右军”乃王羲之别号，因他在做会稽内史期间曾兼任右军将军一职，根据《茅山志》记载，杨羲的书法成就与王羲之齐名，可谓是名噪一时，关于此，陶弘景《真诰》评论有：“三君手迹，杨君书最工，不今不古，能大能细。大较虽祖效郗法，笔力规矩，并于二王，而名不显者，当以地微，兼

① （唐）房玄龄等：《晋书》，上海：上海古籍出版社，1986 年，第 1489 页。

② 同上。

③ （清）卞永誉：《式古堂书画汇考》卷 38，爱如生数据库，文渊阁《四库全书》本，第 1356 页。

④ （元）刘大彬编：《茅山志》卷 10，《道藏》第 5 册，第 597—598 页。

为二王所抑故也。”[1] 可知，因杨羲身份卑微，又被二王声势所压制，导致中国书法史上没能留下一席之位。

南朝著名道士陶弘景也工于书法，《历世真仙体道通鉴》说他“善隶书，不类常式，别作一家，骨体劲媚”[2]。《宣和画谱》对其书法评价有：“工草隶，而行书尤妙，大率以钟、王为法，骨力不至，而逸气有余。”[3] 可见，作为道士身份的陶弘景，将道教中所推崇的柔美、飘逸、脱俗气质融入其书法中。因陶弘景的书法造诣，梁武帝还曾专门与其探讨过书学，《与梁武帝论书启》记载了他关于书法中“形”与“意”关系的论述：

> 摹者所装字，大小不堪均调，廓看乃尚可，恐笔意大殊，此篇方传千载，故宜令迹随矣。老益增美，所奉三旨，伏循字迹，大觉劲密。窃恐既以言发意，意则应言，而心随意运，手与笔会，故益得谐称[4]。

此段话揭示了艺术之灵魂所在，即意韵胜于形迹本身，当然，陶弘景作为道教之徒，其关注点不仅仅出于对艺术的追求，更重要的还是来自他深切的宗教情感，他曾说：“时人今知摹二王法书，而永不悟摹真经”[5]，不仅于此，他还曾百般周折亲自搜寻道教真迹书法，据《云笈七籤》载：

> 先生以甲子、乙丑、丙寅三年之中，就与世馆主孙游岳咨禀道家符图经法。虽相承皆是真本，而经历摹写，意有所

① （南朝梁）陶弘景：《真诰》卷19，《道藏》第20册，第602页。
② （元）赵道一：《历世真仙体道通鉴》卷24，《道藏》第5册，第242页。
③ 《宣和画谱》卷8，爱如生数据库，文渊阁《四库全书》本，第32—33页。
④ （元）刘大彬编：《茅山志》卷1，《道藏》第5册，第554页。
⑤ （南朝梁）陶弘景：《真诰》卷20，《道藏》第20册，第606页。

> 未惬者。于是，更博访远近以正之。戊辰年（488）始往茅山，便得杨、许手书真迹，欣然感激。至庚午年（490）又启假东行浙越，处处寻求灵异……并得真人遗迹十余卷[①]。

唐代的颜真卿，字清臣，一代名臣和书法家，虽然不是道士身份，却信奉道教，这首先从其“真卿”之名便可获知，杜光庭《墉城集仙录》卷一曰：“食四节隐芝者位为真卿”[②]。《太平御览·道部·天仙》云：“三清九宫，并有僚属，例左胜于右，其高总称曰道君，次真人、真公、真卿，其中有御史、玉朗诸小号，官位甚多。”[③] 颜真卿早年就与道士有过交往，萌生了他的仙道情结，据《太平广记·颜真卿传》载：“子有清简之名，已志金台，可以度世，上补仙官，不宜自沉于名宦之海；若不能摆脱尘网，去世之日，可以尔之形炼神阴景，然后得道也。”[④] 果然，颜真卿死后逐渐被仙化，获得仙籍，《历世真仙体道通鉴》有“颜真卿今为北极驱邪院左判官”[⑤]。

杜光庭，五代时期著名高道，一生辗转于浙江、长安及四川等多地，游历过全国多处名山大川，看透了人世间的沉浮沧桑，这使其擅长的楷书灌注进了清幽脱俗、瘦劲奇崛、仙风道骨的韵味，自成一家，《宣和书谱》《中国书画全书》等古籍对其书法都给以很高评价，《宣和书谱》载有：

> 尝撰《混元图》《记圣赋》《广圣义》《历帝纪》暨歌

---

① （宋）张君房辑：《云笈七籤》卷107，《道藏》第22册，第732页。

② （五代）杜光庭：《墉城集仙录》卷1，《道藏》第18册，第171页。

③ （宋）李昉编：《太平御览》卷662，爱如生数据库，《四部丛刊三编》景宋本，第3937页。

④ （宋）李昉编：《太平广记》，北京：中华书局，1961年，第206页。

⑤ （元）赵道一：《历世真仙体道通鉴》卷32，《道藏》第5册，第284页。

诗杂文，仅百余卷。喜自录所为诗文，而字皆楷书，人争得之。故其书因诗文而有传，要是得烟霞气味，虽不可以拟论羲、献，而迈往绝人，亦非世俗所能到也[①]。

一代文豪及书法家苏轼，号东坡居士，另号“铁头道人”，八岁时被送进眉山县天庆观读书，在道教氛围浓厚的环境下熏陶成长中，苏轼对“道”很早有所领悟，受到其师张易简赏识，苏轼曾说：“吾八岁入小学，以道士张易简为师。童子几百人，师独称吾与陈太初者。”[②] 也许正因为他幼年道观学习经历，使苏轼一生对道教存有一种特殊情感，在他晚年被贬惠州之时，他写信给刘宜翁说道：“轼龆龀好道，本不欲婚宦，为父兄所强，一落世网，不能自逭。然未尝一念忘此心也。”[③] 文学创作中，苏轼也常加入道教元素，其《后赤壁赋》一文描绘了一只仙鹤横江而来化为道士，苏轼与其对话的场景，表达了作者被贬后的抑郁心情，感慨自己前途的迷茫。正是道教启发了他奇幻丰富的想象力，使其文学作品中增添了几分浪漫主义气质。

道士或信道之士中擅长书法的情况还不胜枚举，如虞世南、张旭、宋徽宗赵佶、黄庭坚、赵孟頫、张雨、任法融等，在此就不一一赘述。

（二）道教与书法

关于道教与书法间的关系，首先应从道教的神秘主义文字观谈起，道教的宇宙论秉持“道生元气”的观点，认为文字是由道气化生而来。《三皇经》云：“皇文帝书，皆出自然虚无，空

① 《宣和书谱》卷5，爱如生数据库，文渊阁《四库全书》本，第21页。
② （宋）苏轼：《东坡志林》卷6，爱如生数据库，明刻本，第30页。
③ （宋）苏轼：《苏文忠公全集》卷11，爱如生数据库，明成化本，第1304页。

中结气成字，无祖无先，无穷无极，随运隐见，绵绵常存。”①《太上洞渊神咒经》曰：“天书玄妙，皆是九炁精像，百神名讳，变状形兆，文势曲折，隐韵内名，威神功惠之所建立。”②《云笈七籤》云：“自然飞玄之气结空成文，字方一丈。”③《上清元始变化宝真上经》讲：“上清宝书，以九天建立之始，皆自然而生，与气同存。”④《隋书·经籍志》说：“所说之经亦亶元之气，自然而有，非所造为，亦与天尊常在不灭。”⑤《元始五老赤书玉篇真文天书经》则将“真文玉字”的产生过程做了详细叙述：

> 生于元始之先，空洞之中，天地未根，日月未光。幽幽冥冥，无祖无宗。灵文晻蔼，乍存乍亡。二仪待之以分，太阳待之以明。灵图革运，玄象推迁，乘机应会，于是存焉。天地得之而分判，三景得之而发光。灵文郁秀，洞瑛上清，发乎始青之天而色无定方，文势曲折，不可寻详。元始炼之于洞阳之馆，冶之于流火之庭，鲜其正文，莹发光芒，洞阳气赤，故号赤书⑥。

文字由元气而生，人们如何识别这些文字以达到人神沟通的目的？道教认为天上的“三元五德八会”之炁自然结成“天书云炁”，黄帝“以云为纪”而创造出了“云书”，《真诰》中有：“造文之既肇矣，乃是五色初萌，文章画定之时。秀人民之交，

① 《三洞神符记》，《道藏》第2册，第144页。
② 《太上洞渊神咒经》卷12，《道藏》第6册，第46页。
③ （宋）张君房辑：《云笈七籤》卷7，《道藏》第22册，第40页。
④ 《上清元始变化宝真上经》，《道藏》第34册，第600页。
⑤ （唐）魏征：《隋书》，上海：上海古籍出版社，1986年，第3379页。
⑥ 《元始五老赤书玉篇真文天书经》卷上，《道藏》第1册，第774页。

阴阳之分，则有三元八会群方飞天之书，又有八龙云篆明光之章也。"[①] 所谓“三元八会”与“云篆明光”，指两种书体，“三元八会”体指有三个来源和八种关联的书体，是道教中最原始、最高级别的书体，只有神人才能识别和使用，而“云篆明光”体则是由“三元八会”体衍生而来，用于人世间人神沟通之用的书体，这就是道教符书的来源。

根据许慎《说文解字》，“符，信也。汉制以竹，长六寸，分而相合”[②]。《汉书·孝文帝纪》云：“初与郡守为铜虎符、竹使符。”[③] 应劭注曰：“国家当发兵遣使者，至郡合符，符合乃听受之。”[④] 张晏注曰：“符以代古之圭璋，从易也。”[⑤] 可知，所谓的“符”，是将文字或图案镌刻于竹简上，分为两半保存，一半留在京师，一半留在郡县，每当使臣奉帝王旨意到达地方，凭借符合取信。因此，“符”又有“托付”之意，刘熙《释名》云：“符，付也，书所敕命于上，付使传行之也。”[⑥] 道教产生后，借用“符”的内涵之意，在符上用“云篆明光”式的书体写上文字，内容多为神真的名讳、形貌、符咒等，并托之神仙所颁，施之于鬼神世界，以达到招神劾鬼、镇邪扶正、消灾祛病的目的。正像《道法会元》中所描述的：“以我之精，合天地万物之精；以我之神，合天地万物之神。精精相符，神神相依，所以

① （南朝梁）陶弘景：《真诰》卷1，《道藏》第20册，第493页。
② （汉）许慎撰，汤可敬译注：《说文解字》，北京：中华书局，2018年，第925页。
③ （汉）班固：《汉书》，北京：中华书局，1962年，第118页。
④ 同上。
⑤ 同上。
⑥ （汉）刘熙：《释名》，北京：中华书局，2016年，第88页。

假尺寸之纸，号召鬼神，鬼神不得不对。”① 又《灵宝无量度人上经大法》曰：“符者，上天之合契也，群真随符摄召下降。”②

由于受神秘主义宗教观支配，道教符书上文字形状怪异，晦涩难辨，莫之所云，尽管如此，符书文字还是来源于现实，它们是经道士对汉字有意识改造的结果，例如早期道教经典《太平经》中收录的几百个符，几乎都是汉代隶书若干字的合体，随后，为了增强神秘感，又突破了汉字笔画的束缚，创造出更加奇异难辨的文字。因道符文字与汉字间这种内在联系，使道教符箓成为一种独具意味的书法创作形式，这样，从事画符之人不仅要求是道行高深的道士，还必须要擅长书法，道符书写的优劣直接影响到其灵验与否，道门人士有“画符若得窍，惊得鬼神叫；画符不得窍，反惹鬼神笑”的说法。

画符道士多工于书法，往往承担着抄写道经的任务，道经乃神真所作，具有无比神圣性，抄写道经有着沟通人神的神圣使命，抄写者羽化登真后也往往因此而获得仙籍，基于此，最初道经不会交与道门外人士抄写。魏晋以降，随崇奉道教人士增多，以及士族人士中书法艺术水准的提升，抄写道经的身份限制逐渐放宽，一些信奉道教又工于书法的士人开始进入抄经行列。抄经过程中也促进了书法艺术发展，抄经者都是虔诚的道教信徒，长期的书写实践中，他们必然将道教中贵柔尚虚、轻举飞升、重神守一的义理灌注在书法之中，赋予道教书法瘦劲飘逸、奇异洒脱之美。另在抄经过程中，为了追求速度，往往会对字体结构进行减省，将笔画连绵一起，这无疑客观上促进了草书这一书体的发

① 《道法会元》卷1，《道藏》第28册，第674页。
② 《灵宝无量度人上经大法》卷36，《道藏》第3册，第807页。

展，但这一做法也遭到陆修静指责，认为用草书抄经是奉道之心不诚的表现，《陆先生道门科略》中说："愚伪道士，既无科戒可据，无以辩劾虚实，唯有误败故章、谬脱之符，头尾不应，不可承奉，而率思臆裁，妄加改易，秽巾垢砚，辱纸污笔，草书乱画。"①

道教符箓与书法间相通之处还表现在书写前的准备阶段。一副好的书法作品，强调书者在创作前应"凝神静心"，以达到"心静体松，以意引气"和"静中求动，形神合一"的书法意境。王羲之《书论》讲："凡书贵乎沉静，令意在笔前，字居心后，未作之始，结思成矣。"② 唐太宗李世民说："夫欲书之时，当收视反听，绝虑凝神，心正气和，则契于玄妙。"③ 初唐书法家虞世南认为："假笔传心，妙非毫端之妙，必在澄心运思至微妙之间，神应思彻。又如鼓瑟轮指，妙响随意而生；握管使锋，逸态逐毫而应。"④ 以上这些书法大家所强调的与道教中所讲的"存神""守一"实为语出同源，道教书写符书前同样需要一个精神修持准备阶段，《道法会元》讲："入靖，具列香炉、水盂、朱墨、笔砚、符箓于前，炼师端坐，收视返听，灭念存诚，呼吸定息，物我两忘。于大定光中，运心上朝慈尊，略述斋意，乞降符箓奉行。"⑤ 可见，就"凝神定虑"上二者间有颇高的相似性，不过，道士书符过程更为强调书者的一片诚心，道教认为"（书

① （南朝宋）陆修静：《陆先生道门科略》，《道藏》第24册，第782页。
② （清）王锡侯：《书法精言》卷2，爱如生数据库，清刻本，第10页。
③ （清）孙岳颁：《佩文斋书画谱》卷3，爱如生数据库，文渊阁《四库全书》本，第51页。
④ （宋）陈思：《书苑菁华》卷2，爱如生数据库，宋刻本，第9页。
⑤ 《道法会元》卷17，《道藏》第28册，第774页。

符者）以道之精炁，布之简墨，会物之精炁，以却邪伪，辅助正真，召会群灵，制御生死，保持劫运，安镇五方”①，而书符者内心的意念又与道之精炁间相感通，如书符者心意不诚，或有邪念，都能被感知到，所书的符自然不会灵验。所以，《三洞神符记》中强调：“收视反听，摄念存诚，心若太虚，内外贞白，元始即我，我即元始，意到运笔，一炁成符。若符中点画微有不同，不必拘泥，贵乎信笔而成，心中得意妙处也。”②

尽管如此，道教符箓与书法分属于两个不同范畴，二者间有着本质区别。二者的不同首先体现在书写的目的上，文人进行书法创作追求的是艺术境界，从而获得审美愉悦感，更为重要的是，书法中寄托了书写者的思想情感和人生追求，一幅好的书法作品就是一个展示书者自身理想追求的载体。而道教符箓则用于人神沟通的媒介，以达到召劾鬼神、镇压精怪、祛病消灾的目的。在书符的过程中，道士必须满足的首要条件是“心诚”，而不能任自己的主观喜好任意发挥，因此这也限制了符箓的书写不可能像书法作品那样可以自由发挥，更不可能像草书那样笔墨可以在白纸上天马行空地游走。基于这一书写目的差异，进而表现出它们各自性质不同，因书法是为了获得审美愉悦感，所以书法追求的是书体的美感和表现力，而道教符箓作为人神沟通载体，被赋予上了宗教神秘色彩，因此其追求的是宗教神圣性，从而使人们产生敬畏和崇奉之心。基于此，道教符箓字体繁复连缀、神秘莫测，不知所云，此外，道教符箓也会施之以图绘，用反映彼岸仙境的图形意象以表现道教的玄幻缥缈，这些都是为了加强符

① （唐）孟安排编：《道教义枢》卷2，《道藏》第24册，第818页。
② 《三洞神符记》，《道藏》第2册，第147页。

箓法术这一宗教活动的神圣性及神秘性。

三　川北道教宫观建筑楹联品析

川北道教宫观内普遍书有楹联，这些楹联不仅起着烘托道教文化氛围，传播道教思想的功能，更重要的在于潜移默化中起着启迪智慧、教化人心的作用。从书法艺术角度考察，楹联中的字透出一种高逸气息，用笔用墨精良，给人一种秀润空灵的美感。书体选择上，绝大部分采用介于楷书与草书之间的行书体。楷书重在体现文字的功能性，笔画平直，字体端庄，适合正式严肃的场合使用，草书则充分表现出文字的艺术性特点，笔画连绵，洒脱奔放，适合艺术创作。行书是文字功能性和艺术性间的恰当折中，既不显得过于生硬严肃，也不至影响到一般性的识读。行书中又以行楷为主，如绵阳三台云台观有“事在人为，休言万般皆是命；境由心造，退后一步自然宽”，“万古长青，不用餐霞求秘诀；一言止杀，始知济世有奇功”，南充高坪凌云山风景区的玄天观有“开玄门先河紫气东来；著道德真经化胡西去”，南充仪陇伏虞山明道观有“天官地官水官只在心官不昧；求福赐福获福还须积福为先”，“手持如意金箍棒，棒打妖魔鬼怪；身封齐天大圣号，号济天下黎民”等楹联均采用行书体。也有少数采用行隶体，如三台云台观的“开善作恶君任选；违法犯罪我就抓”，绵阳梓潼七曲山大庙的“山高水长天下奇观第一；臣忠子孝人间显应无双”等。当然，除了行书，其他书体篆、隶、楷、草等在川北道观内均能找到，如绵阳涪城仙云观内的“若以象求诸天尽在凭人拜；何须狮吼老佛无言是我师”，南充阆中灵城观的“人法地，地法天，天法道，道法自然；道生一，一生二，二生三，三生万物”采用楷体书写。绵阳江油窦圌山云岩寺的“高山仰止疑无路；曲径通幽别有天”，七曲山大庙的“上焉者，义也。富贵不能淫，威武不能屈；大矣哉，圣乎。天地合其德，日月合其明”，均为隶书。南充顺庆老君山道观的“政通人和，敬业奉献；和谐包容，务实创新”则以篆书书之，另南充嘉陵云台山道观，其山门处有三幅楹联，内侧两幅分别采用篆书和草书书写，遗憾的是，由于笔者自身书法功底浅陋，至今还没能认出这两幅楹联的内容，其间也请教过不少同仁，也没能完全辨认出，暂先将楹联照片置于文后，供有兴趣的方家玩味。

图 3. 22　绵阳云台观降魔殿楹联（笔者摄）

图 3.23　绵阳仙云观大佛殿楹联（笔者摄）

从楹联内容看，涵盖十分广泛，除了宣扬宗教义理外，主要包括赞美世外洞天的风景胜境，劝人行善济世，赞颂神灵之灵验，以及述说神仙和高道的事迹等，以下选取其中有代表性的作品做一番品析。

图 3.24　南充云台山道观山门篆书与草书楹联（笔者摄）

道教中，“洞天福地”的理念深入道门人士内心，对自然风光的推崇到了无以复加的程度，这也衍生出大量赞美大好河山的道教文艺作品，其中道教宫观楹联就有相当一部分属于这一类。绵阳江油云岩寺山门两侧有楹联“天下无双景；人间第一峰”，用字极为凝练，其中“无双”“第一”的字眼却已昭示出云岩寺所在的窦圌山景区非同寻常的风景奇观，在一马平川之中，刀削般的三座奇峰拔地而起，直指云端，这种自然景观的确称得上“无双”“第一”。云岩寺中文武殿殿门两侧有“高山仰止疑无路；曲径通幽别有天”的对联，上联化用了陆游的《游山西村》中的诗句“山重水复疑无路，柳暗花明又一村”①，下联化用的是唐代诗人常建的《题破山寺后禅院》中“曲径通幽处，禅房花木深”②。此处选择这副楹联可谓是点睛之笔，因云岩寺背靠窦圌山三座山峰，笔者当时在云岩寺仰望此三座山峰时，顿时有种突兀之感，心中不解如此陡峭的山哪里会有上山之路，但随后跟随游人的攀爬中，沿着弯曲盘旋的石阶没费什么气力就到了山顶，正应了楹联中所讲的。窦圌山山巅有玉皇殿，殿门口有楹联“不必取长途，欲上青天揽明月；会当凌绝顶，一朵红云捧玉皇”，上下联分别借用了诗仙李白和诗圣杜甫诗中的诗句，上联取自李白《宣州谢朓楼饯别校书叔云》中的“俱怀逸兴壮思飞，欲上青天揽明月”③ 一句，后者取自杜甫《望岳》中的“会当凌绝顶，一览众山小”④ 一句，这副对联形象地刻画了游人站在

① （宋）陆游著，钱仲联校注：《剑南诗稿校注》，上海：上海古籍出版社，2005 年，第 102 页。

② （清）蘅塘退士编，李炳勋注译：《唐诗三百首》，郑州：中州古籍出版社，2017 年，第 131 页。

③ 同上，第 370 页。

④ 同上，第 269 页。

窦圌山山巅处时与天同高一览众山小的感觉。广元朝天红庙子主殿院门有“古迹再见神州地；胜景复兴青台山”的楹联。绵阳梓潼七曲山大庙天尊殿有楹联“蜀道名山自是人间福地；帝乡胜境由来世外洞天”，对仗十分工整，因梓潼县是道教中主管功名利禄之神文昌帝君的祖庭，因此此地称“帝乡”，此对联使位于剑门蜀道上的七曲山增添了几分仙界气韵。而对仙界胜境的向往在道教楹联中也常有体现，南充顺庆舞凤山道观三清大殿前的钟楼上有一副对联“钟敲月上，磬歇云归，非仙岛，莫非仙岛；马送春来，风吹花开，是人间，不是人间”，此对联除了工整的对仗外，更重要的体现在上联前否后肯，下联前肯后否，两联内容上构成互补格局，但不论肯定还是否定，最终落脚点“莫非仙岛”“不是人间”都是对所处仙境意象的肯定，对联中的“钟”“月”“磬”“云”“马”“春”“风”“花”等元素勾画出彼岸仙界的静谧美好。

图 3.25　广元朝天红庙子正殿楹联（笔者摄）

反映道教之神的灵应及神通的楹联多置于与所供神位之身份相契合处，例如，南充嘉陵乳泉山老君观山门外左侧有一土地神祀位，其上有“土地无私地物丰；山神有感山川应”的对联。广元朝天红庙子主殿有“威镇四海荡群魔；德施九州护众生”的楹联，体现了真武祖师斩妖除魔、泽被苍生的形象。乳泉山老君观的龙王殿悬有“上帝垂恩因人施雨露；天官赐福随时降祯祥”，“雨露”这里指恩泽，唐高适诗云：“圣代即今多雨露，暂时分手莫踌躇。”①“祯祥”即吉祥的征兆，出自《中庸》中“国家将兴，必有祯祥。国家将亡，必有妖孽”②。广元苍溪真武宫药王殿楹联“仙丹传万古；妙药济千秋”，可谓是对药王悬壶济世形象的最好写照。仪陇伏虞山明道观七母殿中又有“高仰慈容六合，世民沾母德；大修杰阁千秋，俎豆祀神恩”的对联。道教楹联中往往还暗含着仙真曾经的事迹经历，南充阆中吕祖殿有对联“攀青

图 3.26　南充舞凤山道观钟楼楹联

（笔者摄）

① （清）蘅塘退士编，李炳勋注译：《唐诗三百首》，郑州：中州古籍出版社，2017 年，第 193 页。

② 李史峰编：《四书五经》，上海：上海辞书出版社，2007 年，第 10 页。

岩，隐洞府，仙翁避世；骑白鹿，入屏山，瓜笔题诗”，传说吕洞宾曾来阆中城南的锦屏山修炼，他以瓜汁为墨，瓜皮为笔，留有《锦屏山》诗二首。

锦屏山诗一

半空豁然雷雨收，洗出一片潇湘秋。
长虹倒挂碧天外，白云走上青山头。
谁家绿树正啼鸟，何处夕阳斜依楼。
道人醉卧岩下石，不管人间万古愁。

锦屏山诗二

时当海晏河清日，白鹿闲骑下翠台。
只为君平川氏去，不妨却自锦屏来①。

图3.27　广元苍溪真武宫药王殿楹联（笔者摄）

① （清）褚人获：《坚瓠补集》卷2，爱如生数据库，第723页。

图 3.28　南充阆中吕祖殿楹联（笔者摄）

三台云台观玄天宫内长春真人神像两侧有对联“万古长生，不用餐霞求秘诀；一言止杀，始知济世有奇功”，“餐霞”代指修仙学道，《汉书 · 司马相如传》有“呼吸沆瀣兮餐朝霞”[①]，颜师古注引应劭曰：“《列仙传》陵阳子言春食朝霞，朝霞者，日始欲出赤黄气也。夏食沆瀣，沆瀣，北方夜半气也。并天地玄黄之气为六气。”[②] 对联重点在于强调下联中“一言止杀”的济世功德，长春真人丘处机曾带领弟子从山东栖霞出发，万里跋涉到今阿富汗境内，会见了成吉思汗并说服其接受丘处机的“止杀爱民”建议，使万千无辜生灵得以幸免于蒙古军的屠刀下，《元史 · 释老传》记载有：

> 太祖时方西征，日事攻战。处机每言：“欲一天下者，必在乎不嗜杀人。”及问治之方，则对以“敬天爱民为本”。问长生久视之道，则告之“清心寡欲为要”。太祖深契其

① （汉）班固：《汉书》，北京：中华书局，1962 年，第 2598 页。
② 同上，第 2599 页。

言，曰：“天赐仙翁，以悟朕志。”①

图 3.29　广元朝天洪督观通天殿楹联（笔者摄）

对美好生活的向往及劝世人行善济世也是道教建筑楹联的创作主题。南充舞凤山道观财神殿有楹联“年年进宝，年年添金，年年欢；岁岁招财，岁岁有余，岁岁乐”。绵阳云台观黑白无常祀堂有“开善作恶君任选；违法犯罪我就抓”，在《二十四孝图》画廊的廊柱上又有“阳世奸雄违天害理皆由己；阴司报应古往今来放过谁”。南充老君山道观雷祖殿则用较少采用的篆书体楹联“政通人和，敬业奉献；和谐包容，务实创新”。广元朝天洪督观通天殿有楹联“天雨大，不润无根草；道法宽，只渡有缘人”，道出了道法的获得与修持者自身的悟性密切相关的道理。这些楹联浅显易懂，以达到劝世人行善济世的目的。为了让人们能更好地行善济世，道教中有不少司管人们行善作恶之神，

① （明）宋濂、王祎：《元史》，上海：上海古籍出版社，1986 年，第 7756 页。

仪陇伏虞山明道观山门外前方有一三殿合一的殿堂，分别为大圣殿、灵祖殿和三官殿，大圣殿供奉的为齐天大圣孙悟空，因其疾恶如仇、打抱不平的英雄本色，使其成为正义化身，在大圣殿殿堂入口两侧书有“手持如意金箍棒，棒打妖魔鬼怪；身封齐天大圣号，号济天下黎民”。灵祖殿为供奉道教护法之神王灵官之所，道观建筑一般将灵祖置于入山门处，其形象赤面髯须，身披金甲红袍，三目怒视，左持风火轮，右举钢鞭，甚是威武凶煞，王灵官火眼金睛，具有能辨人间真伪善恶的法力，灵官殿的两副楹联扣此意而作，第一副“神目如电，直明天下未明诸事；圣心至纯，修正世上不正之人”，第二副“慧眼神鞭扫尽妖魔清玉宇；惩恶赏善驱掣雷电显金容”，此处“玉宇”“金容”均是宗教用语，“玉宇”指天帝或神仙居住之所，《云笈七籤》卷八曰：“金房在明霞之上，九户在琼阁之内，此皆太微之所馆，天帝之玉宇也。”[①]“金容”为对神的尊称，因寺庙中的佛像多为金色之貌，故以“金容”代指神。三官殿内供奉的是天官、地官、水官三官，三官信仰早在东汉末年就已有之，裴松之注《三国志》引《典略》曰：“书病人姓名，说服罪之意。作三通，其一上之天，著山上，其一埋之地，其一沉之水，谓之三官手书。”[②] 即所谓的“天官赐福，地官赦罪，水官解厄”，可知，三官大帝执掌着人间的祸福罪罚，所以此殿楹联写道“天官地官水官只在心官不昧；求福赐福获福还须积福为先”。

① （宋）张君房辑：《云笈七籤》卷8，《道藏》第22册，第45页。

② （晋）陈寿撰，（南朝宋）裴松之注：《三国志》，上海：上海古籍出版社，2011年，第233页。

图3.30　南充伏虞山明道观三官殿楹联（笔者摄）

除了以上主题，道教建筑楹联最有特色和深度的还是在阐发宗教义理上面，川北道教宫观中这方面的楹联不胜枚举。南充阆中灵城观依岩厦而建的木轩，其入口两侧木柱上的对联直接引用《道德经》第二十五章和第四十二章的经文，“人法地，地法天，天法道，道法自然；道生一，一生二，二生三，三生万物”，以此二句组成对联在道教宫观中十分普遍，它用极为简练的语言道出了“道”在本体意义上的属性和“道”的宇宙生成过程。南充凌云山玄天观的老君阁有楹联“开玄门先河紫气东来；著道德真经化胡西去”，从中映射出老子学说的开创性意义，以及其学说影响之广泛。关于“化胡西去”，西晋天师道道士王浮为此著有《老子化胡经》一书，抛开历史的真实情况不讨论，至少反映了历史上佛道两教间激烈的论战过程，客观上也促进了道教整体素质的大幅度跃升。南充云台山道观山门有楹联“阶砌八级，斗柄轮旋八方应；门辟九霄，阴阳合性九宫玄”，“斗柄”

指北斗七星中的玉衡、开阳、摇光三星排列成弧线状，形如七星勺的斗柄。因受地球自转和公转影响，即使站在地球上同一点观望北斗七星，在一年不同时节其斗柄指向也在不断变化中，古代天文学家们依此来推算年份和季节，《鹖冠子·环流》讲：“斗柄东指，天下皆春；斗柄南指，天下皆夏；斗柄西指，天下皆秋；斗柄北指，天下皆冬”①，因而有“斗柄轮旋八方应之说”。在我国传统文化中，“九”是极数，代表数量达到最多，“九霄”便表示天空的最高处，喻指极高远之处，葛洪《抱朴子·畅玄》中有：“其高则冠盖乎九霄，其旷则笼罩乎八隅。”②“九宫”是我们古人认识世界的一种思维模式，用于占、术、算、医、纬、建等各领域，其中蕴含有深刻的术数思想，北周甄鸾注《术数记遗》曰：“九宫者，即二四为肩，六八为足，左三右七，戴就履一，五居中央。③”九宫与阴阳、五行、八卦结合，便衍生出纷繁复杂的宇宙图式，道家认为宇宙间的一切奥秘都蕴藏其中。此楹联试图传递给人们的除了“道”的玄奥性外，还力图说明其无限的广博性，因“道”存在于“八方”“九霄”之域。同样，仪陇伏虞山明道观玄穹殿楹联也含此意，其书曰“尊尚玄穹，步清虚，而登九五；圣称无极，居太上，以遍三千”，在周易卦象中，“九”指代阳爻，“五”为六爻中由下往上的第五爻，《易经》中将“九五”之位视为事物发展过程中将至鼎盛阶段，

① （战国）鹖冠子撰，（宋）陆佃解：《鹖冠子》卷上，《道藏》第 27 册，第 207 页。

② （晋）葛洪撰，张松辉译注：《抱朴子内篇》，北京：中华书局，2011 年，第 2 页。

③ （汉）徐岳撰，（北周）甄鸾注：《数术记遗》，爱如生数据库，明津逮秘书本，第 5 页。

而“三千”为虚数，指人世间纷繁的大千世界。在这些楹联中，也会涉及佛教方面的，南充顺庆舞凤山道观慈航殿有“救苦垂光下碧空；柳枝洒时开幽暗”，描绘了观世音菩萨的形象，当然，也可以说是道教中的慈航真人。伏虞山明道观观音殿有“目睹西天一片黄金色布；心悲东土千层甘露门开”，其中“甘露”是佛教涅槃之喻，故“甘露门”喻指趋赴涅槃之门到达西方极乐世界之意。《长阿含经》卷一云：“吾愍汝等，今当开演甘露法门。”[①]《法华经·化城喻品》云：“能开甘露门，广度于一切。”[②]

图 3. 31　南充伏虞山明道观玄穹殿楹联（笔者摄）

值得关注的是，川北道观还有不少道释楹联，这与此地区历史上长期佛道共存与相争是分不开的，通过田野走访笔者发现川北地区有大量道观改为佛寺及佛寺改道观的案例，如南充嘉陵栖

---

① 《长阿含经》，北京：宗教文化出版社，1999 年，第 22 页。

② （明）智旭撰，于德隆点校：《法华经会义》，北京：线装书局，2016 年，第 334 页。

乐寺最初在唐朝时为道观栖乐观。南充高坪的朱凤寺唐时也为道观，据《南充县志》载："朱凤山在治南六里的嘉陵江岸，高一百七十二丈，周回二十里，昔有凤凰集，因置凤山观。今存是唐时已建寺矣，相传为尔朱通微及李淳风修炼之地，山有天封井，尔朱真人尝吐丹其内，有疾者饮之即愈，今无验。"① 而南充云台山道观始建于崇祯八年（1635），最初为佛寺东林寺，后因明末清初时战乱而遭到损毁，直至民国时期由高峰山道教后学唐氏兄弟来此传道才使此地香火得以接续。直至今天，川北还有不少佛道合一的寺观，如绵阳江油云岩寺和绵阳涪城仙云观。据《江油县志》记载，云岩寺在唐乾符年间已有东西二院，在长期的佛道二教相争和共融历史进程中形成了现今的"东禅林，西道观"格局，现寺内有天王殿、大雄殿、观音殿、藏经楼等佛教建筑，又有文武殿、飞天藏殿、三清殿、财神殿等道教建筑。寺内的楹联也体现了佛道互融的和谐局面，其中主殿大雄殿入口有当代著名书法家谢无量书的楹联："缥缈得仙梯，过眼云烟都是幻；道遥齐物理，行天日月奉无私。"上联阐释了

图 3.32　绵阳云岩寺大雄殿"道释联"

（笔者摄）

① 民国《南充县志》卷 2，爱如生数据库，明国十八年刻本，第 198 页。

佛教“因缘合和而生”而终为虚幻的理念，下联则用道教庄子齐物论的思想揭示了事物运动的自然性和无私性。佛道教理论证方式虽各有不同，但殊途同归，都是引导世人忘记小我使“公心”得以显现。绵阳仙云观，始建于隋唐，现也为佛道合一寺观，分为前殿和后殿，前殿为道教建筑玉皇殿，后殿为佛教建筑大佛殿，大佛殿前有两头石狮，背上各顶一方形檜柱，檜柱的正面及侧面书有楹联，其中侧面书有：“鹫岭巍峨，万宇祥光辉绝顶；仙云飘渺，九天瑞色霭奇峰。”这副楹联表面上看是在赞美绵阳西山秀美迷人的景色，但其更深层之意，则是将佛道二教的义理巧妙地融会在了一起，楹联中的“鹫岭”指印度佛教圣地灵鹫山，佛祖释迦牟尼曾在此居住、修持、传法，因山形奇特，挺拔而立，用“鹫岭巍峨”来形容。与之相对的是下联中的“仙云飘渺”，道教以“飞升成仙”作为宗教终极追求，而云雾缭绕的天庭仙境正是对这一彼岸世界的描绘，云在道教中也是祥瑞之象，是天神向人间传达神谕的媒介，因而道教中有“云书”“云篆”“云符”等称谓。另佛教讲“佛光普照”，喻指佛的智慧光芒惠及世间万物，绘画及石刻中佛像头上和身上的光圈即象征此意，所以上联中有“万宇祥光”字眼。而下联中以“九天瑞色”与之对应，“九”为极数，“九天”象征天的最高处，道教认为是天帝居住之地，瑞色之气由此撒降人间。石狮所负檜柱之正面有楹联“若以象求诸天尽在凭人拜，何须狮喉老佛无言是我师”，对联中“老佛”字眼的使用同样体现了仙云观中佛道共融的理念。另南充云台山道观初为佛寺，其龙虎门上也以道释楹联作为佛道融通的注解，上联曰：“青龙腾天一吟唱，华章明心见性照环宇”，下联曰：“白虎跃云山啸诵，东林和光同尘兴道门”。上联中“明心见性”为佛教用语，下联的“和光同尘”为道教之说，分别从修心和处世两方面概括了修行要旨。三台云台观灵官殿有楹联“事在人为，休言万般皆是命；境由心造，退后一步自然宽”，此联最初由当代教育家黄齐生书于青城山建福宫灵祖殿，上联可以理解为对道教所讲的“我命在我不在天”的注解，强调人的主观能动性的重要意义，下联则道出佛教所讲的“心生万法”“苦海无边，回头是岸”的真谛，此二联从正反两方面论说不仅阐释了各自的宗教义理，也达到一种阴阳互补、和谐相融的整体效果。

图 3.33　绵阳仙云观的“道释联”（笔者摄）

川北宫观中还有不少反映儒家忠孝仁义的楹联，这类对联主要集中在绵阳梓潼七曲山大庙内，因其主祀神文昌帝君为主管人间功名利禄之神，这一场域少了一些超脱飘逸的道家之气更多了一些符合儒家价值追求的人文氛围。七曲山大庙家庆堂外有楹联“山高水长天下奇观第一；臣忠子孝人间显应无双”，将人的忠孝品行与神灵的显应联系在一起。大庙内关帝庙神像两侧有“上焉者义也，富贵不能淫，威武不能屈；大矣哉圣乎，天地合其德，日月合其明”的楹联，书写者为绵阳籍贯的书画家安居泊，上下联皆出自儒家典籍，上联引自《孟子·滕文公下》中的“富贵不能淫，贫贱不能移，威武不能屈，此之谓大丈夫”①，下联引自《周易·乾卦·文言》，其上曰：“夫‘大人’者，与天地合其德，与日月合其明，与四时合其序，与鬼神合其吉凶。先天而天弗违，后天而奉天时。天且弗违，而况于人乎？况于鬼神乎？”② 关帝庙外有楹联“秉烛非避嫌，此夜心中惟有汉；华容岂感德，当年眼底已无曹”，为绵阳著名书法家蔡竹虚的手迹，上下联分别出自《三国演义》，“秉烛非避嫌”见《三国演义》第二十五回：“于路安歇馆驿，操欲乱其君臣之礼，使关公与二嫂共处一室。关公乃秉烛立于户外，自夜达旦，毫无倦色。”③ “华容岂感德”见《三国演义》第五十回：“曹瞒兵败走华容，正与关公狭路逢。只为当初恩义重，放开金锁走蛟龙。”④ 通过此联，关公忠义尚礼，顾全大局的儒家理想人格形象得以彰显。

图 3.34 绵阳七曲山大庙关帝庙楹联（笔者摄）

---

① 万丽华、蓝旭译注：《孟子》，北京：中华书局，2006 年，第 125 页。
② 黄寿祺、张善文译注：《周易》，上海：上海古籍出版社，2007 年，第 14 页。
③ （明）罗贯中：《三国演义》，北京：人民文学出版社，1973 年，第 222 页。
④ 同上，第 435 页。

第四章 川北地区道教宫观个案研究

历史上，川北地区是连通关中地区与蜀中文化中心成都的交通要冲，在长期的文化交流互动中，这里也成为道教信仰浓郁的地域，产生了不少有着重要意义的道教宫观，如张道陵创立的处于云台山治与升真之地的苍溪云台观，道教神明文昌帝君祖庭的七曲山大庙，明代官制道观和四川最大的真武道场三台云台观，前蜀皇室家庙南充舞凤山道观，西部最大正一道道场西武当山真武宫，始建于汉末时期的南充乳泉山老君庙、绵阳盐亭真常观及广元云台山道观等。尽管这些道观绝大部分为近几十年重建，但其创立、发展、演变的脉络还是有章可循的，因此有必要对它们做一番梳理和考证，以延续其道脉。本章重点从个案的角度对川北道教宫观中代表性宫观进行一番考辨。

第一节 明代官制道观三台云台观考述

在川北的绵阳、南充、广元三个地区，冠名以“云台”二字的道观至少有四处，除绵阳三台云台观外，还有广元苍溪云台观、南充嘉陵云台山道观和广元昭化云台山道观。相比三台云台观，其他几处云台观留存下来的实物比较匮乏，多为传说，因此对另外三处“云台”观只能做概要性梳理。

一　其他三处云台观

据道经记载，广元苍溪云台山是张道陵设立二十四治中下八治之首云台山治所在地，张道陵晚年徙居此地，直到升真之日。这为此山赋予了不少传奇色彩，留下了张道陵“七试赵升”后向王长、赵升传授要道以及向子张衡面授“诸品秘箓、斩邪二剑、玉册、玉印”后与夫人驾鹤而去的传说。隋唐以降，据梁大忠考证，云台山上建有“凌霄观”，入宋后改称“永宁观”，此时期新修有希夷祠、白鹤楼、天师殿、紫微宫、九皇楼、司命堂等建筑。元顺帝时，云台山上又建成永宁东观和永宁中观，与之前建的永宁西观合称“三观”，其附近又新建了九转亭、魁柏亭、望鹤亭，合称“三亭”。明代，官方将永宁观设为苍溪县“道会司”所在地，管理全县道教事务，这一职能一直延续至清末。明末张献忠入川，永宁观遭严重破坏，永宁东观、中观和“三亭”被毁，仅留有永宁西观。入清后至近代，永宁观改称“云台观”，在道教衰落的大趋势下，观宇规模进一步收缩。1928年田颂尧主持修潼保公路，云台观庙产被征收，道士还俗，道观的前后殿被拆，仅余中殿及部分厢房①。近几年道场又有恢

① 梁大忠编：《道教圣地广元》，北京：中国文史出版社，2013年，第98—99页。

复，目前，云台观建筑格局由山门、正殿、八卦井、两侧厢房、道士居舍、斋堂等建筑组成。道观当家为正一派李道长，来此的信众多是请他做祈福禳灾的各类道场。此道场区别于别处的最大特色为其中一法器——铜铃，敲打时发出“叮当”之音，因而被称为“叮当派”道教，其特点是生活化、民间化，以服务百姓日用为立教之本，而少有对道教玄理的追问。笔者在田野期间也曾留住云台观几日，与观内道士们的接触中深有此感，这里的道士比较年轻化，当家李道士也不过“80”后，大家处在一种互助、友爱、活跃的氛围中，少有其他道观的清幽之感。

图 4.1　广元苍溪云台观正殿（笔者摄）

概而言之，苍溪云台观道脉最早可追溯至东汉末年，其发展流变的大致脉络还是清楚的，即汉末云台山治→隋唐凌霄观→宋元明永宁观→清后云台观。尽管历史久远且在道教史中地位显赫，但目前留存下来的建筑实物、碑刻、道教器物等材料却十分有限，不可不说是一大憾事，好在各朝文人在此都留有一些诗文，可视作云台观道脉不绝的佐证。

图4.2　广元苍溪云台观八卦井（笔者摄）

早在晋代，著名画家顾恺之作有《画云台山记》一文，为中国古典山水画最早的理论之作，其文选取苍溪云台山和张道陵"七试赵升"场景作为论说素材，这无疑从侧面印证了张道陵曾修道于此的事实，并且大大提升了苍溪云台山的文化内蕴。

唐代时，诗人元稹曾游云台山，其行记书于当时凌霄观的钟楼坊上，"司马坊，在云台观，唐元稹以谏官谪通州司马，曾游云台，前人为之立坊，今废"①。武周时，曾举行大型国醮，云台观也是国醮后"投龙"环节的地点之一，宋之问作有《送田道士使蜀投龙》一诗以迎奉，诗曰：

风驭忽泠然，云台路几千。
蜀门峰势断，巴字水形连。
人隔壶中地，龙游洞里天。
愿言回驭日，图画彼山川②。

---

① 《苍溪县志》卷2，爱如生数据库，清乾隆四十八年刻本：第203页。
② 梁大忠编：《道教圣地广元》，北京：中国文史出版社，2013年，第211页。

晚唐诗人马戴有《寄云台观田秀才》诗，云：

雪压松枝拂石窗，幽人独坐鹤成双。
晚来漱齿敲冰渚，闲读仙书倚翠幢①。

唐末五代道士杜光庭在《洞天福地岳渎名山记》中说："云台化，五行火，节芒种，上应觜、参宿。丙午、庚午、庚戌人属。阆州苍溪县东南三十五里，天师永寿二年九月九日上升。"②他曾来云台山朝拜，留有一诗：

三千功满此飞翔，丹灶双碑栖上方。
灵女台高笼晓雾，芙蓉洞暖泛琼浆。
风飘剑履升云阁，云拥旌幢寒渺茫。
半壁仙桃花自发，与谁攀折驻流光③。

宋代时，宋祁曾游云台观，"予昔游云台观，谒希夷先生陈抟祠堂，缅想其人，今追作此诗"，其诗《西州猥稿》云：

仙馆三峰下，年华百岁中。梦休孤蝶往，蜕在一蝉空。蕊芨微言秘，霄晨浩气通。丹遗舐后鼎，林遣御余风。市雾沉荒白，餐霞委暗红。岷峨有归约，飞步与谁同④。

南宋"淳熙""庆元"年间，苍溪云台观有过大肆营建，修建有白鹤楼、天师殿、紫微宫、九皇楼、司命堂等建筑，王惠明作有《白鹤楼记》一文，是云台观难得的珍贵史料。

---

① 《保宁府志》卷60，爱如生数据库，清道光二十三年刻本，第2195页。
② （五代）杜光庭：《洞天福地岳渎名山记》，《道藏》第11册，第55页。
③ 梁大忠编：《道教圣地广元》，北京：中国文史出版社，2013年，第216—217页。
④ 同上，第218页。

白鹤楼记

是观以东，汉天师飞升于峻仙洞之上，踞西坎其地北，故左其址，向离明而开阖焉。昔汉皇纪其年曰“永寿”，盖取飞升之年也。隋唐曰“凌霄”，皇朝赐名“永宁”，详见工部侍郎（下缺）奉诏所撰观记。惟山之形胜，东西十余里，桧柏蓊郁。若苍云碧霭，横出天际；松根蟠桃，嶙峋峭拔，诚天下之奇观也。

吾师张好瑺，捐橐金创修门楼，直当观之南二百步，以迎合西南冈脉之胜，使群山拱卫，如朝宗之势。落成后，实淳熙九年（1182）九月十二日也，前三日，有鹤东来，集楼基之前桧树上，复远翔碧空，往来数四。越一日，复来有二，朱顶雪羽，徘徊鸣唳，驯而近人。虽不能言，意若有所喻。及当夜静月明，隐隐返西北而去，自此往来以为常，谓此非门楼得灵秀之气，邀天人之祥应也哉！说者每谓为天师降灵，故名曰“白鹤楼”。

由是遐迩敬赞，羽流响应，合力创修天师殿、紫微宫及九皇楼、司命堂，不年余，次第告竣。以鹤之翔集于此，固非人力所能致也。谨纪于石末勒。

大宋庆元十二年三月，道士王惠明撰①

文末署为“庆元十二年”有误，庆元年号仅六年，应为“庆元二年”（1196）。撰人王惠明，事迹不祥，当为当时云台观住观道士。

① 龙显昭，黄海德编：《巴蜀道教碑文集成》，成都：四川大学出版社，1997年，第147—148页。

元代廖寥作有《蜀望》一诗：

云台突出众山低，小径萦纡上石梯。
古寺独存人寂寂，断碑惟覆草萋萋。
满空香散香兰绽，万壑烟生晚树迷。
为爱其间风景好，登临几度杖青藜①。

明代曹学佺游云台观时与保宁府同知郭文涓联句合有《夜宿云台》的长诗。

清代陈莀作有《重九谒云台观陈希夷祠》：

嵯峨仙观九霄开，玉洞烟深鹤驾回。
羽客丹成辞浊世，真人睡足入云台。
雁声渡处秋风疾，帆影归时夕照来。
勿忆坠驴嗤往事，白云深处泛萸杯②。

清道光癸卯年时本山何真人曾预修缮云台观，当时有立碑记载此事，碑文内容如下：

试思圣君得贤臣而国家之太平可保，名山遇志士而四境之清泰可祈。即如观之云台，自古之仙山也，有仙则名，于此证焉。想当年，师徒相传已经数代，立功者固多，得道者不少。迄今世远年湮，传授几希。幸有本山道会师何真人派智元，自幼事奉师长，固已恭敬而温文；中年训诲弟子，居然循循而善诱。本山之庙宇凋残，累加补修；四围之门壁毁坏，叠次辉煌。所以，阆中广福观、苍溪玉皇宫、千佛寺等

① 嘉靖《四川总志》卷8，爱如生数据库，明嘉靖刻本，第597页。
② 《四川文物志》，成都：巴蜀书社，2005年，第1080页。

慕其风徽，迎接到山，赎取四面之常业，未化分文，创造几处之功果，那取锱铢。三头四处，披星戴月，各处皆有碑志功果，罔有亏缺。试问其中费用屈指数百千正，不啻大厦四面独木承当。既奉神而兴香灭，复充实而有光辉。一生之心志有余，四方之声誉非常。愿后世徒子法孙，个个宜遵师训，一一克绍前列也。不枉神得土而神益灵，土处山而山益名。所以修塔、立库、勒石、竖碑，以志不忘云尔[①]。

南充嘉陵云台山道观位于嘉陵区安平镇巨石乡冲仙院村金鸡岭山顶，最初为佛寺，建于明崇祯八年（1635），因位于冲仙院村以东，初名“东林寺”或“东岭寺”。建寺不久，于崇祯十七年（1644）毁于明末清初战乱，经过两百多年的洗礼，东林寺当初的残垣断壁已荡然无存。直到民国时期，高峰山道教一支传教于此，唐继成与唐继亭兄弟在东林寺原址处建立道场“三元台”，香火开始兴旺起来，但在20世纪六七十年代“破四旧”政策下，道场活动又走向沉寂。现今的云台山道观是20世纪90年代初由唐氏兄弟后人重建，并于2000年正式更名为“云台山道观”。现道观内建有三清殿、开辟殿、魁星楼、凌霄殿和仙佛楼等建筑，各建筑依山势而起，仙佛楼坐落于山巅之上。最有特色之处当属入山门前的石门“龙虎门”，它为两大天然岩石，呈对峙之势，左边的岩石高大，称“降龙石”，右边的岩石低矮，为“伏虎石”，与风水中强调的“宁可青龙高万丈，不可白虎乱抬头”相应。笔者进行田野期间，龙虎门豁口位置正在建一三

① 周承瞻：《天师道二十四治之苍溪云台山》，广元：苍溪县委员会（内部发行），1990年，第66页。

重檐的四角门亭，可谓是天然与人工间的完美结合。

图 4.3 南充嘉陵云台山道观龙虎门 (笔者摄)

广元昭化云台山道观位于昭化镇大朝乡的云台山上。云台山，当地人称其“人头山”，以山形似人头而名之。这里是剑门蜀道上的重要关隘，历来为兵家争夺之地，《大清一统志》载：“人头山，在昭化县四十里，山巅突出，宛若人头。后唐长兴初伐蜀，王宏贽从白卫扃人头山后出剑门南，即此。”① 早在三国时代，大将军费祎和姜维都曾驻兵于此，“姜维拜水”留存的姜维井就在云台山不远处的牛头山上。据本地人传说，三国时云台山上已建有庙子，费祎带领的军队因染瘟疫而留驻于山顶庙子，经过一夜休整，瘟疫竟奇迹般消退。基于这个传说，现云台山每年农历六月二十三日晚都举办盛大的川主庙会，香客从四面八方赶来，多达万人，此庙会最大特色是庙会的高潮在夜间，为庙会最热闹之时，对那些祈福于消病去瘟、福寿康宁的香客尤为灵

① 《广元百科全书》，西安：西安地图出版社，2005 年，第 688 页。

验。此道观的建筑格局也颇具特色，并不存在院墙的围合，所有殿堂分散在山体各处，由上山的山路将其串联起来，依次经过牛王殿、猪神殿、观音殿、财神殿、灵官殿、鲁班殿、山神殿、普贤殿、雷公殿，最后到达山顶正殿，正殿内供奉有云台观三位主神川主、土主和药主。可见，此宫观为川主信仰的一个重要据点，当是由成都都江堰灌口二郎庙，经由绵阳江油二郎庙镇，再到广元昭化这一路线传道而来。

图4.4　广元昭化云台山道观主殿（笔者摄）

二　三台云台观建筑群的哲学意涵

三台云台观是四川境内保存较完好的一座古代官制道观，其“官制”属性首先表现在道观的建筑格局上，殿堂坐北朝南，沿中轴线依次展开，于中线两侧对称设置配殿，体现了儒家礼制尊卑有等、中庸和谐的思想。

远古时期，人们营建屋舍就已有意识地坐北朝南而建，最初这仅仅是对自然条件的一种适应，因我国地处北半球，大部分区域位于北回归线以北，建筑物朝南才能接受到太阳直射来的光线，是人们采光和获得适宜温度的需要。后来，建筑营建的方位朝向被赋予上文化内涵。《周易·说卦》讲："圣人南面而听天下，向明而治。"① 南方代表丽阳之色和光明之象，"圣人南面而治"寓意统治者治理得清正廉明。"南"位也有"富贵"的象征意义，而"北"位则指肃杀之地。苏轼《三月二十九》："南岭过云开紫翠，北江飞雨送凄凉。"② "南"还与长寿联系在一起，《诗经·小雅·天保》："如月之恒，如日之升，如南山之寿，不骞不崩。如松柏之茂，无不尔或承。"③ 所以有"寿比南山""南极仙翁""南斗主生，北斗主死"之说。反观北方，则常常象征幽冥之地，《礼记·檀弓下》："葬于北方北首，三代之达礼也，之幽之故也。"④ 军队打了败仗则称"败北"，不过此处的"北"并非方位之北，根据《说文解字》，"北，乖也，以二人相背"⑤。段玉裁注为"此于其形得其义"。因两军对战均是相向交锋，败方转身撤退就成了背向敌方，所以称之败北。总之，从文化学上考究，"南"字蕴含有更多积极之意。

同样，"东"位与"西"位也有着文化上的内涵。古人通过观察太阳运动，直观地发现东位是太阳升起方位，西位则是落下方位，日升一方象征着"光明""温暖"，于是又与四季中的"春季"及五行中的"木"建立联系，象征着"生机"和"万

---

① 陈鼓应、赵建伟注译：《周易今注今译》，北京：中华书局，2015 年，第 690 页。

② （宋）苏轼著，（清）冯应榴辑注，黄任轲等校点：《苏轼诗集合注》下册卷 40，上海：上海古籍出版社，2001 年，第 2103 页。

③ 程俊英译注：《诗经译注》，上海：上海古籍出版社，2016 年，第 291 页。

④ 王梦鸥注译：《礼记今注今译》，北京：新世界出版社，2011 年，第 81 页。

⑤ （汉）许慎撰，汤可敬译注：《说文解字》，北京：中华书局，2018 年，第 1671 页。

物复苏”。《吕氏春秋·孟春》：“立春之日，天子亲率三公、九卿、诸侯、大夫，以迎春于东郊。”① 唐李周翰注：“东祀，日初出处，比少壮也。”② 东位也是尊位，古代豪门贵族多居城东。唐司马贞《史记·索隐》讲：“列甲第在帝城东，故云东第也。”③ 而西位则象征着衰老、死亡和不祥。李周翰注：“西昆，日入处，比衰老也。”④ 汉代时，人们营建屋舍有一禁忌，不能“西益宅”，据《论衡·四讳》，“俗有大讳四：一曰讳西益宅。西益宅之不祥，不祥必有死亡，相惧以此，故世莫敢西益宅。”⑤ 另“西”位对应五行中的“金”，而金属之物多用于制造兵戈，乃杀戮之器，与“西”位内含相应。《汉书·五行志》：“金，西方，万物即成，杀气之始也。”⑥ 基于“东”“西”位文化内涵上的差异，在道教中也将东位视作尊贵吉祥之方，蕴含有“生机”“光明”之意，与道教所追求的“形若处子”“长生久视”的理念相合。

汉语中几个词并列在一起时，其顺序往往体现着从尊到卑、由主及次的意涵，例如君臣、父子、师徒、上下、官兵、男女、左右等。方位词同样遵循着这一原则，如东西、南北、东倒西

① （战国）吕不韦编，刘生良评注：《吕氏春秋》，北京：商务印书馆，2015年，第2页。

② （南朝梁）萧统编，（唐）李周翰等注：《六臣注文选》中册卷30，北京：中华书局，1987年，第573页。

③ （汉）司马迁撰，（唐）司马贞索隐：《史记》卷117，爱如生数据库，清乾隆武英殿刻本，第1129页。

④ （南朝梁）萧统编，（唐）李周翰等注：《六臣注文选》中册卷30，北京：中华书局，1987年，第573页。

⑤ （汉）王充著，张宗祥校注，郑绍昌标点：《论衡校注》，上海：上海古籍出版社，2013年，第464页。

⑥ （汉）班固：《汉书》，上海：上海古籍出版社，1986年，第497页。

歪、南辕北辙、天南海北、声东击西、南腔北调等。足见古代礼制中“南”与“东”较“北”与“西”尊贵，云台观建筑群坐北朝南的格局体现了这种礼制内涵。

云台观的建筑格局可分为两大部分。第一部分为从玉带桥到三合门的区域，在这里，沿着上山的道路建有多处殿堂、牌楼，属于“序景”部分。第二部分为从三合门到玄天宫的院落围合区域，是云台观的主体，也是充分体现建筑礼制思想的部分。道观内各主体建筑通过一条南北向的中轴线有序地组织在一起，进入三合门依次经过券拱门、青龙白虎殿、灵官殿、降魔殿、朝经阙、藏经楼、香亭、玄天宫等建筑，中轴线两侧又对称设置有配殿和厢房。每一建筑重点不是凭借自身得以表现，而是通过各建筑间的相对位置关系以揭示儒家伦理思想。中轴线就如同是一条能量、信息通道，使整个建筑群有机地联系在了一起，赋予其生命力。正如《逸周书·武顺解》所讲：“人道尚中……人有中曰参，无中曰两。两争曰弱，三和曰强。”[1] 这种“贵中”思想源于我国上古时期的政治经验总结。《论语·尧曰》载尧命舜：“咨！尔舜！天之历数在尔躬，允执其中。四海困穷，天禄永终。”[2] “允执其中”的“中”有两个含义，一个指地理上的中位，一个则指人道上的中庸。上古时期，生产力水平低下，统治者凭借观星望象以授农时，达到治理民众的目的，而观星之地需选在中原一带，这里获得的结果才不偏不倚，因此地理上的中位对统治者具有十分重要意义。《吕氏春秋·慎势》讲：“古之王

① 黄怀信等：《逸周书汇校集注》上册卷3，上海：上海古籍出版社，2007年，第309—311页。

② 陈涛编：《论语》，昆明：云南人民出版社，2011年，第470页。

者，择天下之中而立国，择国之中而立宫，择宫之中而立庙。天下之地，方千里为国，所以极治任也。”[①] 这种地理上的尚中又影响到人道，《周礼》曰：“以五礼防万民之伪而教之中，以六乐防万民之情而教之和。”[②] 在中轴线的最北端为正殿玄天宫所处之位，其殿堂最为高崇，如同面南而治的帝王之位，其他殿堂则似群臣拱卫之貌，并且，玄天宫内供奉有主祀之神真武大帝，此乃北方之神，玄天宫建于此处也突显了真武北方之神的身份。

中轴线两侧建筑的设置也有讲究。首先，两侧建筑在功能性质上要相对应，体现儒家强调的阴阳互补原则。例如，券拱门两侧设置的是黑白无常祀堂，青龙白虎殿前方两侧是观音阁与城隍庙，香亭两侧为钟楼和鼓楼，以及丹房与斋堂，20 世纪中期尚有文昌殿，现不存，当时与茅庵殿分列于玄天宫两边。其次，两侧建筑仍有尊卑之别。云台观建筑坐北朝南而建，中轴线左侧为东，右侧为西，上面已讲过中国文化中视东为贵方，因而云台观东侧殿堂地位更显高贵。例如，黑白无常祀堂黑无常在左，白无常在右，从中国文化内涵角度看，黑色多代表正直、刚正，白色则象征狡诈、奸佞。观音阁处左，城隍庙立右，观音与城隍神都是保护一方百姓平安幸福的神明，但地位明显观音更高，在川北地区观音更加受到当地民众的爱戴。钟楼在左，鼓楼在右，在寺观中，钟在早晨敲，鼓则是傍晚击，即“晨钟暮鼓”，早晨象征光明、新生、东方，傍晚象征黑暗、衰老、西方。茅庵殿位于左侧，过去的文昌殿处右，茅庵殿内供奉的是云台观的创观之祖赵

① （战国）吕不韦编，刘生良评注：《吕氏春秋》，北京：商务印书馆，2015 年，第 512—513 页。

② 徐正英、常佩雨译注：《周礼》，北京：中华书局，2014 年，第 230 页。

肖庵，地位尊崇，文昌帝君的祖庭就在三台邻县梓潼，是川内的一大尊神，供奉十分普遍，所以其殿堂能与茅庵殿比肩分列于玄天宫左右。这种左位尊于右位的原则不仅适用于云台观，从笔者田野走访的宫观看大都如此，但从历史上看，以左位为尊和以右位为尊的情形都存在。概而言之，周朝时两种情况并存，燕赵等国尚右，而秦楚则尚左。秦汉时，尚右观念普遍流行，“闾左”是贫者居住之地。至隋唐两宋时，又形成了左尊右卑的制度。元朝则一改旧制，规定以右为尊。明清以降，以左为尊又成为主流。

除了以上礼制内涵，云台观的建筑还蕴含着丰富的道教义理。上文提到从玉带桥到三合门属于云台观建筑的“序景”部分，目前这一区域仅存有玉带桥、三隍观、三天门、云台胜境坊、三教堂、长桥亭、石华表等建筑，但在20世纪中期还留存有众多建筑，从玉带桥沿着上山山路，依次经过名山坊、一天门、三隍观、乐楼、二天门、回龙阁、瘟祖殿、送子观音殿、三天门、云台胜境坊、三教堂、长桥亭、石华表、石狮，再到三合门前。在道教中，天门是人界通往天界的通道，东西南北各有一门，以南天门为正门。在云台观三合门南设置三座天门，寓意着进入三合门前必须经过三座天门才能最终通往天界之域。而设置三座天门也映射了通往天界路途之遥远和障碍重重，同时也可理解为道教所讲的“三天”——清微天、禹余天、大赤天。在这一序景中，还点缀有多个殿堂、牌坊和华表，烘托出这一场域内空间的神圣性，由此上山的人也会油然升起从尘世通往天界的神秘感，顿生出肃穆而虔诚的宗教情怀。在古代，阙、牌坊、华表都起着标志空间的作用，提示通过此处就进入另一非同质的场域，云台观序景部分对牌坊和华表的巧妙设置，成功地渲染出神秘幽远的宗教气氛。另外，华表本身也是等级地位的象征，一般在古代高级别宫殿建筑中才有设置，云台观前设置有华表足见其过去地位之尊崇。

图 4.5　绵阳云台观三合门外石华表（笔者摄）

进入三合门到达云台观主体区域，象征着进入天界之域，在这个区域内，各殿堂的布局同样暗含着道教义理，其格局以天、人、地三才的理念展开。《太平经》认为天、地、人为三统，三统均由元气化生。《云笈七籤》讲："三气变生三才，三才既滋，万物斯备。"[①] 概而言之，道教认为天、人、地三才是构成世界的三大要素，把握了这三者就可以使世界处在和谐有序的状态之中。所以，殿堂的布置，由南向北，其神明所司神职遵从着由地→人→天的内在逻辑。从三合门到券拱门属地界神区域。券拱门两侧有黑白无常祀堂，这个位置原来是寒灵庙和青苗土地庙，毁于 20 世纪中叶，供奉的也是司管地界之神明。两侧厢房位置

① （宋）张君房辑：《云笈七籤》卷 3，《道藏》第 22 册，第 13 页。

为“十殿”，供奉有十殿阎王，十殿外墙壁上绘有《二十四孝图》壁画，警戒世人多行善事，否则死后将进入地狱十殿受尽折磨。券拱门到灵官殿属人界神区域。青龙白虎殿前两侧供奉的为观世音和城隍神，此二神都是保佑一方百姓平安的神明，与百姓生活日用息息相关，体现了人界神的神职特点。灵官殿前两侧厢房为“九间房”，是道士与访客寓居之所，也反映了人界之属性。灵官殿内供奉有道教护法之神王灵官，其神职纠察于天上人间，除邪祛恶，象征着天界与人界区段间的分界之所。以北的降魔殿、朝经阙、藏经楼、香亭、钟鼓楼、玄天宫这一区域则属天界神区域，这里供奉有真武大帝、玉皇大帝、斗姥元君、吕洞宾、丘处机等神明，玄天宫内的真武大帝在此象征着天界的最高位置。这一由地界→人界→天界空间展开格局，也映射出宗教修行的层级性意涵，需一步步深入才能走入天域之境。

三　三台云台观的多次培修

三台云台观的“官制”属性还体现在明朝皇室成员对此宫观的重视，有明一代，皇帝多次下诏于此，皇帝、蜀藩王、肃藩王等曾多次组织培修宫观，并赐送有正统万历《道藏》、神像、钟鼎等器物。现存的云台观建筑为明清建筑，其建筑格局为明代奠定，据万历十九年（1591）郭元翰编的《云台胜纪》载，当时云台观已有正殿（玄天宫）、中殿、拱宸楼、天一阁、圈洞门（券拱门）、石合门（三合门）等十三重建筑。

尽管明时云台观的建筑规模已大为可观，但也并非一蹴而就之事。云台观观史可追溯至南宋绍熙年间（1190—1194），由道士赵肖庵创建，据《云台山佑圣观碑》，“宋绍熙间，有真人姓赵，字肖庵者，托迹兹区，倚石筑基，缘椒结屋”①。《重修云台观报销碑》说：“溯观之由，权舆赵宋绍熙间，爰有真人赵肖庵者，结茅兹峰，采金铸玄帝像，因作玄天宫并拱宸楼。”② 又据民国《三台县志》，“云台观，在县南百里云台山，旧名佑圣寺，屡毁于火，创建于赵宋绍熙，有真人肖庵者结茅兹峰，采金铸玄帝像，因作玄天宫、井、拱宸楼。”③ 但据《云台胜纪》《结屋云台》一章，又说“玄帝”“以嘉泰六年丙宣”入云台山“首结茅屋”之事。“嘉泰”为宋宁宗的第二个年号，为1201年至1204年，共计4年，《云台胜纪》中的“嘉泰六年”显然有误。而据张泽洪考证，“南宋嘉定三年（1210），肖庵等人筹资建成大殿一楹，后称玄天宫，玄天宫高七丈，为单檐歇山式，四柱三开间大殿。嘉定六年（1213），赵肖庵等又募铁数百斛，在赵村垭设炉铸成一丈二尺高的真武祖师神像”④。从这里可知，结茅、建殿、铸像并非同一时期完成，三者间存在着时间差，1190—1194年间是赵肖庵入云台山修行“结茅”时间，1210年于此建玄天宫，1213年立玄帝像时间。这也符合事物发展的一般逻辑，一开始，赵真人初来此山修行，仅仅是结茅而处，随着其影响力的扩大和信众的资助，而开始着手建观立像之事。

关于赵肖庵于1210年建玄天宫更重要的出于当时的时局背景。云台观最初名“佑圣观”，因真武神于宋宁宗嘉定二年

① 龙显昭、黄海德编：《巴蜀道教碑文集成》，成都：四川大学出版社，1997年，第526页。

② 《重修云台观报销碑》，现存三台云台观内。

③ 民国《三台县志》卷4，爱如生数据库，民国二十年铅印本，第283页。

④ 张泽洪：《川北道教名胜——云台观》，《中国道教》1991年第1期。

(1209) 刚被加封为“北极佑圣助顺真武灵应真君”，其诰词曰：

> 仰止层霄，巍乎北极，瞻百神之环卫，有玄武之尊严，顾像设之已崇，而号名之未备，肇称褥典，以介蕃厘。北极佑圣助顺真武灵应真君，天之贵神，国之明祀，威灵在上，常如对于衣冠，光景动人，遂莫逢于魑魅①。

可见，赵肖庵之所以建玄天宫立真武像是出于迎合皇权以图壮大自己道场。赵真人此举实为精明之举，“自时厥后威灵益著，香火益隆，上至王公大人，下至闾阎小子莫不争先快睹，奔走恐后”②，云台观香火自此兴旺起来，现今作为四川境内最大的真武道场，其格局不可不说是当初赵真人奠定的。赵肖庵也因此流芳于羽门，并尊号为“妙济真人”，被道门中人附会为玄帝“第八十三化”，《云台胜纪》《游驾西蜀》章说他“游驾西蜀，骅驻飞鸟，脱胎于赵岩之宅，以宁宗庆元元年，当值乙卯，三月三日诞”③。嘉定六年（1213）九月羽化后，其遗蜕一直保存于云台观，直至明万历大火乃毁。

总之云台观建宫立像成为真武道场应始于南宋嘉定三年，即1210年，但云台观道脉原点还是应以赵肖庵来云台山修道为基准，即南宋绍熙年间（1190—1194）。

玄天宫为云台观内最早建筑，始建于南宋嘉定三年(1210)，其建筑当时的形制是单檐歇山式，四柱三开间，目前的玄天宫乃明万历大火后原址重建。有元一代，尽管民间香火不

---

① （元）刘道明：《武当福地总真集》卷下，《道藏》第19册，第662页。

② 龙显昭、黄海德编：《巴蜀道教碑文集成》，成都：四川大学出版社，1997年，第202页。

③ （明）郭元翰编：《云台胜纪墨稿》，现存三台县文物管理所。

断兴盛，但并未受到皇室关注，该殿此时期的沿革情况不可考。入明后，燕王朱棣篡夺其侄子建文帝皇位，为了给自己的僭越行径找到合法性依据，大肆宣扬北方之神真武的灵应之事，并将真武神道场武当山修建成皇家家庙，接着又下诏于全国各地广建真武庙，全国上下掀起供奉真武的热潮。在此背景下，原祀真武神的三台云台观开始获得明代皇室的优待。永乐年间，明成祖敕诏扩建云台观，当时坐镇蜀地的蜀藩献王积极响应，于永乐十一年（1413）九月初九派吏前往，组织修葺了已破败不堪的玄天宫，此次还增建有天一阁，位于拱宸楼以北，又赐附近田产为观产，改善了云台观之前的经济境况。此后，玄天宫又经历了多次培修或重建。明正统年间（1436—1449）发巨款维修，为体现皇家宫观威严，将宫观内建筑改覆金色琉璃瓦筒。明成化二年（1466）和明隆庆年间（1567—1572）蜀王府先后重造琉璃瓦结盖宝殿。不久，万历十六年（1588）中江乡绅戴金让又重结盖。而万历三十二年（1604）的大火使云台观建筑尽毁，皇帝对此重视有加，“发内帑复还原制而制”。所谓“内帑”，即皇帝的私产、私财，从这里可窥知，三台云台观在当时更带有明代皇室家庙的性质，远非一般意义上的宫观。自这次重建，玄天宫已经历了四百余年的沧桑岁月，从其殿堂外石栏杆望柱头严重的风化情况也可见一斑。

拱宸楼也是云台观的早期建筑，据民国《三台县志》，“有真人肖庵者结茅兹峰，采金铸玄帝像，因作玄天宫、井、拱宸楼”[①]。“拱辰”指拱卫北极星，喻拱卫君王，《论语·为政》

---

① 民国《三台县志》卷4，爱如生数据库，民国二十年铅印本，第283页。

有："为政以德，譬如北辰，居其所，而众星共（拱）之。"① "宸"为帝王的代称，或帝王的住所，"拱宸"则取象于星象，喻指群臣拱卫君主之势，可见拱宸楼在云台观中的重要地位。真武神本源于古代星宿信仰二十八宿中的北方七宿，在此设置拱宸楼符合其神格特征。拱宸楼于明天顺五年（1461）有重建，当时云台观住持谢应玄组织安排此

图 4.6 玄天宫外风化严重的石栏杆

（笔者摄）

事，五年后，蜀王府为新殿堂造琉璃瓦屋面。五十年后，明正德十年（1515）此楼又有修葺，据《云台胜纪》《天府留题》章，蜀王"奉慈命，慨然出内币金"，"院、臬诸公，本府官僚，皆施资财"，培修"拱宸琼楼"等建筑之事。② 明隆庆年间（1567—1572），蜀王府重造琉璃瓦结盖宝殿。万历十六年（1588）中江戴金让又重结盖。之后，拱宸楼也毁于万历三十二（1604）的大火，皇帝"发内帑复还原制而制"。入清后，关于拱宸楼还流传一些传奇故事。《三台县志》引《锦里新编》云：

邑南云台观上塑真武像，后有拱宸楼，规制壮丽，因历

① 陈涛编：《论语》，昆明：云南人民出版社，2011 年，第 22 页。
② （明）郭元翰编：《云台胜纪墨稿》，现存三台县文物管理所。

> 年久远，楼有中柱朽烂将折。乾隆元年（1736），主持醵金图拆建。忽有老人陈匠自楚省来，自称不动梁瓦便可换柱，遂庀材卜吉以俟。至期，陈匠语道众："今夕倘闻人声，戒弗起。"夜半，果听许许拽木，斤斧毕举，喧哄良久。黎明声绝，众起视，但见椽瓦如故，柱移至露井，长三丈余，已换新柱。觅老匠已无踪影，至今楼尚存[①]。

又有"（乾隆）四十九年（1784）七月十四日，夜斗雷电大作，霹雳屡击，云台观之拱宸楼柱自上而下有龙爪痕，深寸许"[②] 的记录。遗憾的是，拱宸楼没能保留下来，于光绪十二年（1886）烧毁，"光绪丙戌上九，复不戒于火，将前殿及拱宸楼毁去"，"是年，附近绅耆醵金培修，将前殿及拱宸楼基址改修为降魔殿于光绪十五年（1889）落成，其制虽未复古，而雄壮华丽则大有可见"[③]。可知，现云台观内降魔殿为清末时期建筑，即原拱宸楼所在位置。

天一阁为入明后新增建建筑，民国《三台县志》载："永乐间奉敕大建宫殿，蜀藩献王又创修天 ·阁。"[④]《重修云台观报销碑》云："永乐间，奉敕大建宫殿，蜀藩献王又创修天一阁，遂栋宇云连，甲于蜀北。"[⑤] 可知，天一阁最早建于明永乐年间。一百多年后，天一阁当于原址上又有重建。《云台胜纪》中专有《淳化王新建天乙阁记》的文章，当为可信，叙云台观"以原给

① 民国《三台县志》卷26，爱如生数据库，民国二十年铅印本，第1745页。
② 同上，第1711页。
③《重修云台观报销碑》，现存三台云台观内。
④ 民国《三台县志》卷4，爱如生数据库，民国二十年铅印本，第284页。
⑤《重修云台观报销碑》，现存三台云台观内。

内币百金”，于拱宸楼北“瑶阶”上之“玉玺”台建“天乙阁”之事。其楼八角，“安奉香火于内。上壁绘玄帝修道事迹，下壁图雷神诸将”，“金碧辉煌，彩□焕烂”，“画栋雕甍，丹楹朱户”，“高明爽恺”，“壮丽峥嵘”。[①] 之后，万历十五年（1587），中江王家麟捐资对云台观有进行过培修，此次，天一阁当也进行了修整。几年后，于万历十九年（1591）编写的《云台胜纪》记载了云台观内当时所建的殿宇，包括正殿、中殿、拱宸楼、天一阁、圈洞门、石合门等十三重建筑。这说明在万历大火前，天一阁是存在的。而十几年后的万历大火将云台观内殿堂付之一炬，虽有“大发内帑，复还原制”重建的记载，可文献和碑刻中未见万历大火后再有天一阁的记载。光绪十二年（1886）的大火，县志记载“光绪丙戌上九，复不戒于火，将前殿及拱宸楼毁去”[②]，也未提及天一阁，从位置关系上看，天一阁位于拱宸楼北侧“瑶阶”之“玉玺”台上，而此处“前殿”位于拱宸楼南，前殿不会是天一阁。由此可推知，明万历大火后所建云台观并非完全遵照原制重建，天一阁没有再建。

据《云台胜纪》，万历大火前已建有“中殿”，根据殿阁间的位置关系，可推断是现在藏经楼所处位置。《云台胜纪》中未提及“前殿”，前殿应在万历大火后建，即原来北天一阁南拱宸楼的区域改建为北拱宸楼南前殿，可惜这一建筑清末又遭烧毁，之后拱宸楼改建成降魔殿，前殿改建为灵官殿，请真武祖师和道教护法之神坐镇于此，以期消灾去厄。现今的青龙白虎殿为明时建筑，其上还悬有明崇祯皇帝御书的“第一名山”匾额。券拱

① （明）郭元翰编：《云台胜纪墨稿》，现存三台县文物管理所。
② 《重修云台观报销碑》，现存三台云台观内。

门、三合门、甬道为明万历十六年（1588）时修建，《明万历眉山万安重修云台观碑》云：“下及旁堂、便宇、枋牌、碑亭，莫不以次成就，复陶甓瓶石合门三重，砻石甃甬道直抵殿。”① 券拱门上有明时的横额与楹联，正面横额为“乾元洞天”，上联“乾元福地人间少”，下联“茅屋云台天下无”。内侧横额为“蓬莱境”，左右联为“矗矗名山真海岛；巍巍胜境类蓬莱”。三合门也意涵深刻，象征着道教中的“三天”“三洞”“三生万物”，其基础用三尺见方的巨石砌筑而成，上端用琉璃斗拱层层出挑铺设，确为上乘之作。三合门外的华表与云台胜境坊为明正德元年（1506）建。华表在古代帝王宫殿、陵墓建筑中有标志、导引空间之用，体现着皇权的威仪，用于云台观中突显了其皇家道观的身份。云台胜境坊形制为四柱三层，上刻有对子“到此间头头是道；向上去步步登高”，左边横额书“丹台”，右边书“碧洞”，上嵌“全国通运之宝”御印一方。如此规格也足证为明时所建。

图 4.7　云台胜境坊（笔者摄）

① 龙显昭、黄海德编：《巴蜀道教碑文集成》，成都：四川大学出版社，1997年，第202页。

四 三台云台观的留存文物

明代皇帝曾先后两次遣使送《道藏》于云台观，第一次为万历二十七年（1599），是在万历大火前，因大火焚毁，又有第二次赐送，为万历四十四年（1616）。明《道藏》包括《正统道藏》与《万历续道藏》，后者于万历三十五年（1607）才刊印，故第一次赐送的仅有《正统道藏》，第二次则为正续两部分，合称《道大藏经》，总计5485卷，共512函。两份敕谕内容几乎一样，第一份敕谕其诏轴已失，所幸其内容保留在三台县志中，可以去查阅，现引用第二份敕谕，全文如下：

> 敕谕云台山佑圣观主持及道众人等：朕发诚心，印造《道大藏经》，颁施在京及天下名山宫观供奉。《经》首护《敕》，已谕其由。尔住持及道众人等，务要虔洁供安，朝夕礼诵。保安眇躬康泰，宫壶清肃，忏已往愆，尤祈无疆寿福，民国安泰，天下太平，俾四海八方同归清净善教，朕成恭已无为之治道焉。今特差御马监左少监叶忠，赍请前去彼处供安，各宜仰体知悉。钦哉，故谕。
>
> 大明万历四十四年八月[①]

此敕谕已镌刻在石碑上，立于三合门内，在其旁还立有一今人作的圣观赋碑，内容如下：

① 《明万历皇帝诏谕》，现存三台县文物管理所。

圣观赋

人杰地灵潼川府，物华天宝宜帝都；
山清水秀云雾绕，车水马龙聚商贾。
帝王之乡出九龙，圣母临降缘荫浓；
圣贤来晤时空会，捧圣朝阳福禄拱。
郪江环绕绣玉带，神光普照大道怀；
飞流直下入潭底，碧波荡漾净尘埃。
鲁班妙手铸观基，妙济升隐道在兹；
诸葛武侯留圣迹，无尽悬念述传奇。
道长传师谆谆教，道术精绝惟高妙；
仙音常驻世受益，幽幽古观出大道。
玄德升闻印台顶，意欲都此设七星；
左手推门金鸡叫，右手关牖凤凰鸣。
大殿百年尘不染，蟠龙含珠功非凡；
神秘菱图神秘影，豪光万丈众惊羡。
天下游客如织至，明清培修不遗力；
八方宾客论道切，捐资赠宝进观里。
四季怡人养生地，香茶一碗畅心底；
金光云海伴神音，悦耳经声入梦里。
昔有子龙射魔姑，海灯一指自此去；
梅花石开齐相伴，碑载奇异进诗书。
真武灵镇降魔殿，群仙环绕云台观；
芸芸众生天地间，飘飘欲仙游云端。

绵阳市三台县安居镇云台观①

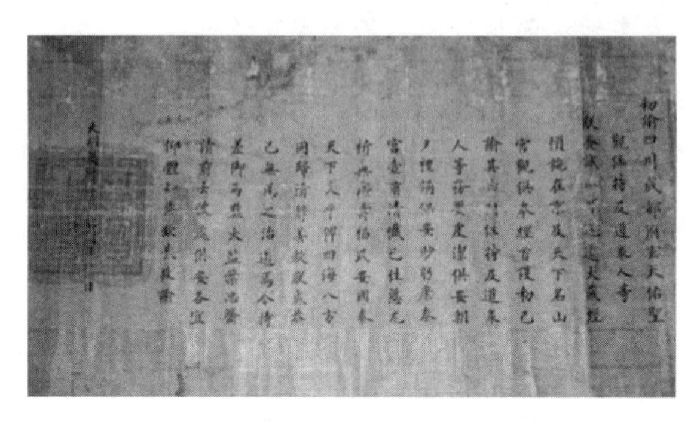

图 4.8 明万历四十四年诏谕（笔者摄）

在赐送道经中，除了敕谕与《道大藏经》，皇帝的尚方宝剑与太监白忠的象笏也留存在云台观，两卷诏轴、尚方宝剑及象笏于 20 世纪 70 年代移交给三台县文管所，不幸万历二十七年敕谕与尚方宝剑已被窃，至今下落不明。由于种种历史原因，《道大藏经》也未能完整保留下来，在清嘉庆年间就已损失过半，现仍存留的 1300 多卷移交给四川大学图书馆保管。

道教器物上，皇室前后也多有赐送。天顺四年（1460）铸大铜钟送于云台观。正德十年（1515），武宗遣内宦送金玉帝像、帐幕纹炉、府花爵盏于云台观，五年后，又赐绿幡二领，上书“大明皇帝喜舍宝幡”，张挂于观中。嘉靖四十三年（1564），肃王铸玄帝金像和执旗捧剑之灵童、玉女等十尊像送于观中供奉。万历三十六年（1608）又为云台观铸造有大铁钟。以上这些器物至民国时期当还是大部分完好。民国《三台县志》记有

① 《圣观赋碑》，现存三台云台观内。

"观内古物有铜铸神像及香炉"①，又载有："丁卯闰二月十三日，余以职事至云台观，所见明代古物甚多，如画壁，如塑像，如梁间悬剑，如阶下残碑，如真武茅庵，文昌诸殿，如正德、万历、崇祯诸榜，以及钟、磬、鼎、炉、香、烛、砖、瓦之属，精巧崇闳，各臻其妙，盖闻当时发内帑修造者也。"② 可惜目前仅有万历时铁钟尚悬挂于云台观钟楼，明制香炉保管在三台县文管所，其他诸器均不见实物，神像和大铜钟当是毁于20世纪六七十年代。

关于云台观古代碑刻，内容可查其详者有三通，分别是《明万历眉山万安重修云台观碑》《云台山佑圣观碑》和《重修云台观报销碑》。万历碑已毁，碑文内容收录在《三台县志》中。万历碑并非明万历大火后所立之碑，此碑早于万历大火，为万历十六年（1588）蜀王府奉正杨旭创修三合门后而立。《云台山佑圣观碑》与《重修云台观报销碑》尚存，前者存于云台观藏经阁下面楼梯两侧，左右各四块，木制，碑高240厘米，宽432厘米，碑文阴刻、楷书。后者存于云台观降魔殿内，碑高200厘米，宽95厘米，厚15厘米，截角。碑额横排，1行，篆书，阴刻"重修云台观报销碑"8字，字高9厘米，宽6厘米。碑面阴刻，碑文楷书，共17行，满行42字，字径3.5厘米。佑圣观碑与报销碑均为清光绪大火后立，且碑文撰写者均为罗意辰，罗意辰为三台本地人，光绪朝举人，曾任河南淇县知县，撰写碑文时间为光绪癸巳年（1893）。佑圣观碑前后可分为两大部分，前一部分多以韵文形式行文，畅谈道教玄理和三台云台山的

① 民国《三台县志》卷4，爱如生数据库，民国二十年铅印本，第284页。
② 同上，第1568页。

山水形势，此部分内容也收录在《三台县志》中。后一部分则详细地记录了云台观重建过程中捐赠者的身份、姓名与捐赠金额。报销碑记载有一些关于观史和重建募化过程的内容，以及资金的使用去向，其内容如下：

重修云台观报销碑

三台县城南有云台山，山巅一观，厥名佑圣。今人皆以山名观，遂号云台观焉。溯观之由，权舆赵宋绍熙间，爰有真人赵肖庵者，结茅兹峰，采金铸玄帝像，因而作玄天宫并拱宸楼。及尸解后，其徒解以为玄帝八十三化身，果屡彰灵应，光宗遂授为妙济真人，于是香火不绝，自宋历元，洎明尤盛。永乐间，奉敕大建宫殿，蜀藩献王，又创修天一阁，遂栋宇云连，甲于蜀北。万历十五年，中江王家麟复捐资培修。三十二年，毁于火。又大发内帑，复还旧制。又两遣内监，颁道经、诸子数百卷。其诏轴二，象笏一，迄今犹存。每年上巳间，商贾士女景从云集，诚吾乡一名胜地也。光绪丙戌上九，复不戒于火，将前殿及拱宸楼毁去，独遗玄天宫及山门内九间房等处。余等目击心悲，志余力歉，于是禀请邑侯，给予示谕、印簿，募化十方，共得五千五百六十贯零。加本山常业僦户押租，共计钱一千八百四十贯零，就本山伐木庀材，又以其根株为薪，及零瓦料等，鬻得钱三百卅贯零。共成钱七千八百卅贯零。于是攻石之工去钱六百八十五贯零，攻木之工去钱二千七十贯零，攻土之工去钱一千三百贯零，攻金之工去钱卅贯零，设色之工去钱四百五十贯零。其余灰、炭、竹、木、麻、草、钉、椿、纸札、什物、零工杂费，以及酒、食、刊碑、刻字等项，又去钱三千二百七十贯零。通共去钱七千八百几十贯零。为胜地壮色，为明圣栖神，毫厘丝忽，不敢滥入私囊，持筹计之，若合符节。自香亭以下，钟楼以内，皆其新建也。首其事者，时则有若罗世仪、梁已山、任开来、程国藩、邱汝南、任树滋、李化南、武含章、李蟠根、程国霖、杨馥国、程国祯。襄其事者，则有龚登甲，本山主持龚至湖、冷理怀、杨明正、赵明亮、任理权、赵至霖、王理金、张理顺、宋宗清、戴宗科、侯宗德、李宗荣、彭宗杨、杨宗恩、万诚章、苏性端；木工滕加伦、唐朝寿、左海亭。石工左茂荣，土工涂安益、夏万清，金工陈德孝，设色王广兴、王真金，皆与有力焉。是役也，肇工于光绪丁亥，越五年始竣，谨识颠末，用告将来。光绪十九年，岁在癸巳嘉平下浣。首事暨众绅粮并住持等公立。戊子科举人、内阁中书、邑人罗意辰书丹。①

另有《云台胜纪》墨本，可谓是官修的云台观观史资料集，是研究该宫观的珍贵材料，由郭元翰编于明万历十九年（1591）。全文采用楷体墨书，纸本，线装，开本40×21厘米，保存完整，有虫蛀痕，共五卷，分上下两侧装订。上册以郭元柱写的序开篇，第一卷《启圣实录》，共十章，包括《金阙化身》《诞修得道》《参陛降魔》《复位坎宫》《游驾西蜀》《结屋云台》《梧桐修炼》《营修巨殿》《铁像腾空》《留题还位》，主要介绍玄帝身世及“八十三化”之说，以及来云台山修炼，营建殿宇之事迹。第二卷《云台十景》，以赵肖庵的口吻歌咏云台山的美景，即著名的“云台十景”，其中也保留有一些有价值的观史资

① 《重修云台观报销碑》，现存三台云台观内。

料，云台十景分别指的是“茅屋金容”“宝殿腾霞”“瑶阶玉玺”“乾元胜迹”“梧桐夜月”“拱宸琼楼”“抚掌蝉鸣”“龙井灵泉”“洞大鹤舞”“锦江玉带”。第三卷《玄帝经文》，包括《真武咒》《奉礼咒》（仅有存目）、《垂训文》三篇，内容主要是玄帝劝世人弃恶从善的文辞。下册有第四卷和第五卷。第四卷《灵显应》，前后九则，记载的都是玄帝显灵之事，包括《鸾书呈瑞》《灵威卫驾》《骤雨迎车》《降魔遗迹》《彩雾腾光》《甘露应祷》《梦清常住》《感认贫婆》《暗刑惩恶》。第五卷《天府留题》，题材博杂，有“记”“赞”“跋”“诗词”“楹联”等。比较有史料价值的为四篇记，第一篇缺题，第二篇《淳化王新建天乙阁记》，第三篇《蜀王重修拱宸楼记》，第四篇《重修云台观记》，即明万历碑中的主体内容。全书最后以郭元翰的跋收尾。郭元翰生平待考，书末署款为“叙州府隆昌县后学”。《云台胜纪》墨稿现保存在三台县文物管理所。

第二节　由梓潼树神向文昌帝君的流变过程考析

七曲山大庙的渊源可以追溯到春秋时期的“善板祠”，在漫长的岁月变迁中，尽管其建筑不断被重建翻修，但人们对神灵的信奉却一直延续至今。就大庙演变概貌而言，经历了如下变迁：先秦两汉时期的善板祠（亚子祠）到晋以后的张亚子庙，又到唐时的七曲庙，再到宋时灵应庙，元代以降，被敕名“佑文成化庙”（文昌庙），明末改称七曲山太庙，入清后被称为七曲山大庙，现大庙的白特殿即原善板祠的基址所在位置。

图 4.9　绵阳梓潼七曲山大庙白特殿（笔者摄）

一　流变过程的第一次飞跃

善板祠始建于何时，以及为何名曰善板祠，在学术上是长久以来探讨的问题，善板祠中的“善”显然是一修饰词，而“祠”不过是表征此建筑具体功用之词，含义清晰。那么，其中的关键字自然是“善”所修饰的“板”字，从此字可推知此建筑在形制上应是板式，中国历史上哪一族群的建筑风格是采用板式的呢？《诗经·秦风·小戎》有“言念君子，温其如玉。在其板屋，乱我心曲”① 一句。而《毛传》中也提到“西戎板屋”。唐代孔颖达在注疏《毛诗》时说：“《地理志》云：天水、陇西，山多林木，民以板为屋，故秦诗云‘在其板屋’。然则秦之西垂民亦板屋，言西戎板屋者，此言‘乱我心曲’，则是君子伐戎，

① 王秀梅译注：《诗经》，北京：中华书局，2015 年，第 249 页。

其妻在家思之，故知板屋谓‘西戎板屋’，念想君子伐得而居之也。”① 另南朝萧统《文选》有云：“见‘在其版屋’，则知秦野西戎之宅。”② 此处的“版”与“板”相通。北魏郦道元《水经注·谓水》中说：“其乡居悉以板盖屋，《诗》所谓‘西戎板屋’也。”③ 史书《南齐书·氐传》有：“无贵贱皆为板屋土墙”④ 之说。由以上文献记载可知，以板为屋的建筑形制是我国古代西戎民族氐族的建筑特色，这一建筑特点近世仍有继承，清代甘肃南部及四川北部一带，“番民所居房屋，四围筑土墙，高三丈，上竖小柱，覆以松木板”⑤。这就是自称为氐族后裔的白马藏族的住房。由此可见，善板祠应该与我国古代西部氐人间存在着某种关联。

善板祠又名“亚子祠”，或“恶子祠”，文献上对此最早记录是东晋常璩的《华阳国志》，其上曰：“梓潼县，郡治，有五妇山，故蜀五丁士所拽蛇崩山处也。有善板祠，一曰恶子，民岁上雷杼十枚，岁尽不复见，云雷取去。”⑥ 其中所提到的“恶子”到底为何物？据明董斯张《广博物志》引《蜀记》载：“夏禹欲造独木舟，知梓潼尼陈山有梓木，径一丈二寸，令匠者伐之，树

① （汉）毛亨作传，（汉）郑玄笺注，（唐）孔颖达疏：《毛诗注疏》卷6，爱如生数据库，清嘉庆二十年南昌府学重刊宋本十三经注疏本，第378页。

② （南朝梁）萧统：《文选》卷4，爱如生数据库，胡刻本，第93页。

③ （北魏）郦道元：《水经注》卷17，爱如生数据库，清武英殿珍版丛书本，第240页。

④ （南朝梁）萧子显：《南齐书》卷59，爱如生数据库，清乾隆武英殿刻本，第419页。

⑤ 道光《龙安府志·龙安府武备志目录》，爱如生数据库，清道光二十二年刻本，第904页。

⑥ （晋）常璩撰，刘琳校注：《华阳国志新校注》，成都：四川大学出版社，2015年，第77页。

神为童子，不伏，禹责而伐之。”① 可见，梓潼这里早在4000年前的大禹王时期就有了自己的地方神——梓树神，盖源于这一地区原始氏族先民的图腾崇拜。《国语》曰：“及天之三辰，民所以瞻仰也；及地之五行，所以生殖也；及九州名山川泽，所以出财用也。非是不在祀典。”② 由此知，古代先民们把生活周边的自然物赋予上灵性加以崇拜。到了蜀王开明十二世时，蜀王遣五位大力士迎秦国美女入蜀，到了梓潼境内，梓潼树神化为巨蛇压死五位大力士和美女，以绝蜀王贪色之恋。因梓潼树神曾多次化为蛇形显灵，当地先民渐渐将梓树神作为蛇神供奉。《尔雅·释亚》云：“亚，次也。”③ 本意是用于表征时间或空间上的先后关系，盖蛇神为梓树神的变体，从时间上晚出于梓树神，故称蛇神为亚子神。又古人谓“亚”与“恶”通，因此也称其为恶子，其祠堂也就名为“亚子祠”或“恶子祠”。如果说以上关于“亚子”一称的来历尚有推理成分，在《王氏见闻》中则更加明确地说明了亚子的蛇神身份：

陷河神者，嶲州嶲县有张翁夫妇，老而无子。翁日往溪谷采薪以自给，无何一日。于严宝间刃伤其指，其血滂注。滴在一石穴中，以木叶窒之而归。他日复至其所，因抽木叶视之，乃化为一小蛇。翁取于掌中，戏玩移时，此物眷眷然，似有所恋。因截株贮而怀之。至家则啖以杂肉，如是甚驯扰。经时渐长，一年后，夜盗鸡犬而食。二年后，盗家

① （明）董斯张：《广博物志》，长沙：岳麓书社，1991年，第857页。
② （三国吴）韦曜注：《国语》，上海：上海古籍出版社，2015年，第107页。
③ 胡奇光、方环海译注：《尔雅译注》，上海：上海古籍出版社，2016年，第195页。

> 豕。邻家颇怪失其所畜，翁妪不言。其后县令失一蜀马，寻其迹，入翁之居。迫而访之，已吞在蛇腹矣。令惊异，因责翁蓄此毒物。翁伏罪，欲杀之。忽一夕，雷电大震。一县并陷为巨湫，渺浵无际，唯张翁夫妇独存，其后人蛇俱失。因改为陷河县，曰："蛇为张恶子。"①

梓潼地方志记载张恶子后来来到梓潼，"神姓张，讳亚子，其先越嶲人，因报母之仇，徙居是山，屡著灵异"②。可见，《王氏见闻》中所说的"张恶子"和梓潼的"张恶子"所指为一。这也解释了《华阳国志》中"民岁上雷杼十枚""云雷取去"之说，源于此蛇神有"发雷雨以陷巨湫"的传说。另也有典籍中称作"蝁子神"，《北梦琐言》上说："梓潼县张蝁子神，乃五丁拔蛇之所也，或云嶲州张生所养之蛇，因而祠，时人谓为张蝁子，其神甚灵。"③ 文中的"蝁"本义就是毒蛇之意，盖人们在书写流传过程中，"蝁"字逐渐流变为"恶"，而用"恶"字来指称神灵又显不妥，进而又有"亚子""亚子祠"一称。

以上有关"亚子"这一称谓来历的版本固然不少，但都一致表明"亚子"即蛇神，可以推知，亚子祠就是以蛇为祀神的族群之神祠。关于中国古代西部少数民族，典籍中有这样的描述："其种非一，称槃瓠之后，或号青氐，或号白氐，或号蚺

---

① （宋）李昉、扈蒙、徐铉等编：《太平广记》卷312，爱如生数据库，民国景明嘉靖谈恺刻本，第1383页。

② 咸丰《梓潼县志》，爱如生数据库，清咸丰八年刊本，第233页。

③ （五代）孙光宪撰，贾二强点校：《北梦琐言》，北京：中华书局，2002年，第443页。

氐，此盖虫之类而处中国，人即其服色而名之也。”[①] 文中的“蚺”本就是指一种大蛇，反映了这一民族以蛇为图腾崇拜的痕迹。另据古籍描述，人皇始祖伏羲的形象为“人首蛇身”，其出生地成纪地区正好也是氐人活动的中心区域，伏羲是否也为氐羌民族的先祖不是此文探讨的领域，但至少从另一侧面可以佐证此地民族以蛇为图腾信仰的传统。这些又一次印证了善板祠与西戎民族间的内在关联，但还需进一步追问的是，历史上氐人先民是否曾在梓潼地区长期聚居生活过？如果确是如此，他们又是何时迁入到此的？

典籍中关于蜀国的来历有这样的记载，“蜀之为国，肇于人皇，与巴同囿。至黄帝，为其子昌意娶蜀山氏之女，生子高阳，是为帝喾。封支庶于蜀，世为侯伯，历夏、商、周。武王伐纣，蜀与焉”[②]。文中提到的“蜀山氏”是古代居住于蜀山附近的部落，蜀山即位于甘肃南部与四川西北部地区的岷山，学术界普遍认为这一族群就是五千多年前由甘肃迁往四川的一支氐羌部落。氐族史研究专家杨铭先生的研究揭示了古代氐人的一个显著特征，“今甘肃陇南的西和县，是历史上氐人分布的中心之一，县境内的仇池山，在魏晋南北朝时期，曾经是氐族仇池政权的重要据点。就在西和县的群众中，至今盛传所谓‘立眼人’的故事。他们对立眼人的描述是：立眼人的眼睛和常人的不一样，除了横列的两个眼睛外，在额际上还有一纵立的眼睛，共有三只眼”[③]。

---

① （晋）陈寿：《三国志》卷30，爱如生数据库，百衲本景宋绍熙刊本，第545页。

② （晋）常璩撰，刘琳校注：《华阳国志新校注》，成都：四川大学出版社，2015年，第97页。

③ 杨铭：《氐族史》，北京：商务印书馆，2014年，第4页。

而文献中对蜀王蚕丛的描述是，“周失纲纪，蜀先称王，有蜀侯蚕丛，其目纵，始称王”①。另源于四川的当地神——二郎神也具有“三只眼”，其原型就有氐族牧猎神之说，说他三只眼睛，有一匹白色骏马和一只白毛细犬，手持三尖两刃刀，善射箭。这些都印证了蜀人与氐人间的渊源关系，说明四五千年前，川西北、川北及成都平原地区已有氐人迁此聚居。进入周代后，由于气候环境大变化，又导致了一段时期氐人族群向南的大迁徙。蒙文通先生在20世纪50年代，根据《竹书纪年》和《诗经》等文献记载提出从周厉王到周平王的一百多年里，中国气候史上曾经发生过持续长久的旱灾。这场持续百余年的旱灾直接引起北方氐族大量涌向雨水充沛的南方，他们大部分是经川西北、川北涌向四川境内。从这次大迁徙至东汉末年的近一千年中，在民族融合的大浪潮下，氐人进入四川的迁徙从未间断过，今天川西北地区的羌族及白马藏族聚居区就是当时迁徙带来的文化遗存。

由此可见，位于川北的梓潼地区早在四五千年前就应已有氐人定居生活，再结合这一地区有关“蛇神”传说的盛行时间，善板祠的始建时间当为从春秋末期至秦汉之际这一时间段内。此间供奉的神灵由早期的梓树神逐渐流变为蛇神。关于“善板祠”的确切含义，可以是因为蛇神为民素行善事，祠堂建筑又是以板式为建筑特征，故名为“善板祠”。也可能是别族的“他称”，即善于建造板屋民族的祠庙，两说皆可，不必深究。

关于亚子祠在两晋后流变为“张亚子庙”，这与东晋时四川当地一位人物张育有关。而张育其人典籍中记载并不多，记录之

---

① （晋）常璩撰，刘琳校注：《华阳国志新校注》，成都：四川大学出版社，2015年，第99页。

处也只是寥寥数笔，说他为反对异族前秦政权的统治，联合晋军，揭竿而起，后又自立为蜀王，但最后以失败告终。以下是《十六国春秋》的记载：

> 建元十年春三月，侍中太尉建宁烈公李威卒。夏四月，坚下书曰：巴夷险，逆寇乱益州，招引吴军为唇齿之势，特进镇军将军、护羌校尉邓羌可帅甲士五万星夜赴讨。五月，蜀人张育、杨光等起兵二万以应巴獠，晋益州刺史竺瑶、威远将军桓石虔帅众三万攻垫江，宁州刺史姚苌帅兵拒之，败绩，退屯五城，瑶与石虔移屯巴东。张育自号蜀王，遣使称藩于晋，与巴獠酋帅张重、尹万等五万余人进围成都。六月，育改元黑龙。秋七月，张育与张重等争权，举兵相攻。邓羌、杨安等袭击育，败之，育与杨光退屯绵竹。八月，邓羌败晋师于涪西。九月，杨安败张重、尹万于成都南，重死，斩首二万三千级。邓羌复击张育、杨光于绵竹，皆斩之，益州遂平①。

张育死后，梓潼当地民众为了纪念其英勇反抗异族统治的事迹，为其立祠，名曰“张育祠”，地点与亚子祠毗邻。随着岁月流逝，两祠逐渐合一为张亚子庙，以前的蛇神亚子也流变为张亚子神，其深远意义在于，它使梓潼当地图腾式信仰之神在现实人物身上找到了依附对象，使这种信仰更具有了现实基础，并为这种信仰的传播、延续创造了有利条件。尽管张育的事迹算不上什么惊天动地的历史事件，但从汉人政权抵抗异族入侵的角度讲，又顺理成章地成为后世统治者为维护自身统治而标榜的对象，这

① 《四库提要著录丛书》史部卷34，北京：北京出版社，2011年，第311页。

也为张亚子神后世被统治者多次加封埋下伏笔。

二　流变过程的第二次飞跃

入唐以来，张亚子庙在梓潼当地应已小有名气，从文人雅士们对此的崇奉可见一斑。据计有功《唐诗纪事》卷十五载："（王）岳灵，登开元进士第。天宝十年，为监察御史，撰《张亚子庙碑》。"[①] 遗憾的是，此碑文未见《全唐文》收录，难察其详。唐代李商隐也曾入蜀游梓潼张亚子庙，赋有《张恶子庙》一诗："下马捧椒浆，迎神白玉堂。如何铁如意，独自与姚苌？"[②]

唐朝安史之乱发生后，唐玄宗为避难逃入蜀地，途经梓潼，曾在境内的张亚子庙小驻，传说张亚子神在此显灵，晚上托梦于他，告知他安史之乱即将平定，大唐的国祚还将继续延续。果然，没过几日前方传来消息，太子李亨在郭子仪、李光弼的辅佐下借助回纥兵打败了安史叛军，不久京城便可光复。唐玄宗在欣喜之余向左右询问张亚子之神，得知张亚子曾起义抗击氐族的入侵，是维护正统地位的象征，又加之先前托梦一事，更使他产生敬意，追封张亚子为"左丞相"，让天下臣民效法。又根据之前玄宗惆怅之时在此曾作《雨霖铃》曲，其侍臣黄幡卓由感而发作诗云"细雨霏微七曲旋，郎当有声哀玉环。爪牙厚重纲纪乱，

① （宋）计有功编，王仲镛点校：《唐诗纪事校笺》，成都：巴蜀书社，1989年，第405页。

② （唐）李商隐著，（清）朱鹤龄笺注，田松青点校：《李商隐诗集》，上海：上海古籍出版社，2015年，第93页。

长途漫漫路茫然”，而将张亚子祠改名为“七曲庙”，梓潼山也因此更名为“七曲山”。这次加封的影响是，它不仅使梓潼当地一位小神张亚子在全国范围内获得了一定的知名度，更重要的是，它开了后世统治者对其不断加封，以及道教人士、豪强势族对其攀缘附会的先河。

唐朝广明元年（880），黄巢发动起义，唐僖宗于广明二年也被迫逃到蜀地，到了梓潼七曲庙后，封张亚子为“济顺王”：“广明二年，僖宗幸蜀，神有阴兵助顺，见形于桔柏津。帝幸其庙，解剑赠神，封‘济顺王’，庙在剑州。”[①] 唐僖宗应是联想到120多年前，其先祖唐明皇对张亚子的追封使唐室江山转危为安，若再次加封，祈求神灵相助或许局势还能得到转机。此时僖宗一旁的侍中王铎作有七律以附会：

谒梓潼张亚子庙

盛唐圣主解青萍，欲振新封济顺名。
夜雨龙抛三尺匣，春云凤入九重城。
剑门喜气随雷动，玉垒韶光待贼平。
惟报关东诸将相，柱天功业赖阴兵[②]。

诗末注云：“时僖宗幸蜀，人情术士皆云春内必还京。”这时，一旁的判度支肖遘也和诗云：

和王侍中谒张亚子庙

青骨祀吴谁让德，紫华居越亦知名。
未闻一剑传唐主，长拥千山护蜀城。

① （清）彭遵泗：《蜀故》卷21，爱如生数据库，清乾隆刻补修本，第182页。
② 黄钧、龙华等校点：《全唐诗》第6册，长沙：岳麓书社，1998年，第365页。

斩马威棱应扫荡，截蛟锋刃俟升平。

酂侯为国亲箫鼓，堂上神筹更布兵①。

诗的结尾注云："时僖宗解剑赠神，故二公赋诗。"最终结果，僖宗的确平定了这场叛乱，这虽与张亚子是否显灵无关，但无疑使张亚子神在朝野上下地位进一步提升，供奉信仰者更多。

进入宋代后，又有多位皇帝对张亚子进行了加封，其中真宗朝，张亚子被加封为"英显王"：

庙在梓州梓潼县，本梓潼神地，旧记曰：神本张恶子，仕晋，战死而庙存。唐明皇狩蜀神迎于万里桥，追命"左丞相"。僖宗播迁亦有助，封"济顺王"。咸平中，益卒为乱，王师讨之，忽有人呼曰："梓潼神遣我来，九月二十日，城陷。"果克。四年，州以状闻，故命追封"英显王"。②

对梓潼神的加封表面上看似乎是由某一具体事件引起，从深层次说，却是宋王朝内忧外患局面的反映，整个宋朝时期，持续受着辽、金、西夏、蒙古等少数民族政权的侵扰，张亚子作为仕晋抗氐的历史人物，在宋朝汉胡之争的政治现实背景下，抬高其地位具有宣示正统的意义。又由于张亚子神屡次显灵，统治者对其愈加重视，绍兴十年（1140），高宗下令将梓潼七曲庙以王宫格局进行扩建，并敕封为"灵应庙"。高宗后的光宗、理宗先后又追封张亚子为"忠文仁武孝德圣烈王"和"神文圣武孝德忠仁王"等封号。关于灵应庙，《宋会要辑稿》中也有张亚子显灵

① 黄钧、龙华等校点：《全唐诗》第6册，长沙：岳麓书社，1998年，第689页。

② （宋）高承：《事物纪原》卷7，爱如生数据库，明弘治十八年魏氏仁宝堂重刻正统本，第160页。

一事的记载：

> 隆庆府灵应庙，梓潼县七曲山晋张恶子祠。真宗咸平三年，益州戍卒婴城为乱，王师讨之。忽有人登梯，冲指贼大呼曰："梓潼神遣我来，九月二十日，城陷。尔辈悉当夷戮。"贼众射之，倏忽不见。果及期而克，州以状闻。四年七月命追封"英显王"，仍立碑纪其事。①

对张亚子的加封不仅限于其本人，还惠及其家人及属下。徽宗崇宁四年（1105）六月赐庙额，封张亚子之父为义济侯，宣和元年（1119）五月封其母为柔应夫人，宣和三年八月封其妻为英惠夫人，此外还有其手下的五位将军也得到了加封。今天的七曲山大庙里专门有一座殿堂名曰"家庆堂"，里面供奉的就是张亚子及其家人，进入此殿，较其他殿堂，顿时不再有庄严肃穆之感，而代之祥和、美满、其乐融融的氛围。

图 4.10　七曲山大庙家庆堂（笔者摄）

---

① 刘琳、刁忠民、舒大刚、尹波等校点：《宋会要辑稿》，上海：上海古籍出版社，2014 年，第 1015 页。

直至入宋之时，梓潼神张亚子还主要是以主兵革的“战神”形象呈现于世人面前，这与蜀地英雄张育仕晋抗氐，汉胡之争中统治者加封宣示正统，以及多次显灵应验平定叛军等因素密切相关。南宋岳珂在《桯史》中也有记载张亚子以战神形象显灵之事：“梓潼在蜀，著应特异。绍兴壬子，泸人杀帅张孝芳，盖尝正昼见于阅武堂，逆党恇溃，以迄天诛。”[①] 那么，一位主战神的地方性小神又是如何实现其华丽转身，成为一位司管士人功名禄籍，具有全国性影响的文昌帝君呢？又或文昌帝君这一形象为何偏要依附于张亚子身上？笔者认为主要有以下几方面原因。

首先，这是当时道教界人士有意为之而促成的结果。上有所好，下必趋之。在唐宋时期多位皇帝对张亚子神加封的背景下，道教人士努力迎合统治者的偏好，同时也为了建构自洽的神学体系，采用“天启”“神谕”“降笔”等造神手段，将梓潼神改造成为了文昌帝君的形象。道书《清河内传》就是采用“降笔托书”的方式对张亚子的身世进行了神化。所以有，“梓潼庙在晋，宋以前无以为文昌庙者，以梓潼为文昌者，出于道家之傅会。”[②] 但是文昌信仰却早已有之，与梓潼神合流之前有着一个相对独立的发展演变过程。

提及文昌信仰，源于我们古代先民观天象以知时节的传统，天空中星辰位置的变化表征着人间时令的变迁，对指导人们农业生产有重要意义。《尚书·尧典》云：“乃命羲和，钦若昊天，

① （宋）岳珂撰，吴企明点校：《桯史》，北京：中华书局，1981 年，第 27 页。

② （民国）臧励酥等编：《中国古今地名大辞典》，上海：上海书店出版社，2015 年，第 818 页。

历象日月星辰，敬受人时。”① 《周易·彖传》曰：“观乎天文，以察时变；观乎人文，以化成天下。”② 《淮南子·天文训》说：“帝张四维，运之以斗。月徙一辰，复反其所。正月指寅，十二月指丑，一岁而匝，终而复始。”③ 可见，早期先民对星辰日月的观测更具有客观实用的特点，尚未赋予它们以吉福的观念。

随着时代发展，在古人“天人合一”式的思维模式影响下，人们认为天上的星辰与地上的人事间存在着感应关系，于是赋予各种星象吉凶，进而又对各个星辰赋予不同神职，称其为星官或星神，在此基础上又衍生出对星辰的崇拜和祭典活动，以及各类禁忌。例如，《周易·系辞上》曰：“天垂象，见吉凶。”④ 《周礼·春官·保章氏》讲：“掌天星，以志星辰日月之变动，以观天下之迁，辨其吉凶。以星土辨九州之地，所封封域皆有分星，以观妖祥。”⑤ 关于“文昌”二字，《史记·天官书》的解释为：“文者，精所聚；昌者，扬天纪。辅拂并居，以成天象，故曰文昌宫。”⑥ 文昌星所在位置位于今天所称的“大熊座”中，与北斗七星相呼应，《太平御览》引战国天文学著作《石氏星经》

① 李民、王健译注：《尚书》，上海：上海古籍出版社，2016 年，第 3 页。

② 黄寿祺、张善文译注：《周易译注》，上海：上海古籍出版社，2007 年，第 132 页。

③ （汉）刘安编，陈广忠译注：《淮南子译注》，上海：上海古籍出版社，2017 年，第 108 页。

④ 黄寿祺、张善文译注：《周易译注》，上海：上海古籍出版社，2007 年，第 392 页。

⑤ （汉）郑玄注，（唐）贾公彦疏，彭林整理：《周礼注疏》中，上海：上海古籍出版社，2010 年，第 1019—1020 页。

⑥ （汉）司马迁著，王利器主编：《史记注译》第 2 册，西安：三秦出版社，1988 年，第 934 页。

称：“文昌六星，如半月形，斗魁前，为天府，主天下集计事。”[①] 可知，战国时期文昌宫六星已具有了神职属性，盖因北斗常被比附为帝王，离其不远处的文昌星也就比附为将相，文昌宫遂成为天宫行政机关所在地。文昌主“司命”一说在先秦也已出现，《楚辞·九歌》中有大司命与少司命二篇，清戴震注云：“三台上台曰司命，主寿夭，《九歌》之大司命也；文昌宫四曰司命，主灾祥，《九歌》之少司命也。”[②] 这或许可作为文昌主“司命”最早渊源。需要说明的是，“司命”一词有狭义和广义之分，狭义上，“司命”中的“命”作“性命”解，即掌管人的寿夭生死。广义上，“司命”中的“命”作“命运”解，除了寿夭生死之外，还执掌人生的时运、命运及相应的占命技术。在早期文昌司命信仰中主要是广义上的内涵，因此当时的人们对文昌星神十分重视，有祭祀文昌星的习俗。东汉学者应邵在《风俗通义·祀典》中讲：“司命，文昌也。司中，文昌下六星也。槱者，积薪燔柴也。今民间独祀司命耳，刻木长尺二寸为人像，行者檐篋中，居者别作小屋。齐地大尊重之，汝南余郡亦多有，皆祠以猪，率以春秋之日。”[③] 进入汉朝以后，文昌星除主“司命”一职外，还被赋予了更广泛的职能。司马迁在《史记·天官书》中说：“斗魁戴匡六星曰文昌宫：一曰上将，二曰次将，三曰贵相，四曰司命，五曰司中，六曰司禄。”[④] 有关对这

① （宋）李昉、李穆、徐铉等：《太平御览》卷6，爱如生数据库，四部丛刊三编景宋本，第42页。

② （清）戴震：《屈原赋戴氏注》，爱如生数据库，清乾隆刻本，第14页。

③ （汉）应邵：《风俗通义·怪神第九》，爱如生数据库，明万历《两京遗编》本，第42页。

④ （汉）司马迁著，王利器主编：《史记注译》第2册，西安：三秦出版社，1988年，第934页。

些神职的具体解释，又说："上将建威武，次将正左右，贵相理文绪，司禄赏功进士，司命主灾咎，司中主左理也。"[①] 魏晋以降，"南斗主生，北斗主死"的说法逐渐流行开来，干宝《搜神记》说："南斗注生，北斗注死。凡人受胎，皆从南斗，祈福皆向北斗。"[②] 况灶神也有"司命"一说，文昌星司命职能受到冲击，逐渐弱化直至消失。进入隋唐，科举制度的推行并日臻完善，催生了士人们追求功名利禄的动机，士人们精神上希望寻求一种对自身仕途给以护佑的神灵，在此背景下，文昌宫延续了之前第三星"贵相理文绪"和第六星"司禄赏功进士"的职能，成为掌管士人功名利禄之神。

道教一直重视对星象的观测，正如盖建民先生所说，"道教认为天有日、月、星，人有精、气、神。相对于精、气、神人体三宝而言，日、月、星乃是天之三宝，具有神圣性"[③]。他还说："道教的神学本体论、神仙创世论和神仙谱系的建立，都是以天体宇宙的模型为基本构架的，即以中国传统的天文宇宙理论为基础，根据道教神学理论建构的需要，加以宗教神学的改造。"[④] 关于文昌星辰信仰，道教在继承的同时又加以改造。文昌星主"司命"的说法在道教典籍中也有提及，《正一法文十箓召仪》称："不知生年，言被上三天无极大道太上中玄三天都录司命文昌君召。"[⑤]《太上三五正一明威箓》载："上三天三五元命文昌

① （汉）应邵：《风俗通义·怪神第九》，爱如生数据库，明万历《两京遗编》本，第42页。

② （晋）干宝：《搜神记》卷3，爱如生数据库，明《津逮秘书》本，第11页。

③ 盖建民：《道教科学思想发凡》，北京：社会科学文献出版社，2005年，第64页。

④ 同上，第68页。

⑤ 《正一法文十箓召仪》，《道藏》第28册，第482页。

中宫中黄九道司命一十五人治官。"[1] 唐末五代道士杜光庭删定的科本称此十五人能为受箓者"除死籍，正生名，固守丹田，消灾辟病。"[2] 道教在延续汉代文昌司命观念的同时又赋予了其长生得度的观念。道经《太上神咒延寿妙经》曰："若能受此经，延年益算，过度灾厄，寿命延长，拔赎年命，簿中断死。文昌宫中，注上生名。"[3] 唐朝以降的道教又适应了科举取士的历史背景，对文昌神进行了改造，使其与人间仕途间建立起联系。道经《太上济度章赦》所录《文昌祈禄章》讲："文昌三台，南斗北斗，东璧奎宿，羽林垒壁，师门将军，应主宰人间官职。"[4]

文昌信仰体系中不得不提到对魁星的信仰，现七曲山大庙山门建筑即魁星楼，为清朝雍正年间重建，里面供奉有魁星神，其形象红发鬼面，甚是丑陋。右手执朱笔，左手拿着富贵花，右腿直立，左腿后翘，此形貌即为人们所说的"魁星点斗"之意。其实，最早主文运的星为奎星，汉代纬书《孝经援神契》中有"奎主文章"之说，世人多建奎星阁以祀之。奎星是二十八宿之一的西方白虎宫的七宿之首，而魁星则指北斗星中第一至第四星，或仅指北斗第一星天枢，道教上清派称为阳明。"奎"与"魁"音同，并且两星均寓意"首位"的含义，与此神主赐科试第一的信仰相符合，因而后世逐渐合一为"魁星"。可知，魁星与文昌星非一星，魁星神作为文昌星神的辅佐构成文昌信仰体系的一部分。

---

① 《太上三五正一盟威箓》卷2，《道藏》第28册，第433页。
② （五代）杜光庭：《太上三五正一盟威阅箓醮仪》，《道藏》第18册，第284页。
③ 《太上神咒延寿妙经》，《道藏》第6册，第232页。
④ 《太上济度章赦》，《道藏》第5册，第823页。

由此可见，在文昌星辰信仰的发展历程中，道教在促成梓潼神演变为文昌帝君的过程中起着桥梁和创设作用，但要实现这种合流，客观上还需要具备其他内在因素和外部条件。

其次，张亚子神当时所获得的殊荣使其成为作为文昌帝君化身最好的承担者。由于张亚子神得到统治者的屡次加封，其神格及知名度不断攀升，在当时追求功名利禄的仕途人心里很自然地投射出一种“步步高升”“蒸蒸日上”的意涵，在这种观念影响下，执掌文运禄籍的文昌帝君形象也就逐渐依附在梓潼神张亚子身上。当时很多文人笔记文章中对二者的附会之说可见一斑，宋代洪迈《夷坚志》载有一则《梓潼梦》的故事：

> 绍兴七年被乡荐，亦乞梦于神，梦神告曰：“已与卿安排甲门高第矣。”及类试，果为第一，乃刻石记于庙西庑。后罢眉州幕官，赴调临安，舟行至闸口镇，病死。始验“甲门”之语，盖闸字也①。

这里的梓潼神明显还有着文昌信仰早期“司命”职能的痕迹，但已显示出正向主文司禄方向的衍化，反映了文昌星神与梓潼神结合早期的情形。宋人叶梦得在其《崖下放言》一书中也讲一故事：

> 祥符中，西蜀有二举人，行至剑门，宿张恶子庙，祈梦，梦神宾主劝酬，一神曰：“帝命吾侪作来岁状元赋，当议题。”一神曰：“以‘铸鼎象物’为题。”既而诸神皆一韵，删改商榷毕，朗然诵之曰：“当召状元魂魄授之。”二

① （宋）洪迈撰，何卓点校：《夷坚志》，北京：中华书局，1981年，第223页。

子素聪，警书记其赋。及试题，果验，而赋皆不能记。唱名，二子皆被黜，状元乃徐奭也，既见奭，赋与庙中所记无异。[①]

通过梓潼神显灵透露考题的故事，将文昌神的职能依附到了梓潼神身上，受此故事影响，之后“凡蜀之士以贡入京师者，必祷于祠下，以问得失，无一不验者”[②]。此时，梓潼神已主要不是之前“战神”的角色，它与仕途人的命运开始联系在一起。蔡京之子蔡绦在其《铁围山丛谈》上还载有著名的“梓潼神风雨送宰相”的故事：

长安西去蜀道有梓潼神祠者，素号异甚。士大夫过之，得风雨送必至相；进士过之，得风雨则必殿魁。自古无一失者。……时介甫（王安石）丞相年八九岁矣，待其父行，后乃知风雨送甫也。鲁公（蔡京）帅成都，一日召还，遇大风雨，平地水几二十寸，遂位极人臣。何文缜丞相栗，政和初与计偕，亦得风雨送，仍见梦曰：“汝实殿魁，圣策所问，道也。”文缜抵阙下，适得太上注《道德经》，因日夜穷治。及试策目，果问“道”，而何为殿魁[③]。

总的说来，由皇帝的加封，再加上文人的附会，梓潼神的形象由过去的战神向主文运禄籍之神转变，其神职也自然同文昌神

① （清）张玉书、陈廷敬、李光地等编：《佩文韵府》，爱如生数据库，文渊阁《四库全书》本，第2047页。

② （宋）马廷鸾：《碧梧玩芳集》卷17，爱如生数据库，民国《豫章丛书》本，第95页。

③ （宋）蔡绦：《铁围山丛谈》卷4，爱如生数据库，清《知不足斋丛书》本，第39页。

合流，成为后世的文昌帝君。

再次，文昌帝君的塑造在当时迎合了士人阶层及广大人民群众的心理需要。中国的科举制度发展到宋代，在制度设计上更趋于成熟完备，在取士上更能体现出公开、平等、择优的原则。宋太祖开宝六年（973）创立的殿试制度是由皇帝亲自主持，有效遏制了唐代科举取士中普遍存在的结党营私现象。宋代对参加贡举考试人员身份也放开了限制，隋唐时期，工商业者、僧人道士之子及皇帝宗室成员均不得参加科举，入宋以后这些人员均可应举。在考试方法上，这一时期也采取了诸多防止徇私舞弊的措施。实行的锁院制度要求从受命之日到放榜之日，考试官一直留住于试院，杜绝了其与外界请托之人的联系。针对考试官亲戚，制定了另外选官别试的制度。针对考试时间，禁止继烛，尽用昼试，一般为卯时入试，酉时纳卷，使应举人在光天化日之下作弊的可能降到最低。为了保证评卷的客观性又创立了誊录制度，时常，对考试人员姓名封弥后，尚不能杜绝取士中的作弊现象，考试官可以通过字迹辨认考生身份，为了堵住这一漏洞，采取此手法。吴自牧《梦粱录》卷二《诸州府得解士人赴省闱》记载云：

> 所纳卷子，径发下弥封所封卷头，不要试官知士人姓名，恐其私取故也。却于每卷上打号头，三场共一号，方发往誊录所誊录卷子。依字号书写，对读无差，方纳入考试官各房考核。如卷子考中，发过别房复考。如称众意，方呈主文，却于誊录所吊取真卷，点对批取，定夺魁选，伺候申省奏号揭榜取旨，差官下院拆号放榜①。

① （宋）吴自牧：《梦粱录》卷2，爱如生数据库，清《学津讨原》本，第6—7页。

通过这一套严格考试程序，考取的士人在当时的确获得相当大的优待，造就了两宋时期“士大夫与天子共治天下”的局面，据张希清《中国科举制度通史·宋代卷》：“北宋时期宰相共有71人，其中科举出身者65人，占92%；副宰相共有153人，其中科举出身者139人，占91%。南宋时期，科举出身的比例则更高些。”① 由此可见，宋代的科举制度极大程度上抑制了之前靠人情请托、金钱交易等方式谋取一份功名的现象，为广大平民百姓走入仕途道路提供了一个较为公平公正的取士环境。同时，宋代对文人的优待又极具诱惑力，这使得广大仕途之人及其眷属们对仕途道路充满着热切向往和追求，在严格的考核制度下，他们除了依靠自身的努力勤奋外，精神上，还把自身的前途命运诉诸神灵的护佑上。在这种情形下，为文昌神建祠立像也变得必要起来，又世人在张亚子神身上看到其与文昌信仰间有着诸多契合点，文昌神也就逐渐从星神依附到张亚子身上，名之曰“文昌帝君”。如果说之前从梓潼树神、蛇神形象依附到具体人物张育身上是梓潼神流变史上一次重大飞跃的话，那么，这次从过去的文昌星辰信仰落实到了具体人物张亚子身上可算得上是梓潼神流变史上又一次重大飞跃。

---

① 张希清、毛佩琦、李世愉主编：《中国科举制度通史》宋代卷，上海：上海人民出版社，2017年，第22页。

图 4.11　南宋镂空铸铁花瓶（笔者摄）

从宋代开始，陆续有些文物有幸保存至今。现七曲山大庙中桂香殿内两侧有铸铁花瓶，其上插镂空花束，还有铸铁五足鼎一对，鼎虽残缺各断两足，但就残足的一只上依稀可见“大宋淳祐”字样，为宋理宗年间（1241—1252）的文物。另殿内供奉有三尊实心铸铁神像，因像后没有铭文，无法知所属确切年代，有专家推测也属于宋代，若真如其说，则甚为珍贵。

三　文昌信仰的发展

元朝以降，元仁宗于延祐三年（1316）对文昌神张亚子又有加封，追封其为“辅元开化文昌司禄宏仁帝君”，钦定为“忠国孝家益民正直之神”，将灵应庙敕名为“佑文成化庙”。此次加封的意义是，从官方层面上正式予以司文运禄籍的文昌神以帝格的称谓，确立了文昌帝君祀典活动的合法性。据古籍记载，元朝统治者入主中原后，对儒士及道教持以蔑视态度，元仁宗此次高规格加封更多出于现实形势考量。一方面，南宋以来在民间形成的文昌信仰群众基础深厚，另一方面，元朝建立后的几十年中，各地反元起义连绵不断，其中很多是由士人参谋，或具有道教背景的人参与谋划，统治者想通过这样的敕封拉拢士人、道教及广大老百姓阶层，以稳固自身的政权。从封号中“辅元”“忠国”可知，即使士人的护佑神灵尚要以辅元忠国为首要职责，而况受其左右命运的广大士人们。

目前七曲山大庙建筑群中有元代建筑盘陀殿，是现存建筑里历史最早者，因殿内有一硕大顽石而得名，相传为文昌帝君张亚子修身得道之地，顽石上塑有张亚子手持书卷坐像一躯。殿门有对联一副，上联：在天垂像光照日月；下联：过化存神泽庇人民。该殿是研究元代建筑不可多得的范本。

图 4.12　盘陀殿张亚子造像（笔者摄）

明清时期是文昌庙香火最兴旺的历史时期，全国各地都建有大大小小的文昌宫、文昌庙和文昌阁，上至统治层下至黎民百姓都要举行文昌帝君的祀典活动。针对当时全国文昌信仰的高度热情，官方也不是没有人对此提出过质疑，《礼部志稿》载：

> 道家谓上帝命梓潼掌文昌府事及人间禄籍，故元加号为帝君而掌天下，学校亦有立祠祀之者。景泰中因京师旧庙辟而新之。岁以二月三日为帝君生辰，遣官致祭。夫梓潼神显灵于蜀，则庙食其地，于礼为宜，祠之。京师何也！况文昌六星为天之六府，殊与梓潼无与，乞敕罢免。其祠在天下学校者俱令拆毁①。

官方下令拆毁除梓潼外全国各地的文昌庙，从侧面也反映了当时全国文昌信仰的广泛性，并且现实中也无法实现，明清时，各地文昌宫、庙数量反呈上升趋势，文昌信仰持久不衰。清代时，文昌祀典还被列入国家祀典，升为中祀，地位几乎与孔子并尊，以致有了“北有孔子，南有文昌”之说。《清史稿》载："（嘉庆五年）发中帑重新祠宇，明年夏告成，仁宗躬谒九拜，诏称：‘帝君主持文运，崇圣辟邪，海内尊奉，与关圣同，允宜列入祀典。’"②

文昌信仰的普遍盛行与当时社会的文化环境不无关系。从明代开始，资本主义生产关系在我国开始萌芽，市民阶层登上历史舞台，传统的观念在应对现实问题上显得越来越力不从心，以往为人们提供安身立命的儒家学说和提供终极关怀的宗教思想普遍受到质疑。这时的人们往往从功利角度出发，更注重现实的实用性，而不是儒家那一套空洞的说教理论和佛家所指引的虚无缥缈的彼岸世界，大量劝善书的问世就是这一实质的反映，如《文

---

① （明）俞汝楫：《礼部志稿》卷84，爱如生数据库，文渊阁《四库全书》本，第1328页。

② （民国）赵尔巽：《清史稿·志六十六礼三》，爱如生数据库，民国十七年清史馆本，第1342页。

昌帝君阴骘文》《文昌化书》《文帝孝经》等，它们的共同特征是劝世人行善积德，但这种“行善积德”又与儒家所讲的不同，儒家所讲的是从自身修养层面上去下功夫，从动机上去“起善”，而劝善书则是从功利角度出发，强调人行善后将会给自己带来福报，即使这种福报自己没有即时享受到，也会福荫自己的后代，即“近报则在自己，远报则在儿孙”。从统治者立场上看，推崇文昌信仰解决了单靠严酷律法及三教教化所不能解决的广大民众的信仰危机，同时可以最大限度地笼络住知识分子。从民间层面上看，文昌信仰的兴盛也符合广大市民百姓的心理需求，受长期官本位思想的影响，普通大众把获得功名利禄作为最高价值追求，作为主文运禄籍的文昌帝君自然会受到供奉。为了改善一个地区的风俗与文脉，人们往往还会通过大建文昌庙的方式来实现，风水家所讲的在水口砂上建文昌阁就是这个道理。总之，明清时期文昌信仰的兴盛能够在各个层面上得到体现，明末农民起义军领袖张献忠入川后，大肆与文昌帝君张亚子联宗，并将文昌庙拜为家庙，改称“七曲山太庙”，也反映出文昌信仰影响之大。入清以后，七曲山太庙被改称为今天的“七曲山大庙”。

文昌帝君阴骘文

帝君曰：吾一十七世为士大夫身，未尝虐民酷吏。救人之难，济人之急，悯人之孤，容人之过。广行阴骘，上格苍穹。人能如我存心，天必赐汝以福。

于是训于人曰：昔于公治狱，大兴驷马之门；窦氏济人，高折五枝之桂。就蚁中状元之选，埋蛇享宰相之荣。欲广福田，须凭心地。行时时之方便，作种种之阴功。利物利人，修善修福。正直代天行化，慈祥为国救民。忠主孝亲，敬兄信友。或奉真朝斗，或拜神念经。报答四恩，广行三教。济急如济涸辙之鱼，救危如就密罗之雀。矜孤恤寡，敬老怜贫。措衣食周道路之饥寒，施棺椁免尸骸之暴露。家富提携亲戚，岁饥赈济邻朋。斗秤须要公平，不可轻出重入。奴婢待之宽恕，岂宜备责苛求。印造经文，创修寺院。舍药材以拯疾苦，施茶水以解渴烦。或买物而放生，或持斋而戒杀。举步常看虫蚁，禁火莫烧山林。点夜灯以照人行，造河船以济人渡。勿登山而网禽鸟，勿临水而毒鱼虾。勿宰耕牛，勿弃字纸。勿谋人之财产，勿妒人之技能。勿淫人之妻女，勿唆人之争讼。勿坏人之名利，勿破人之婚姻。勿因私仇，使人兄弟不和。勿因小利，使人父子不睦。勿倚权势而辱善良，勿恃富豪而欺穷困。善人则亲近之，助德行于身心。恶人则远避之，杜灾殃于眉睫。常须隐恶扬善，不可口是心非。翦碍道之荆榛，除当途之瓦石。修数百年崎岖之路，造千万人来往之桥。垂训以格人非，捐赀以成人美。作事须循天理，出言要顺人心。见先哲于羹墙，慎独知于衾影。诸恶莫作，众善奉行。永无恶曜加临，常有吉神拥护。近报则在自己，远报则在儿孙。百福骈臻，千祥云集，岂不从阴骘中得来者哉！①

现今七曲山大庙中几乎均为明清时期建筑，其中明代建筑有家庆堂、天尊殿、桂香殿、风洞楼、白特殿、关帝庙、望水亭、启圣宫、晋柏石栏、观象台。清代建筑有正殿、百尺楼、瘟祖

① 七曲山大庙文昌正殿内板书。

殿、灵亭楼、应梦台、三霄殿、谷父殿、钟鼓楼。此外，还有民国时期的建筑时雨亭、五瘟殿、客院以及现代建筑晋柏亭、青山居、凝翠亭等。对于这一宏大的建筑格局，不得不归功于明代蜀王朱椿。据明代《文昌祠记》载："后为桂香殿，月粟秋飘，一邑尽染，弥月犹馥，是为蜀王府建。"① 明朝朱元璋为了固守边防，封其子为蜀王，朱椿是明代第一位蜀王。据《蜀王椿传》云："蜀献王椿，太祖第十一子，洪武十一年封……二十三年就藩成都。性孝友慈祥，博综典籍，容止都雅，帝尝呼为蜀秀才。"② 作为蜀王，他必定曾经过连接关中与成都的金牛古道上的重要驿站梓潼，主张崇文的朱椿来到当时已年久失修、破败不堪的文昌庙时，心中定是发了番感慨，并下决心对其进行重建，以彰显自己重视人才、改变社会风气的气度。明蜀王府位于五代宫苑旧址皇城坝上，大致范围北至今天成都骡马市，南至红照壁，东至西顺城街，西至东城根街。为建造蜀王府，当时集聚了一批全国一流建筑工匠，蜀王应是从中调集了一部分杰出匠师前往七曲山进行规划营建，当时建造的主殿桂香殿，其基址很可能就是南宋灵应庙主殿桂香殿所在位置。明末清初，张献忠入川后又对该庙进行了一次大整修。《罪惟录》载："献忠乃自称皇帝，国号大西，改元大顺，于是发银五万两，夫数千，重立梓潼庙，金碧极丽，伪勒为天圣神祠，立大石，献忠亲作诗书其上，以答神贶。"③《蜀碧》亦云："所存者惟文昌、关帝二祠。盖关帝秦

① 咸丰《梓潼县志》，爱如生数据库，清咸丰八年刊本，第 422 页。

② （清）张廷玉：《明史》卷 117，爱如生数据库，清乾隆武英殿刻本，第 1155 页。

③ （清）查继佐：《罪惟录》第 8 册，杭州：浙江古籍出版社，2012 年，第 2726 页。

人所尊，而文昌则被推尊为太祖皇帝者也。故重修七曲山大庙，又建关帝祠于东，皆极钜丽。”①

图 4.13　七曲山大庙明代建筑天尊殿（笔者摄）

图 4.14　七曲山大庙民国建筑时雨亭（笔者摄）

明清以来，七曲山大庙中保存下来不少珍贵文物，具有代表性的当属正殿内明代 9 躯铁像及清时绵州知州安洪德立的《除毁贼像碑记》。正殿内的神像为空心铁像，中央为文昌帝君像，

① （清）彭遵泗：《蜀碧》卷 3，爱如生数据库，清指海本，第 32 页。

两侧为其臣僚，像后铭文载有“一堂十尊”，正殿内为九尊，还有一尊“魁星点斗”像供于魁星楼内。铭文简略地介绍了这几尊神像的来历，为四川龙安府平武县江口村“信吏”任宪及妻冯氏、子任寅东、任家灿等人捐献的，铸造时间为明崇祯元年（1628）三月十五日，铸造工是陕西礼泉县金火匠人薛尚梅与薛靳。历经近四百年的流光这几尊神像仍旧光彩照人，威严肃穆地耸立在殿堂内，甚是珍贵。在风洞楼内原有张献忠塑像一尊，乾隆初年，绵州知州安洪德主持修整梓潼山路，将张献忠像捣毁以协平道路，立有《除毁贼像碑记》，该碑现存于风洞楼内，是研究张献忠的重要材料。

综上所述，从表象上看，七曲山大庙经历了从春秋时期的善板祠（亚子祠）→两晋后的张亚子庙→唐代的七曲庙→宋代的灵应庙→元代的佑文成化庙（文昌庙）→明末七曲山太庙→清代以后的七曲山大庙这一变迁史；从实质上看，却是庙中所崇奉之神的流变史及文昌文化的发展史。经历了从梓树神→蛇神（亚子）→张亚子（主兵革）→文昌帝君（主文运）的流变过程。在这一演变过程中又包含有两次具有重要意义的飞跃，第一次为由图腾信仰性质的蛇神依附到了具体人物张育身上，第二次为由文昌星辰信仰依附到了具体人物张亚子身上。通过这两次飞跃，承接了远古先民的万物有灵式信仰，同时又发展了文昌信仰，衍生出丰富多彩的文昌文化。这一流变说明，宗教所信仰的对象并不是固定不变的，与哲学对真理诉诸理性的探求不同，宗教信仰从本质上说是服务人们自身的需求，当外界诸要素、条件发生变迁时，即使以往在人们心中的神圣物也会相应地产生流变。

第三节　南充舞凤山道观源流考

南充位于中国古代政治文化中心关中地区与蜀地重镇成都之间，在两大文化区长期交流互动中，留下了丰富的道教资源，流传有多姿多彩的仙真事迹，如王子乔栖真飞霞洞，陈炼师栖真栖霞洞，袁天罡隐居于龟山，尔朱洞于朱凤山修炼，谢自然金泉山白日飞升，程太虚仙洞传道箓……可以说，这里是一个充满仙界气质的风水宝地。如果有兴趣考察一番南充城区的风水形局，会发现其主城顺庆区符合理想的北玄武南朱雀、左青龙右白虎的格局，城北有舞凤山作为靠山，城东有鹤鸣山与大云山两座山冈，此处现辟为白塔公园，城西有绵亘的西山护卫，为南充著名的西山风景区，城南又有朱凤山充当朝案山。此外，其间还有嘉陵江与西河形成“V”字状像一条玉带环抱着顺庆城区，使此地的生气聚集于此而不外泄，正应了风水中“气乘风则散，界水则止”的理论。也许正是因为这种完美的气场环境，这里也成了佛道青睐之所，这几座山上如今仍保留有寺观。其中大云山上建有宝寿寺，原名东岳庙，始建年代无考，现建筑为康熙十一年（1672）重建。西山上有栖乐寺，始建于唐代，历代香火鼎盛，慧炬常明，现今建筑为20世纪90年代重建。南边的朱凤山建有朱凤寺，唐初时为凤山观，属道观，宋初时改建为朱凤寺，原建筑早已不存，近年于原址重建。需要说明的是，以上几处现均为佛教道场，唯独城北的舞凤山上至今仍为道观，舞凤山道观即指此处。

一　“王君”之身份

舞凤山道观位于舞凤山山巅，登临此处向城区眺望，顿时有一种飘逸超脱、俯瞰尘世之感。现道观内建有三清殿、真武殿、慈航殿、财神殿、文昌宫等殿堂，各殿布局灵活，依山形地势特点而设，形成无院墙围合而开放灵动、高低错落有致的空间组织模式。三清大殿作为主殿位于地势最高处，殿前左右两侧设有钟楼与鼓楼，石阶两侧立有《重修舞凤山道观碑记》与《舞凤山衍庆宫仙官降乩》的石碑。大殿前后院落点缀有几颗高大的黄桷树，似乎在向人们传递着这座古观所经历的沧桑岁月，遗憾的是，由于各种历史原因，如今的舞凤山道观除了三清殿还能依稀辨得古观残余不全的基石外，没有留下其他实物。

图 4.15　由舞凤山道观远眺南充城（笔者摄）

谈到舞凤山道观的渊源，可以从一篇乩文中获得重要线索。明穆宗隆庆三年（1569）时，当时的舞凤山道观称为衍庆宫，在这年秋七月，衍庆宫举办了一次降乩盛会，通过此次盛会有神人在沙盘上写下了《舞凤山衍庆宫仙官降乩》一文，乩文开篇写道：

> 紫府飞霞洞天，昔为神父王君陛下栖真所，王君仙去，故址犹存，百世之下，无能注意。斩蓬棘而聿新之者，尝以世人以谷缗作不经之务。尚孰念王君有奇勋于蜀，神灵在天，英爽不磨，而一为创始，以召神贶哉！迨蜀民苟氏父子锐意开辟，于是洞天鼎新，而神王显化有地。则予今日显化何子，以竖行祠者，自非父王君之遗意哉[①]。

乩文虽未直接说飞霞洞在舞凤山，但从上下文逻辑关系可推知。文中传递了三层信息：第一，飞霞洞曾是神父王君的栖真之所；第二，因后世蜀地苟氏对飞霞洞的整饬，使王君能够在此显化；第三，今日一位称作何子的人因在舞凤山上设置“行祠”，同样使占乩之神明于此显化。乩文试图以王君的显化来说明此地的灵应，由此可知，王君栖真之所飞霞洞就在舞凤山。

“王君”又是何人？处于哪一朝代？根据李荣普的研究，他认为王君即是王子当，他的依据是《十国春秋》中的记载：

> 是月，帝受道箓于苑中，以杜光庭为传真天师、崇真馆大学士，起上清宫，塑王子晋像，尊为圣祖至道玉宸皇帝，又塑高祖及帝像侍立于左右。又于正殿塑玄元皇帝及唐诸帝，备法驾朝之。[②]

考其渊源，上文中的“王子晋”在《国语》与《列仙传》

① 民国《南充县志》，爱如生数据库，民国十八年刻本，第2585—2586页。
② （清）吴任臣：《十国春秋》第2册，北京：中华书局，1983年，第533页。

中的记载是：

> 灵王二十二年，谷、洛斗，将毁王宫。王欲壅之，太子晋谏曰："不可。晋闻古之长民者，不堕山，不崇薮，不防川，不窦泽。夫山，土之聚也；薮，物之归也；川，气之导也；泽，水之钟也。夫天地成而聚于高，归物于下，疏为川谷以导其气，陂塘污庳以钟其美。是故聚不阤崩而物有所归，气不沉滞而亦不散越，是以民生有财用而死有所葬。然则无夭、昏、札、瘥之忧，而无饥、寒、乏、匮之患，故上下能相固，以待不虞，古之圣王唯此之慎。"①
>
> 王子乔者，周灵王太子晋也。好吹笙作凤凰鸣。游伊洛之间，道士浮丘公接以上嵩高山。三十余年，后求之于山上。子乔见百柏良，曰："告我家，七月七日待我于缑氏山巅。"至时，果见白鹤驻山头，望之，不得到，举手谢时人，数日而去。亦立词于缑氏山下及嵩高首焉。眇哉王子，神游气爽。笙歌伊洛，拟音凤响。浮丘感应，接手俱上。挥策青崖，假翰独往。②

可见，历史上确有王子晋其人，为周灵王太子，据说他还被奉为王姓得姓始祖。不过其在典籍中的形象有一个从人向神的衍化过程，成书于汉代的《列仙传》已将其描绘成活脱脱的神仙形象。周建忠曾对此做过考证，认为"王子乔故事虽几经更易，然其迁变之迹仍判然可别。溯其上源，盖在秦汉方士盛行之际，

① 来可泓：《国语直解》，上海：复旦大学出版社，2000年，第138页。
② 王叔岷：《列仙传校笺》，北京：中华书局，2007年，第65页。

至蔡邕之时，备受推崇，而后遂窜入道家神仙的统系”①。汉代蔡邕作的《仙人王子乔碑》就是其中一重要凭证：

> 王子乔者，盖上世之真人，闻其仙不知兴何代也。博问道家，或言颍川，或言产蒙，初建此城，则有斯丘，传承先民，曰王氏墓。暨于永和之元年冬十二月，当腊之夜，上有哭声，其音甚哀。附居者王伯怪之，明则祭而察焉。时天鸿雪，下无人径，有大鸟迹在祭祀处，左右咸以为神。其后有人著大冠，绛单衣，杖竹立冢前，呼采薪孺子伊永昌，曰：“我王子乔也，勿得取吾坟上树也。”忽然不见。时令太山万熹，稽故老之言，感精瑞之应，乃造灵庙，以休厥神。于是好道之俦自远方集，或弦琴以歌太一，或覃思以历丹丘，知至德之宅兆，实真人之祖先。延熹八年秋八月，皇帝遣使者奉牺牲，致礼祠，濯之，敬肃如也。国相东莱王璋，字伯义，以为神圣所兴，必有铭表，乃与长史边乾遂树之玄石，纪颂遗烈。②

唐代以降，仙人王子乔的事迹流传得更为广泛，从文人常借此题材展开创作可见一斑，杜甫留有“范蠡舟偏小，王乔鹤不群。此生随万物，何处出尘氛”③ 的诗句，李白则有“吾爱王子乔，得道伊洛滨。金骨既不毁，玉颜长自春”④ 的诗句。

前面《十国春秋》引文中的“帝”即指五代十国时期前蜀

---

① 周建忠、常威：《〈天问〉“大鸟何鸣，夫焉丧厥体”再考释》，《中州学刊》2014 年第 1 期。

② （北魏）郦道元注，（清）戴震分篇，杨应芹校点：《分篇水经注》，合肥：黄山书社，2015 年，第 145—146 页。

③ 周郧初等编：《全唐五代诗》，西安：陕西人民出版社，2014 年，第 4843 页。

④ 同上，第 3813 页。

后主王衍，王衍对王子晋如此高规格供奉一方面表明有关仙人王子晋的传说在当时蜀地也已流传开来，南充地区当然也不例外，南充向来也是仙真传说极为盛行之地，王君、袁天罡、李淳风、尔朱洞、程太虚、谢自然、陈炼师等仙真传说在南充长久流传着。另一方面，将父子俩的塑像立于王子晋神像两侧，除信仰因素外还必有政治方面的考量。在古代，各朝统治者常借助道教来维护自身的统治，往往攀缘附会于某一与自身族姓相同且具有广泛影响力的仙真，例如，唐朝皇室追封春秋时老子李耳为始祖，封其为“太上玄元皇帝”。宋朝皇室又以道教神仙赵玄朗的后人自命，追封赵玄朗为“上灵高道九天司命保生天尊大帝”。明末，张献忠攻入四川建立大西政权后，又推尊文昌帝君张亚子为太祖皇帝，还将文昌帝君祖庭七曲山大庙改建成自己的家庙。统治者通过这样的追封是想得到神灵仙真的护佑，同时也是在向世人宣示自己政权的合法性，前蜀王氏政权也没有跳出这一窠臼，因王子晋与其同姓，又被视为王姓始祖，加之王子晋在蜀地民众的信仰根基，很自然地会受到前蜀政权的崇奉，并冠之以“圣祖”的名号。由此可见，李荣普认为乩文中的“王君”即仙人王子晋当符合历史实情。

当然，也存在不同看法的，李远国认为，周朝王子晋远在中原地区，川内流传的“王君”当是蜀人王乔，传他为犍为武阳（今四川彭州市）人，杜光庭《历世真仙体道通鉴》讲他食用了益州北平山上的肉芝后，身轻力倍，行及走马，得道成仙。此说也有合理性。

图4.16　南充舞凤山道观三清大殿（笔者摄）

二　衍庆宫始末

前蜀政权的确与道教间有着密切联系，高祖王建大力启用当时最有名望的蜀中高道杜光庭辅佐自己，几次对其加官晋爵，最后升为户部侍郎。

> 六月丙子，以道士杜光庭为金紫光禄大夫、左谏议大夫，封蔡国公，进号广成先生①。
>
> 十二月戊申，再大赦，改明年元旦天汉，国号大汉。以广成先生杜光庭为户部侍郎②。

另王建死后，曾铸造王建铁像供奉在青城山丈人观，前蜀时期的丈人观即现在的建福宫。

前蜀后主王衍更是一个崇奉道教的皇帝，据史书载，他在任期间荒淫无道，日夜饮酒不理国政，四方巡游大建宫殿，耗费了

① （清）吴任臣：《十国春秋》第2册，北京：中华书局，1983年，第519页。
② 同上，第525页。

大量财力，蜀人不得安宁。当国家显现灾祸预兆时，他竟把希望寄托在道教福佑上。

> 彗星见舆鬼，长丈余。司天监言国有大灾，诏于玉局化置道场以答天变。右补阙张云疏言：“百姓怨气，上彻于天，故彗星见。此乃亡国之征，非所祈禳可弭。”帝怒，流云黎州，卒于道①。

出入于各地道观间，与身边的妃嫔狎客衣道士服，嬉戏游玩是后主王衍生活的主要内容。他作的《甘州曲》，其辞哀怨，不经意间也预示了其政权覆灭后其身边妃嫔的凄惨命运。

> 三月，帝谒永陵，自为夹巾，或裹尖巾，其状如锥，民庶皆效之。还宴怡神宁，妃嫔皆戴金莲花冠，衣道士服。酒酣免冠，其髻鬘然，更夹面连额，渥以朱粉，号醉妆②。

甘州曲

> 画罗裙，能解束，称腰身，柳眉桃脸不胜春。薄媚足精神，可惜沦落在风尘③。

对道教的青睐更表现在他对道教宫观的大肆营建上，史载：

> 夏五月，命宣华苑内延袤十里，构重光、太清、延昌、会真之殿，清和、迎仙之宫，降真、蓬莱、丹霞、怡神之亭，飞鸾之阁，瑞兽之门，土木之功穷极奢巧。帝时与诸狎客妇人嬉戏其中，为长夜之饮④。

① （清）吴任臣：《十国春秋》第 2 册，北京：中华书局，1983 年，第 540 页。
② 同上，第 544 页。
③ 同上。
④ 同上，第 537 页。

由王衍对道教的崇奉及大肆兴建宫观，可推知作为前蜀王氏圣祖王子晋曾经的修炼之处舞凤山必受到其政权的高度重视，王衍在其统治时期应当也会在此兴建宫观。另从明朝隆庆三年（1569）的那篇名为《舞凤山衍庆宫仙官降乩》的乩文也可获知，明朝时舞凤山上的道观被称作“衍庆宫”，而“衍庆宫”之名即透漏出与王衍间的联系，字面之意可理解为王衍为庆祝盛事而营建的宫观。从王衍到明隆庆年间有600多年的时间跨度，尽管此处宫观建筑后朝当会有翻修重建，但其名称却一直沿用下来，这也符合道教宫观变迁的一般常理。由此知，衍庆宫最初建于前蜀后主王衍执政时期（918—926）。不过，舞凤山道观的道脉可以追溯到更早时期。从明隆庆三年的乩文知，仙人王君曾在舞凤山飞霞洞修炼，后经蜀地父子对其开辟整饬，使飞霞洞得以彰显于世。按照道教仙真人物流变的规律，总是始于仙真人物灵异事迹的传说，进而在人群中获得广泛流传，在得到民众们的信奉尊崇后，统治阶级往往才将其收编，使这些仙真成为自己的庇护神和代言人，为自身统治的合法性服务，唐代皇室对老子的尊奉及宋代皇室对赵玄朗的追封均是如此。周代王子晋大抵也经历了一个从凡人到方士内部的神化，进而其神仙事迹向普通民众中传播，再而受到前蜀皇族的追封和供奉这一演变过程。不仅限于前蜀政权，据载：“（王子晋）台州府志五代时封‘元弼真君’，宋政和三年封‘元应真人’，绍兴庚申加号‘善利广济真人’。”[1] 总之，仙真成仙事迹在先，被统治者加封在后。由此可见，作为仙迹而存在的飞霞洞要早于王衍营建的衍庆宫，舞凤山

① 民国《台州府志》，爱如生数据库，民国二十五年铅印本，第7069页。

道观最早的道脉可追溯至仙人王子晋在此处修炼的传说，从时间维度上看最晚始于隋唐时期甚至更早，为此，笔者也曾与现任舞凤山道观主持吴道长请教探讨过，他同样也持这一观点。

那么，自飞霞洞后的衍庆宫能否视作舞凤山道观历史演变过程中的第二个环节？从乩文看，之后又有王基之子因受仙人王子晋点化而获“弃母”，后人感动而为王君立词之说，因此还需对此祠与衍庆宫时间先后关系做一番考察。

> 古郡城在唐为果州，今皇明更名郡，曰顺庆。城北五里许，有山名曰舞凤，特出诸峰，俯窥江泻，势如彩凤回翔，真胜境也。王君倦而憩此，以本郡人王基之子而获弃母，后人感而建祠食报。为不知年，几变迁而神之旺气不泯，岂非人以地灵，地由人显哉！旧有大殿，妥王君像，莅之以受享祀。设中小殿，以妥吾祖清河帝、王君二太尊，又名家庆堂。堂右设小祠，妥九天圣母，左稍下则为五鬼堂，前虚阁数楹，以居奉祭者，诚尽美矣①。

图 4.17　南充舞凤山道观文昌宫（笔者摄）

① 民国《南充县志》，爱如生数据库，民国十八年刻本，第2586页。

从上文看，所立祠庙中塑有清河帝神像，清河帝即文昌帝君，文昌帝君乃古代文昌星辰信仰与四川梓潼当地小神亚子信仰结合产物，主管士人的功名禄位，这一流变过程起始于唐朝推行科举举士制度之后，但直至宋元时期，文昌帝君才在广大民众中确立起其神格地位，至元仁宗延祐三年（1316），官方追封其为“辅元开化文昌司禄宏仁帝君”，钦定为“忠国孝家益民正直之神”，从官方层面确立了文昌帝君祀典活动的合法性。另有一降笔之文名为《清河内传》，讲述文昌帝君前世身世，学术界一般认为是宋元时期道士所作。这些都说明对执掌人间禄籍的文昌帝君的普遍供奉最早应在南宋以后，这样，乩文中提及的祠庙应晚于五代王衍所建的衍庆宫。

但仍存在的疑问是，此乩文内容能否作为史料以采信？笔者认为是可以的，通观整篇乩文，前后并无逻辑上的抵牾，撰写者也并未故弄玄虚地宣敷过于神异之事，无非是试图表达民众对神灵的虔诚会反过来获得神灵的福赐，此文应是当时道士欲借神灵之口动员当地民众捐资建祠立庙之作，正如文中所说“独予兄弟每从王君驰云驭汉，而此山亦数所经历者，无祠以为寓所，宁非缺典乎”[①]，“王君得苟子而有洞，余得何子而有祠，前后缘同，古今事一，不其异哉”[②]。另从乩文对南充的介绍上看，也实属客观，“后人感而建祠”之事也当为可信，这些无非是想通过用事实说话，来获得民众对扶乩之文的确信，从而绑架民众们的信仰，为积极捐款捐物建祠立庙做好铺垫。由此可见，五代时期的衍庆宫可视为舞凤山道观历史源流中的第二个发展阶段，自

① 民国《南充县志》，爱如生数据库，民国十八年刻本，第2586页。
② 同上，第2587页。

王衍建的衍庆宫后，因历经二三百年的历史，宫内建筑多已损毁，在宋元之际王基后人曾出资在原基址上进行了一次大规模重建整修。

从宋元之际的衍庆宫到明隆庆时衍庆宫，建筑格局上发生怎样的变迁已不可考，但乩文中可以看出道观中主祀神身份开始发生转变。宋元衍庆宫虽有供奉清河帝之殿堂，但尚为“中小殿”，主殿仍供奉着开山祖师王子晋，说明此时其神格地位还不及王子晋。而从明代乩文中在“清河帝”之前冠以“吾祖”称谓，表明此乩文降笔之神与文昌信仰间有密切关系，乩文中还说道：

> 己巳春，令执符道迎至。则公车何子以鸾叩休咎，予不知未来，因不报。察其人，当隶善籍，非恶丑类，遂以祠托之，渠（指何子）欣欣然领诺①。

“公车”泛指入京应试举人，何子到此询问吉凶善恶，当是为自身仕途之事，自然文昌帝君受到其青睐。分析当时社会大环境，文昌信仰有着坚实根基，入明后，资本主义生产关系在当时中国开始萌芽，市民阶层登上历史舞台，较之前，人们更多会从人性、从个体角度考虑问题，儒家学说此时变得越来越空洞乏味，无法应对现实中的各种新问题。文昌信仰很大程度上迎合了广大市民的信仰需求，普通大众把现世人们获得功名利禄作为最高价值追求，对文昌帝君的供奉也变得更加普遍。官方层面对文昌信仰也持鼓励态度，文昌信仰可以笼络住广大的知识分子，使士人阶层依附于统治阶级，不至于形成一支反政府力量。此外，

① 民国《南充县志》，爱如生数据库，民国十八年刻本，第2587页。

南充距文昌帝君发源地梓潼不远，这里受文昌信仰的影响更大也符合当地实情。由这些可推知，此时衍庆宫内文昌帝君的神格获得大幅度提升，应当已是宫观内的主祀神。

三　近世重获生机

明末清初时，舞凤山上的道观被称作文昌宫，说明此时文昌帝君已取代仙人王子晋的主祀地位，但这一宫观毁于当时战乱，庆幸的是，康熙五十四年（1715），马云龙将军奉命镇守顺庆，下令在原址上重修了文昌宫，延续了舞凤山道观的道脉。这一事件由马云龙将军手下偏将军李兆襄记载在《重建舞凤山文昌宫记》一文中，成为研究舞凤山道观历史的重要资料，其文如下：

> 乙未五月，大将军马公奉命镇嘉陵，余从将军为偏将。抵郡，予等楼橹顾形胜，美哉山川，而城中草木人物皆非矣。越秋，君稍暇，乃延绅士进耆老，探诸古迹。相携登舞凤山绝顶，有文昌宫遗址，翦棘坐阶次，千里皆豁眸焉。山势绵亘如游龙、如惊蛇、如翔凤翩跹、如天马腾踏。右带西溪，明如长练，下则北湖，汪洋十里尽荷香。平原沃野，想见盛时耕夫牧童，渔歌樵唱之境，雉堞隐隐在微茫烟际间。白塔、龙门、栖乐、朱凤诸山，各以其插汉之势，横侧之态，相望争雄而取妍，大江万顷绕城而东之。《志》云：嘉陵奇峰环绕，仙人窟宅斯固未足以尽之也，因历言所锺，诸大老而感治乱兴废之在乎人也。宋之游仲鸿父子皆大拜，明陈公松谷父子相神宗皇帝，辅少主、摄国政。则大总宪王南岷，太子司直任忠斋，则远绍圣学；慎轩为儒林宗，文冠当

时，书法独绝。秉节钺、专征伐，后骑箕报主，忠烈如生。则总督杨斗望，志气才华，铮铮表见者，不下数百人。岂非邦有老成人，固宜其海宴河清哉！呜呼，今之君子犹有昔之君子乎？使诸先正所旧祀神明之宇，仅借予武人而谋复新之夫？孰为之而令至此，相与欷觑者久之。予乃召工人计其木石砖铁，金漆丹垩，逾年而庙成，后之君子其惕然有思乎？愿诸君子读书明道，深考治乱之原，远取百代古人，近法里闬先正。为臣为子，全忠全孝、登斯堂也，无愧神明。所以防坚冰，保大有，如先正之身系安危，有治无乱，则斯庙可巍然于舞凤山顶矣，讵不有待于后之贤士哉①。

马将军所建文昌宫又称作舞凤寺，嘉庆年间由袁凤孙修的《南充县志》中有记载，其上云："舞凤寺在治北五里，特出诸峰，俯窥江浒，势如彩凤回翔，后人因以名寺，有衍庆宫碑序尚存。"② 而在较早的康熙年间李成林修的《顺庆府志》中则没有提及该寺，从侧面也印证了舞凤山上的道观在明末清初时曾遭到毁坏，在康熙晚期才得到重建的事实。

中华人民共和国成立后，僧道还俗，舞凤山文昌宫被辟为学校，之后又因各种历史原因，宫观各殿堂遭到人为损毁，使舞凤山道观又沉寂了几十年。改革开放后，响应中央宗教新政策，道教又迎来了宽松的发展环境。此时正在南充自行车厂工作的龚至友如沐春风，萌发了重振舞凤山道观的想法。龚至友俗名龚太友，南充高坪区打铁垭村人，幼时曾拜回龙观许明生道长为师，

① 民国《南充县志》，爱如生数据库，民国十八年刻本，第258—260页。
② 《中国地方志佛道教文献汇纂》寺观卷（351），北京：国家图书馆出版社，第74页。

几十年来虽身处俗世，却一直对道教有着无以言表的情怀。1985年，龚道长多次利用闲暇时间上舞凤山考察，在此搭建了一草棚供奉三清道祖神像，并除草搬土，植树造林，讲经传道，为信众治病排难，使舞凤山的道脉又有了接续下去的希望。

在龚道长及信众的努力下，又经南充市民族宗教事务科文件的批复后，于1989年9月三清大殿破土动工，一年后落成。1991年4月，特邀前中国道教协会副会长、四川道教协会会长、青城山主持傅元天、吴理充等诸山大德亲临本观，特为三清神像作开光大法事，并留下了“道包天地千秋沆瀣绍犹龙，瑞霭果城一炁絪缊翔舞凤”的楹联于观内。龚至友道长在此全心弘道，授徒百余人，遍布全川，常讲的经典有《道德经》与《南华经》等。为了更好地提升自身的宗教造诣，他还先后拜傅元天与张元和为师，并专程去重庆老君洞道观聘请著名高功大师秦子文，向道徒们讲授道教科仪方面的知识。在宫观硬件建设上，他带领道众又新建了真武殿，扩建了三清大殿。龚道长于2006年羽化登真，庆幸的是，他生前培养出了一批徒弟，他们继承先师的遗址，沿着他开辟的道路继续前进。

现舞凤山道观住持是吴理剑道长，近几年道观内又增建了慈航殿、财神殿与文昌宫等大殿，由李荣普撰文，吴理剑道长负责镌刻的《重修舞凤山道观记》的石碑于2010年农历庚寅年春立于三清大殿前，舞凤山道观的道脉又一次得到了延续，标志着千年古观在新时期获得崭新的发展契机。

图 4. 18　南充舞凤山道观慈航宫（笔者摄）

综上所述，尽管舞凤山道观的发展历程漫长而曲折，但还是有一清晰脉络可循，这就是经历了隋唐飞霞洞→五代衍庆宫→宋元衍庆宫→明衍庆宫→明末文昌宫→清文昌宫（舞凤寺）→当代舞凤山道观的嬗变路径，还值得注意的是，在这一过程中，主祀神的角色前后发生了置换，从早期的王君演变为后世的文昌帝君，再到当今的“三清”。在舞凤山道观源流史上，还不应忘记那些曾为舞凤山道脉的接续曾做出突出贡献的人，他们不仅在延续着宫观建筑生命本身，同时还是在延续和传播着道教信仰和道教文化，这些人包括蜀地苟氏父子、前蜀后主王衍、王基后人、何子、马云龙将军、李兆襄偏将军、龚至友道长、吴理剑道长、李荣普先生等。为了更清晰地展示出舞凤山道观的源流情况，特制下表。

表 4.1 舞凤山道观历史脉络表

年代	名称	主祀神	重要人物
隋唐或更早	飞霞洞	王子晋	苟氏父子
五代	衍庆宫	王子晋	王衍
宋元之际	衍庆宫	王子晋并配有祀 文昌帝君的配殿	王基后人
明	衍庆宫	文昌帝君	何子
明末	文昌宫	文昌帝君	未知
清	文昌宫（舞凤寺）	文昌帝君	马云龙、李兆襄
当代	舞凤山道观	三清	龚至友 吴理剑 李荣普

第五章　以道教建筑为载体的民间信仰及地域文化

川北地区为重要的道教宫观资源分布区域，单就绵阳、南充、广元三地，大大小小的道教宫观祠庙就不下百处，这些宫观祠庙都是道教活动的重要道场，起着传承道脉和播撒道辉的重要作用，从这一层面说，它们和其他地域的道教宫观祠庙性质是一样的，但从地域性角度审视，川北地区的道教信仰又有着自身的文化特质。首先，这一地区的道教信仰有着更明显的民间信仰性质，正如前文所讲，这里供奉最多的神明并非道教中主神三清、老子或玉皇大帝，而是慈航真人、真武大帝、文昌帝君、财神等与百姓生活日用关系密切的神明。除此外，还供奉有众多反映当地特色的俗神，如川主、土主、青林祖师、牛王等。其次，这一地区流传有众多仙真修炼的传说及事迹，可谓是神仙高道的会聚仙境，如张道陵、葛洪、陈抟老祖、窦子明、谢自然、程太虚、袁天罡、李淳风、尔朱洞、张三丰、吕洞宾等。再次，这里还有着观星望气的天文观象传统和察形观势的风水文化氛围，汉代太初历的制定者落下闳就是南充阆中本地人，唐朝袁天罡和李淳风二人也长期寓居阆中观测天象。在古代，天象理论直接影响到风水理论体系的构建，所以又孕育了川北地区浓郁的风水文化，阆中古城和南充城都是风水理论实践的典范之作。基于此，笔者借助道教建筑这一载体，从川北地区道教文化特色角度做一番较为深入的探究。

第一节　广元民间真武信仰文化探微

一　道教中的真武之神

道教中对真武的崇奉源于我国古代的星宿信仰，真武最初称“玄武”，是二十八宿北方七宿的合称，包括斗宿、牛宿、女宿、虚宿、危宿、室宿和壁宿，形似龟蛇合体貌。屈原《楚辞·远游》有“召玄武而奔属”①，洪兴祖补注曰：“玄武，谓龟蛇。位在北方，故曰玄；身有鳞甲，故曰武。”② 此时，玄武星宿为主风雨的水神，《纬书集成》河图卷讲：“北方七神之宿，实始于斗，镇北方，主风雨。”③ 又有司命一说，《星经》云：“南斗六星，主天子寿命，亦宰相爵禄之位。”④ 因而有“南斗注生，

① 王泗原：《楚辞校释》，北京：中华书局，2014 年，第 320 页。

② （宋）洪兴祖撰，白化文等点校：《楚辞补注》，北京：中华书局，2015 年，第 133 页。

③ ［日］安居香山、中村璋八辑：《纬书集成》下册河图卷，石家庄：河北人民出版社，1994 年，第 1134 页。

④ 黄河：《元明清水陆画浅说——中》，《佛教文化》2006 年第 3 期。

北斗注死”之说。

玄武之神被纳入道教神真体系当肇始于隋唐时期北帝派的兴盛，他与天蓬、天猷、翊圣等神合称“北极四圣”，成为北帝派尊神北极紫微大帝的四大护法之一。北帝派由唐代道士邓紫阳创立，受到唐朝皇室玄宗、德宗、宪宗、武宗、宣宗、懿宗的大力扶持，在全国范围修建了一批奉北帝及四圣的专祠。现正统《道藏》中还保存有不少关于北帝派的科仪符咒之书，如《北帝伏魔经法建坛仪》《北帝四圣伏魔秘法》《北帝说豁落七元经》《洞真太极北帝紫微神咒妙经》《太上洞渊北帝天蓬护命消灾神咒妙经》《太上九天延祥涤厄四圣妙经》《四圣真君灵签》等。

北极紫微大帝也源于星辰崇拜，它就是北极星，又名北辰，因位于紫微垣中，故冠名“紫微”。因北极星位于北天极附近，古人认为其不随季节年日变动，呈众星拱卫的帝星之象，《论语·为政》曰：“为政以德，譬如北辰，居其所而众星共之。”① 因此，道教将北辰赋予了众星之主的职能。《上清灵宝大法》卷四曰：

> 北极大帝则紫微垣中帝座是也。按《天文志》云：“南极入地三十六度，北极出地三十六度，天形倚侧。”盖半出地上，半还地中，万星万炁悉皆左旋，惟南北极为之枢纽而不动，故天得以运转也。世人望之在北而曰北极，其实正居天中。为万星之宗主，三界之亚君，次于昊天，上应元炁，是为北极紫微大帝也②。

① 陈涛编：《论语》，昆明：云南人民出版社，2011 年，第 22 页。
② （宋）金尤中：《上清灵宝大法》卷 4，《道藏》第 31 册，第 370 页。

《犹龙传》又有："紫微北极玉虚大帝，上统诸星，中御万法，下治酆都，乃诸天星宿之主也。北极驱邪院是其正掌也。"①可见，北极紫微大帝除了统领各方星神，还执掌着酆都之域。早在道教创立之初，太平道将北辰之星称为"中黄太一"，就将其赋予了驱邪治鬼能力。《洞真太上素灵洞元大有妙经》云："太一真黄，中黄紫君，厥讳规英，字曰化玄，金林玉帐，紫绣锦裙，腰带火铃，斩邪灭奸。"②《北帝说豁落七元经》云："我之极位，统三十二天之总司，绾诸天之簿籍。天帝皆来稽首，天下万神皆来朝谒，万鬼千神悉皆震伏。"③《北帝伏魔经法建坛仪》曰："臣闻紫微大帝，伏魔祖师。实万圣之所宗，为众星之所拱。权司下土，御极中天。主握阴阳，悟不色不空之妙。"④通过存想的修持方法也可以获得北帝的护佑，《北帝伏魔经法建坛仪》讲："诵至斗讳处，想北帝颁旨下北斗，北斗亲现，为患人消灾解厄，顺度星躔，削落罪籍，注上生名。逐位存想，左手斗诀，自额至眼，为之临目，解冤尤，保身命，修心性。"⑤由此可见，道教中的北帝是众星神之主，并主驱邪治鬼、伏魔降妖、消灾解厄之事。

作为北帝手下的四员大将，大抵也充当着驱邪治鬼、伏魔降妖、消灾解厄的神职。《四圣真君灵签》云："天蓬大元帅真君，天猷副元帅真君，翊圣保德真君，真武灵应真君，天地神祇，万物皆知。吾今卜课，善恶扶持，凶应凶兆，吉应吉期，判断生

① 《道法会元》卷265，《道藏》第30册，第625页。
② 《洞真太上素灵洞元大有妙经》，《道藏》第33册，第407页。
③ 《北帝说豁落七元经》，《道藏》第34册，第442—443页。
④ （明）卢中苓：《北帝伏魔经法建坛仪》，《道藏》第34册，第433页。
⑤ 同上，第438页。

死，决定无疑。”[①]《太上九天延祥涤厄四圣妙经》讲：“仰启北方四元帅，束缚群魔大圣尊。披头仗剑伟形容，百万天兵常拥护。天蓬天猷除凶恶，翊圣真武赐吉祥。臣今伏愿降灵坛，一切灾厄自消散。”[②] “北方自有天蓬、天猷、翊圣、真武，统领天兵，驱遣将吏，如有急难，可以注念，自降神威，随念而至，灵光赫赫，杀气巍巍，魔鬼潜形，精邪伏匿，一切灾殃，尽皆消灭。”[③] 天蓬作为北帝的首辅，在四圣中的地位最高，早期道经《上清大洞真经》中就有提及，曰：“次思赤炁从兆泥丸中入，兆乃口吸神云，咽津三过，结作三神，一神状如天蓬大将，二神侍立。”[④] 天蓬的神威主要体现在天蓬咒上，据《道法会元》载：

> 夫天蓬神咒，出自《北帝玄变真经》，古今修学上道，无不先当授行。盖驱伏魔试之上法，不死致仙之径路，兼元帅真君门下有董大仙者，专于此道，以成高仙。驱用直月五将，奏拜鹰犬灵章，助翼威神，斩馘小丑。及紫阳邓天师，有倒持之法，七字密语，玉尺神印，流传尘世，功验难穷，无所不治[⑤]。

《道藏》中收录的天蓬神咒内容如下：

> 天蓬天蓬，九玄煞童。五丁都司，高刁北翁。七政八灵，太上皓凶。长颀巨兽，手把帝钟。素枭三神，严驾夔

① 《四圣真君灵签》，《道藏》第32册，第752页。
② 《太上九天延祥涤厄四圣妙经》，《道藏》第1册，第808页。
③ 同上。
④ （宋）蒋宗瑛校勘，（明）张宇初编：《上清大洞真经》卷2，《道藏》第1册，第520页。
⑤ 《道法会元》卷171，《道藏》第30册，第104页。

龙。威剑神王，斩邪灭踪。紫炁乘天，丹霞赫冲。吞魔食鬼，横身饮风。苍舌绿齿，四目老翁。天丁力士，威南御凶。天驺激戾，威北衔锋。三十万兵，卫我九重。劈尸千里，去却不祥。敢有小鬼，欲来现状。攫天大斧，斩鬼五形。炎帝烈血，北斗燃骨。四明破骸，天猷灭类。神刀一下，万鬼自溃①。

此时的玄武神还只是以辅神的形象出现，地位也不及其他三圣，但唐末的笔记小说中也开始记载其显灵之事，如《酉阳杂俎》载有："朱道士者，太和八年，常游庐山，憩于涧石，忽见蟠蛇，如堆缯锦，俄变为巨龟。访之山叟，云是玄武。"②

真武信仰的兴盛始于宋代，这其间，宋真宗起到关键作用。《云麓漫钞》称："祥符间避圣祖讳，始改玄武为真武。"③ 据《事物纪原》记载，宋真宗天禧元年（1017）"营卒有见龟蛇者，军士因建真武堂。二年闰四月，泉涌堂侧，汲不竭，民疾疫者，饮之多愈，乃诏就其地建观"④。真宗因此下诏在此处建观，赐名"祥源"，接着又诏号为"镇天真武灵应佑圣真君"，于全国大建真武祠，宋真宗加封真武的御笔手诏讲：

恭惟真武之灵，茂著阴方之位。妙功不测，冲用潜通。尹京邑之上腴，有龟蛇之见象，允升地宝，毖涌神泉，自然清冷，饮之甘美，资中国之利泽，奏民疾以蠲除。倍庆济

① 《道法会元》卷171，《道藏》第30册，第104页。

② （唐）段成式著，张仲裁译注：《酉阳杂俎》，北京：中华书局，2017年，第873页。

③ （宋）赵彦卫：《云麓漫钞》卷9，爱如生数据库，清咸丰涉闻梓旧本，第70页。

④ （宋）高承：《事物纪原》卷7，北京：中华书局，1989年，第367页。

时，虔恩报德，就其胜坏，建以珍祠，既修奉于威容，合登隆于称赞①。

至宋宁宗嘉定二年（1209）加封为“北极佑圣助顺真武灵应真君”，其诰词曰：

仰止层霄，巍乎此极，瞻百神之环卫，有玄武之尊严，顾像设之已崇，而号名之未备，肇称褥典，以介蕃厘。北极佑圣助顺真武灵应真君，天之贵神，国之明祀，威灵在上，常如对于衣冠，光景动人，遂莫逢于魑魅②。

宋理宗宝祐五年（1257）又封为“北极佑圣助顺真武福德衍庆仁济正烈真君”，其诰词如下：

北极惟尊玄武，允谓穹崇，南面，虽主百神，必严寅奉……惟仁则所济之博，惟正则丕烈之洪，强赞上真，难明至德，尚宏道荫，永庇人寰，可特封：北极佑圣助顺真武福德衍庆仁济正烈真君。奉敕如右，牒到奉行③。

由此可见，真武神之神格在皇权干预下获得了大幅度跃升。宋代皇室如此推崇真武信仰，究其原因，与当时其处的内外政治环境密切相关。从外在环境看，北宋开国之初就受到来自北方的契丹辽国的侵犯，进入南宋后，北方疆土尽失，女真金国更对南宋的疆域虎视眈眈。此种情形下，软弱的宋廷自然从精神上希望找到慰藉，于是乞灵于北方战神真武大帝，希望他助宋廷驱逐异

---

① （明）任自垣、卢重华纂：《明代武当山志二种》，武汉：湖北人民出版社，1999年，第11页。

② （元）刘道明：《武当福地总真集》卷下，《道藏》第19册，第662页。

③ 同上，第663页。

族入侵。从国内环境分析，宋朝推行重文轻武的政策，相较唐朝更推崇“四圣”中以勇武著称的天蓬、天猷二元帅，宋代则更推崇另外两位“翊圣保德真君”和“真武灵应真君”，且有“翊圣真武赐吉祥”之说，这些迎合了当时国内崇文的政治人文环境。

道教为迎合皇权的真武信仰，也开始大肆神化真武，编造出真武的神奇身世，说他乃太上老君第八十二次变化之身，净乐国王善胜皇后之子，皇后梦中吞日而怀孕，十四个月后生下真武。后舍家入武当山修道，历经四十二年而白日飞升。玉皇下诏，封为太玄，镇守北方。这一时期还新出有大量有关真武的道经，如《太上说玄天大圣真武本传神咒妙经》《元始天尊说北方真武妙经》《真武灵应真君增上佑圣尊号册文》《玄天上帝说报父母恩重经》《玄天上帝启圣录》等。为了能在民众中更起到教化作用，道教人士还将儒家的孝道思想融入进真武信仰中，说真武父母也因真武受封为神，此为大孝之体现。

元朝的龙兴之地源于北方大漠，同样视真武为自己王朝的保护神，元世祖曾在北京敕建有真武庙、昭应宫。至元七年(1270)，徐世隆撰《元创建真武庙灵异记》云：“我国家肇基朔方，盛德在水。今天子观四方之极，建邦设都，属水行，方盛之月，而神适降，所以延洪休，昌景命，开万世太平大业者，此其兆欤!”① 基于此，元代对真武进一步加封，于元大德七年(1303)敕封为“光圣仁威玄天上帝”，将“真君”升格为“帝”号。

① (元)徐世隆：《玄天上帝启圣灵异录》，《道藏》第19册，第641页。

对真武的崇奉到明代达到鼎盛。作为一方藩王的朱棣为了从建文帝手中夺取帝位，采取了神权对抗王权的策略，以北方大神真武大帝的化身为其出师正名。夺取帝位后，又下诏特封真武为“北极镇天真武玄天上帝”，为了其统治的合法性，在全国大肆推行真武信仰，广建真武庙，促进了真武信仰在民间的流布。于永乐十年（1412）命隆平侯张信率军二十余万大建武当山宫观，建成9宫、9观、36庵堂、72岩庙、39桥、12亭的庞大道教建筑群，成为当年皇室真武信仰的物质化见证。有关明代政权对真武信仰的影响下文还会详细论述。

综上所述，真武信仰经历了一个从星辰崇拜到灵兽信仰，再到人格神信仰的流变过程，在漫长的岁月中，其所司神职也在不断丰富多元化，从初时的北方水神、司命之神扩充到伏魔降妖之战神领域，在与民间信仰结合中，又赋予其解厄灵应、赐福敦礼的神职特点，这些使真武之神在道教和民间都获得尊贵的地位。

二　真武庙在广元地区的分布及其原因探究

广元地区道教文化氛围浓郁，境内广泛分布有大大小小的道场，供奉的道教神灵也呈现出多元庞杂的特点，如主祀慈航真人的有广元城区东坝社区的慈航宫、广元昭化镇的牛头上道观、广元昭化镇的天雄观、苍溪白鹤乡的慈航殿等。主祀文昌帝君的有剑阁杨村镇的文昌宫。主祀玉皇大帝的有旺苍东河镇青林山玉皇观。主祀灵宝天尊的有广元麻柳乡洪督观。主祀大禹的有青川乔庄镇禹王宫。还有的宫观主奉四川或广元当地的地方神，如广元大朝乡云台山道观正殿的川主、土主、药主三神和广元城区东坝社区黑石坡庙宇内供奉的青林祖师。尽管如此，广元民众对真武祖师的供奉较其他神祇明显更为普遍，以真武为主祀的宫观庙宇有广元下西坝真武宫、苍溪西武当山真武宫、广元天曌山灵台观、广元朝天鱼洞乡青台山红庙子、广元朝天沙河镇飞仙观、广元利州工农镇晏家坪九龙观、广元朝天火焰山金斗观、广元朝天羊木镇金台观、广元朝天宣河乡碧峰观、苍溪月山乡烟峰山真庆宫等，若再算上以配神身份供奉的宫观则更加繁多。

朝天宣河乡碧峰观，观内现仍存有不少石碑，多属明清时期，绝大部分已残缺不全，堆放在真武殿外的角落里。其观始建于唐代，兴盛于宋元，根据碑刻，该观出过不少精通祈雨、占卜、医术的高道，如黄神童子、张复安等。雍正七年（1729）时，康熙第十七子胤礼曾到此观，当时此处的道士用奇门遁甲术为其推算终身流年局，胤礼阅后赞其为神仙，并留有诗句：

笔峰高耸云霞空，仙山蓬莱在个中。
蹬道草拂马蹄静，绿荫蔽日柏林重。
再同侍从灵台进，仕隐笑迎前阶恭。
松烟烧笋棘火酒，怀人清梦已晓钟[①]。

朝天沙河镇飞仙观，位于威凤山山巅，据《禅林仙观》载：“飞仙观，古名凤凰观，由来已久矣！自蜀道开通，人迹跸至，古观始建焉。有考者，肇始于汉，言天师经此，淄流所挂，点缀江山，传世芳清。老子传道，扬教化民，州北九观，凤凰之首

① 据碧峰观碑刻。

也。”① 民国《广元县志》载有：“飞仙岭，三面环江，峭壁千仞，有观文‘飞仙’，为川陕经行大道，亦栈道之险要也。”② 可见，威风山龙脉延绵，又有嘉陵江环抱而过，实乃藏风聚气之佳地，但20世纪六七十年代在“农业学大寨”的风潮下，为了让“高山低头，河水让路”而从中部斩断威风山，使山岭风景减色不少。飞仙观冠名“飞仙”，盖因唐道士徐佐卿在此化鹤升仙之说，据说原有唐宋碑碣，唐玄宗还曾为此观题“飞仙观”匾额。唐代诗人岑参曾作有《题飞仙阁》一诗：

图5.1　飞仙岭的大豁口

（笔者摄）

> 土门山行窄，微径缘秋毫。栈云阑干峻，梯石结构牢。万壑欹疏林，积阴带奔涛。寒日外澹泊，长风中怒号。歇鞍在地底，始觉所历高。往来杂坐卧，人马同疲劳。浮生有定分，饥饱岂可逃。叹息谓妻子，我何随汝曹③。

广元地区留存有如此多的真武道场并非是一种偶然巧合现

---

① 《朝天记胜·朝天区文史资料》第6辑，广元朝天区政协文史资料委员会，2002年，第28页。

② 民国《广元县志》卷2，爱如生数据库，民国二十九年铅印本，第56页。

③ 《朝天记胜·朝天区文史资料》第6辑，广元朝天区政协文史资料委员会，2002年，第210页。

象，其背后存在着深层次原因，概括地讲，笔者认为主要是以下三方面原因：地理原因、政治原因和历史原因，下面对其进行深入探究。

从地理上说，早在隋朝时就在四川境内设有玄武县，归梓州管辖，直至北宋大中祥符五年（1012）时才改名为现在的中江县，现为德阳管辖。以“玄武”名之是因其境内有玄武山，据县志载：“县东南二里许有玄武山，又名大雄山，其山六屈三起，有玄武之象，山下有渊产文石，隐隐然有龟蛇之文。”① 实地考察看，此山远看似二座山，实则连为一体，左山山形蜿蜒，似蛇形，右山状如龟样，有龟蛇连体之貌，故名之玄武山。也许正因此奇特山形，当地人将其附会为真武神的道场。《道门科范大全集》讲：“真君多降于蜀中，缘蜀中有玄武县，今避圣祖名，改为中江。自汉迄隋隶成都，唐武德三年分隶梓州，其县有真武圣迹最多，后倚高山，山之上下皆有观，前临大江，江中之石自然成龟蛇之状。近世无道士住持，更为金仙道场，威灵亦常示现。”② 如今此山上还留存有道观，名“玄武观”，建于唐乾元二年（759），现前后两座大殿，与山门、禅房、厢房一起占地约四亩。殿前尚存南宋嘉定年间真武画像碑，披发执剑，脚踏龟蛇，神态飘逸，并篆有“大雄真武像”五字。千百年来，这里也是文人墨客光顾之地，杜甫著名诗篇《题玄武禅师屋壁》就作于此处：

何年顾虎头，满壁画瀛州。
赤日石林气，青天江海流。

① 民国《中江县志》卷16，爱如生数据库，民国十九年铅印本，第864页。
② （五代）杜光庭：《道门科范大全集》卷63，《道藏》第31册，第906页。

锡飞常近鹤，杯渡不惊鸥。

似得庐山路，真随惠远游①。

因玄武观的影响力，梓州地区流传有不少真武神显灵的事迹。《玄天上帝启圣录》载："梓州有师巫鲁迁，三代附神祇，事奉一堂真武真君香火。寻常占事求签，详断来意，皆验。"② 又载：

> 梓州梓潼山上清紫极观，是西晋叶华真人修炼遇太上老君来教净乐国王太子金阙先生成道之处。净乐太子金阙先生者，即真武是也。观内有北极紫微殿，是叶华真人未上升时，亲为真武缘化建造。皇祐元年（1049），梓州饥疫，死伤十至七八。忽有一村庄老儿，推车卖蒸荸荠，居民竞来收买，吃者，终日不饥③。

此老者即真武所化，挽救了众多饥民的性命。古代的梓州，治所在今天三台县的潼川镇，虽然现在它仅是四川境内一个普通的县城，可在唐代它是剑南东川节度使所在地，当时的四川形成以成都为中心的西川，和以三台为中心的东川。到宋代时，四川地区被划分为川陕四路，相当于有四个省级行政单位，其中成都为益州路的中心，三台为梓州路的中心，与成都是平级关系，地位仍然相当高。所以，南宋时期重要的真武道场云台观选址在三台境内并非是巧合之事。梓州地区在古代川东的政治、经济、文化中心的地位以及崇拜真武神的现实，为真武信仰向周边地区传

---

① （唐）杜甫撰，王学泰校点：《杜工部集》，沈阳：辽宁教育出版社，1997年，第241页。

② 《玄天上帝启圣录》卷4，《道藏》第19册，第598页。

③ 《玄天上帝启圣录》卷5，《道藏》第19册，第603页。

播创造了有利条件，且梓州地区毗邻金牛古道，梓州当地的习俗、文化及信仰向外输出有了可靠的物质载体。金牛古道南起成都，过广汉、德阳、梓潼、剑阁、昭化，再经广元朝天而出川。可知，广元在梓州的辐射影响下，真武信仰也传播于此并兴盛起来。

另外，真武大帝作为北方之神，镇守护佑朔方是其首要神职，广元为四川的川北门户，与真武所执掌方位相应，这也是广元地区崇奉真武的一大原因。不仅于此，广元的真武庙又大多集中在朝天区，朝天属广元最北辖区，再往北便进入陕西宁强境内，可见当地民众有意无意地将朝天在四川的地理之位与真武神的方位属性间建立起联系。当然不仅限于此，朝天处于四川盆地边缘地带，各山脉连绵汇聚于此，因其境山头众多，客观上也成为寺庙宫观的择址佳地，因山巅之境迎合了宗教人士超脱世俗、静心修炼的心理需求，同时，层峦叠嶂的山脉也应了“藏风聚气”的意象，为佛道之士所看重。

政治上，皇权的干预也是真武信仰得到强化并流布于全国的重要原因。自靖难之役后，作为藩王的朱棣篡夺了帝位，他亟待处理两件事：第一，其皇位得来的合法性问题；第二，如何使自己的统治长治久安，皇脉千秋万代。为此，作为北方燕王的朱棣想到北方之神真武大帝，请他出来为自己说话，他主要从以下几个层面来操作的。

首先，大力宣扬真武显灵之事迹，以“君权神授”理论对抗儒家尊卑纲常。早在建文四年（1402）六月朱棣称帝，同年七月就遣“神乐观提点周原初祭北极真武之神”①，这表明朱棣

① 《中华大典·历史典·明总部二》，上海：上海古籍出版社，2017 年，第 217 页。

早有预谋借真武之神力为自身统治造势。接着又刊刻了《大明玄天上帝瑞应图录》，文中鼓吹真武灵应之事，并附有 20 幅“应祥”“呈瑞”“感应”“显应”的图画，每幅画后附有详文。其中，文中提到永乐初年，武当山久未结果的榔梅连续两年结果，朱棣视为真武神的护佑，特派道士前往武当山答谢神明。“去岁，高真效祥，榔梅成实，已兆岁丰，尔遣人来进，今岁复然，诚为难得。稽之于古间，或一见，尤以为希遇。矧兹二年，两见其实，皆由高真翊卫国家，尔辈精意祝禧所致。兹特遣道士陈永富资香诣高真道场，以答神灵。”[①] 《御制真武庙碑》中讲：“肆朕肃靖内难，虽亦文武不二心之臣疏附先后，奔走御侮，而神之阴翊默赞，掌握枢机，斡运洪化，击电鞭霆，风驱云驶，陟降左右，流动挥霍，濯濯洋洋，缤缤纷纷，翕欻恍惚，迹尤显著。”[②]《御制大岳太和山道宫之碑》也提到真武在靖难之役中相助之事：“肆朕起义兵，靖内难，神辅相左右，风行霆击，其迹甚著。”[③]

其次，造宫封山，真武神被塑造成皇族的保护神，武当山宫观成为皇室家庙。登上帝位的朱棣以“上以资荐皇考、皇妣在天之灵，下为天下生灵祈福”[④] 为由，开始大力营建武当山宫观。据《敕建大岳太和山志》载：“国朝敕命隆平侯张信、驸马都尉沐昕统率军夫二十余万，敕建武当山宫观。”[⑤]《明史》载：“命工部侍郎郭琎、隆平侯张信等，督丁夫三十余万人，大营武

---

① 《大明玄天上帝瑞应图录》，《道藏》第 19 册，第 633 页。

② 陈垣编，陈智超校补：《道家金石略》下册，北京：文物出版社，1988 年，第 1250 页。

③ 同上，第 1251 页。

④ 《皇明恩命世录》，《道藏》第 34 册，第 794 页。

⑤ （明）任自垣、卢重华纂：《明代武当山志二种》，武汉：湖北人民出版社，1999 年，第 179 页。

当宫观，费以百万计。”[①] 当时投入人力物力之巨可见一斑。建成后的武当山宫观形成9宫、9观、36庵堂、72岩庙、39桥、12亭等33处建筑群的宏大规模，并且在明成化十七年（1481）和嘉靖三十一年（1552）又有新建。明永乐十五年（1417），朱棣又封武当山为大岳，圣旨曰：“武当山，古名太和山，又名大岳。今名大岳太和山。大顶金殿，名大岳太和宫，钦此。”[②] 将武当山的地位凌驾于五岳之上。五岳本是古代五行观念的产物，是帝王巡猎封禅与神沟通的地方。《周礼·春官·大宗伯》曰：“以血祭祭社稷、五祀、五岳。”[③] 《史记集解》讲：“天高不可及，于泰山上立封禅而祭之，冀近神灵也。”[④] 由此可见，朱棣有意抬高真武神地位的意图已十分明显，武当山宫观实质上为明代皇族的家庙。

不仅限于武当山，京城内，永乐十三年（1415）于北京地安门东北建有真武庙，有《御制真武庙碑》为证。又于永乐十八年（1420）在紫禁城中轴线的最北端建有钦安殿，专祀真武大帝。此位属坎位，象征真武神之方位，又象征帝王“面南而治”之意。很明显，此神殿设于皇城内，更方便了皇族成员的祭祀，以期获得真武的护佑。

再次，利用宋元以来对真武信仰的群众基础，在全国范围广建真武庙，以争取广大下层民众对其政权的拥护。在皇权主导下，明代官署机构都会供奉真武，许道龄《玄武之起源及其蜕

---

① （清）张廷玉：《明史》，上海：上海古籍出版社，1986年，第8607页。

② （明）任自垣、卢重华纂：《明代武当山志二种》，武汉：湖北人民出版社，1999年，第23页。

③ 徐正英、常佩雨译注：《周礼》，北京：中华书局，2014年，第401页。

④ （汉）司马迁：《史记》，北京：中华书局，1999年，第173页。

变考》一文指出："明代御用的监、局、司、厂、库等衙门中，百分之百都建真武庙，设玄帝像。"[①]《礼部志稿》载："北极佑圣宫即真武庙，开国靖难神，多效灵，故祀之，每岁元旦、圣旦、三月三日、九月九日、每月朔望日，俱用素馐，遣太常寺堂上官行礼，国有大事则告。"[②] 真武神屡著灵异的事迹广为流传，使真武在民间香火也日渐兴旺，有明一代，真武庙如雨后春笋般在全国各地出现。例如，明代广西境内的桂林府、平乐府、梧州府、南宁府、浔州府、柳州府、思恩府等地区均建有真武庙，其中较出名的有桂林府北极真武庙、梧州府岑溪县北帝宫和容县真武阁等。据冀满红的研究，明代广东地区真武庙在各府县平均覆盖率达70%。甘肃永登地区当时著名的真武庙有庄浪卫治附近的北灵观和鲁土司辖地内的玄真观。辽东地区，据张士尊的研究，"宁海真武庙在城内东北；复州真武庙在城内西北；盖州上帝庙在城西门内；沈阳上帝庙在城内；开原上帝庙在城内东北；锦县上帝庙在城内东关；广宁真武庙在城北；义州真武庙在东关外；宁远上帝寺在城内。"[③] 此外，在江苏、浙江、福建、河北、云南、陕西、四川等省都有这一时期建真武庙的记载，明末清初之际，郑成功及其后人又将真武信仰带到台湾，真武信仰在台湾开始生根开花，在此就不一一详述。

在这样的时代背景之下，四川地区当时也兴建了众多真武

① 宗力、刘群：《中国民间诸神》，石家庄：河北人民出版社，1986 年，第 75 页。

② （明）俞汝楫：《礼部志稿》卷 30，爱如生数据库，文渊阁《四库全书》本，第 463 页。

③ 张士尊：《明代辽东真武庙修建与真武信仰》，《鞍山师范学院学报》2009 年第 3 期。

庙，川北地区以广元苍溪西武当山真武宫最为著名。关于“西武当山”之名来历，据乾隆《苍溪县志》载：“武当山，形如笔架，塞大江之流，上建武当庙以镇水口。”① 可见，因在此山上建有太阴水神玄武的庙宇以镇嘉陵江水患，故名此山为武当山。另一种说法是，朱棣登基后下令全国各地建真武庙宇，因此山地理上处于湖北武当山之西，又毗邻张道陵飞升之地云台山，借助其特殊的宗教影响力而将过去的笔架山更名为西武当山。西武当山上的真武宫可追溯至晋时的“玄武庙”，宋名“真武宫”，至明末时遭到损毁，清乾隆年间得到重建，此后香火日益兴盛，是本区域道教活动的主要道场，史志上用“日见千人拱手，夜观万盏明灯”来加以形容。20 世纪中叶真武宫又遭到严重破坏，道场活动沉寂了半个世纪，新世纪伊始，当地政府组织重建真武宫，苍溪县道教协会会长张绍国捐资 1300 万，2006 年 6 月开工建设，全国道教协会常务副会长张继禹亲笔题写了“西武当山”四个大字。现西武当山真武宫携手山下的“红军渡”景区一起打造苍溪旅游的文化品牌，笔者前往真武宫田野期间，正逢临近农历三月初三真武诞辰日，因宫观内正如火如荼地进行着基建工程，今年的香会法事也需暂停。上山前山脚影壁上书有现代四川作家张花氏作的《西武当山记》，内容如下：

> 天下名山，以武当名世夥矣。西武当山者，顺天理，应自然，统御北宫，制衡天道，庇护凡品，敷扬文教，真武者也。
>
> 道宗张仙道陵者，弘真示化，显佑静应，祚善抑恶，震

① 乾隆《苍溪县志》卷 2，爱如生数据库，清乾隆四十八年刻本，第 194 页。

鸿服蒙。晋置“玄武庙”，宋名“真武宫”，香烟鼎盛，祈禳绵延。其武之源，远也！舟山耸峙，蟠龙逡巡，江光映带，城郭盘桓。其武之境，宏也！幻云湛水，古渡隐东山之麓；峰势孤天，长林拥赤色之旗。横雄师之击中流，将星出焉；蕴浩气而骛万仞，英名存焉。其武之势，威也。

或则田畴平旷，梨润甜雪；或则岗峦颉颃，果含红心。山珍拳拳，滋哺百代豪士；名教习习，化育千古名城。岭藏诗书之窟，岩列耆宿之迹。杜子美放船山下，悠哉其兴；陆放翁频梦苍溪，陶然其心。濯缨杜里坝，常思广厦庇寒士；行步仰天楼，欲与先忧酬故国。政怀励精，民有自得。往来子曰诗云，谈吐道德文章。登西武当者，慨然焉兴邦载道，胸襟天下也。

故曰：黩武穷兵，非武也；偃武修文，真武也。文士蜂拥，千古未有之局；承平赓续，百岁不知其兵。盛矣，赳赳其武矣，郁郁乎文哉！①

图 5.2　广元西武当山山门处《西武当山记》（笔者摄）

① 广元苍溪西武当山山脚刻书。

西武当山真武宫还是四川乃至整个西部最大的正一道道场，之前每届的四川正一传度大会在此举办，两年一届，今年八九月间将在此举办第六届。传度是正一派弟子正式入道的仪式，只有经过传度被授以正一法箓的道士，才有道位神职，其斋醮章词才能奉达天庭，得到神灵的护佑。正一道传度源远流长，据《赤松子章历》载："汉代人鬼交杂，精邪遍行，太上垂慈，下降鹤鸣山，授张天师《正一盟威符箓》一百二十阶，及《千二百官仪》《三百大章》《法文秘要》，救治人物。天师遂迁二十四治，敷行正一章符，领户化民，广行阴德。"①

历史上，外籍人士移民入川也是真武信仰在四川广泛流布的一大原因。在移民潮中，尤以明末清初之际的"湖广填四川"规模最巨，影响最为深远，而这场移民潮的发生是以当时川蜀境内原住民数量大量锐减为背景的。清陶澍《蜀輶日记》有"献贼屠封，而后土著几尽"②。民国《云阳县志》载："自明季丧乱，遭献贼屠狝，孑遗流离，土著稀简。"③ 魏源《湖广水利论》说："当明之季世，张贼屠蜀，民殆尽，楚次之，而江西少受其害。事定之后，江西人入楚，楚人入蜀。故当时有'江西填湖广，湖广填四川'之谣。"④ 尽管对张献忠屠杀蜀民的数量究竟多大学界尚有争议，但其对川民的残害为不争史实，他从陕西入川，广元乃川北重镇，为必经之地，其地人民当时的伤亡情况尤为惨重。

① 《赤松子章历》卷 1，《道藏》第 1 册，第 173 页。

② （清）陶澍：《陶澍全集》第 8 册，长沙：岳麓书社，2017 年，第 321 页。

③ 蓝勇，黄权生著：《"湖广填四川"与清代四川社会》，重庆：西南师范大学出版社，2009 年，第 50 页。

④ （清）魏源：《古微堂集》下册卷 6，北京：朝华出版社，2017 年，第 631 页。

各省入川的移民数量，以湖广之民为最。“湖广”为明代行省名，辖境相当于今天的湖北湖南两省。清陆箕永《绵州竹枝词》云：“村墟零落归遗民，课雨占晴半楚人。”① 清陈谦《三台县竹枝词》云：“五方杂处密如罗，开先楚人来更多。”② 清张栋《合州竹枝词》也描绘有“气候不齐连六诏，土音错杂半潇湘”③。另据黄权生的整理研究，四川移民各籍所占比例情况如下：《蜀故》卷3统计了两年迁入的户口状况，得出两湖籍4463户，广东籍1279户，江西籍534户，广西籍81户，福建籍17户，所占比例分别为70%，20%，8.3%，1.2%，0.5%。民国《金堂县续志》记载当地楚籍占37%，粤籍占28%，闽籍占15%，其他籍占20%。又如《成都通览》上记载当地湖广籍占25%，河南籍和山东籍占5%，陕西籍占10%，云贵籍占15%，江西籍占15%，安徽籍占5%，江浙籍占10%，两广籍占10%，福建籍、山西籍、甘肃籍占5%④。

① 蓝勇、黄权生：《“湖广填四川”与清代四川社会》，重庆：西南师范大学出版社，2009年，第128页。

② 同上。

③ 同上。

④ 同上，第15页。

图5.3　南充高坪长乐镇禹王宫（笔者摄）

入蜀的移民出于怀念自己的祖先和故土，多建祠立庙以祀之，“蜀民多侨籍，久犹怀其故土，往往醵为公产建为庙会，各祀其乡之神望”①。当然，这种方式更为重要的是起到移民族群间维系乡土情感和共同信仰的作用，正所谓“各从其籍而礼之”，“崇祀桑梓大神”。基于此，各籍人所立庙宇、会馆呈现出本籍固有特点。湖广移民供奉大禹最多，常建有禹王宫，笔者田野中有走访广元青川乔庄镇禹王宫和南充高坪长乐镇禹王宫。湖广移民还常奉祀的神有观音寿佛、帝主、濂溪、真武祖师等。真武祖师作为明代皇族的护佑之神，在其道场武当山建有皇室家庙，湖广地区人民多推崇真武信仰，移居四川的湖广移民继续延续着这一传统，多在移居地建真武庙以祀之，“真武宫，也称‘常澧会馆’，是开县的湖南常德澧州人的会馆。灌县的湖广会馆也称真武宫。真武庙，广安的常德人会馆”②。此外，陕西移民因祀三官、关公、三圣，多建有三官殿、关圣殿、三圣宫。江西移民多建万寿宫祀许逊，笔者田野中有访南充高坪龙门万寿宫

① 民国《富顺县志》卷4，爱如生数据库，民国二十年刻本，第450页。

② 蓝勇、黄权生：《“湖广填四川”与清代四川社会》，重庆：西南师范大学出版社，2009年，第26—27页。

和南充高坪长乐万寿宫，现在这里建筑已破旧不堪，被封存保护起来，已列为县级文物保护单位。四川本籍移民多建有川主庙、二郎庙，供奉李冰和二郎神。总之，广元地区多真武庙不是偶然现象，与湖广移民迁居此地后建立会馆、祠庙有着直接联系。

图 5.4　南充高坪龙门镇万寿宫（笔者摄）

三　民间真武信仰据点——广元朝天鱼洞红庙子

红庙子位于广元朝天区鱼洞乡青台山山顶，东与朝天临溪乡毗邻，主神供奉真武祖师，为朝天诸多真武庙之一，因每年农历三月初三在此举办的朝山进香香会甚有特色，使红庙子成为广元地区民间真武信仰的一处鲜活载体。红庙子现今建筑建于 20 世纪80年代初，现庙中保存有两块清代庙碑，庙碑上记载，红庙子原名“石竹寺”，始建于明代，据此二碑刻可窥探其大致历史脉络。

道光碑

夫红庙子者，古称石竹寺，乃梵刹也，创自明时，兴于清代，庙□□□□□□□□□□，被八□，真名山胜迹也。时维嘉庆二十一年，因庙宇崩颓，殿阁□坏，□□□□，玄祖之灵应非常，人心之诚敬靡一，爰有弟子郭贵□工补修，领化香资，庄严□□□□，道光二年始功成告竣，殿宇一新。盖为远近之善男信女广种福田阴德不下六也，□者勒石树匾，共结善缘，因前功而成后效庶，俾人人添寿，户户增祥，永志不朽云尔，今将众姓开刻于左。

……

道光二年①

同治碑

山不在高有仙则名，夫红庙子者，山不峻而挺秀，神赫濯而灵昭，兴云雾对峙，合飞仙品，列邑□□□□，著名灵山也，创自前明，犹在山麓，至国朝康熙年间，我祖□□舒齐公协众移建于斯，其娘娘殿及丹房复建于后。但山形峭立，屡被风雨摧残，□经培补未固，□来坍塌较昔光甚□，斯地者，无不□□。于咸丰辛酉冬，合邑人等捐助募化约百余金，当即购料，鸠土料巧者，□之倾者，培之□□而始竣，俾神仙殿宇焕乎维新，众善难没，故勒珉以志不朽云

① 《道光碑》，现存广元朝天红庙子。

尔，捐资姓氏列后。

马应朝　杨正明　……

龙飞同治元年　岁在伭默□茂嘉平月朔捌日①

通过碑文可知，红庙子早先为佛教法场，后改为道教道场，一开始建于青台山山麓，康熙年间移建于山顶，之后庙宇又有多次修葺。听当地村民介绍，同治时修建的庙毁于20世纪中叶，现在的建筑为20世纪80年代初原址重建。现今庙宇规模不大，由山顶的主殿和山腰的一配殿组成，主殿与配殿间由上山石阶连接。主殿外有一似四合院式的围合空间，但面积很小，道光碑和同治碑就分置于院落两侧，主殿殿门前地面，也即院子中央区域有一方形的下沉凹坑，是因上有天井，用来盛接和排放雨水，以防流入殿堂内，主殿及殿外这一四合院空间正是法师们做坛场的区域。现主殿供奉有真武祖师、财神、三霄娘娘、观音、地母娘娘、牛王、周公、桃花女、川主、土主等神像，四合院院门两侧立有土地神和无二爷像，配殿有太白金星、二郎神等神位。

图5.5　广元朝天红庙子清代石碑

（笔者摄）

① 《同治碑》，现存广元朝天红庙子。

红庙子香会最大的特色在于它的民间性上，它不同于苍溪西武当山真武宫与广元天罂山灵台观，虽都祀真武为主神，但道场法事上后两者分别严格遵循道教正一派和道教全真派的科仪规范，而红庙子的道场则是由当地乡民操持，做道场的流程和所诵经文都是祖祖辈辈传下来的。这些师傅也不属于宗教人士，他们仅在每年香会期间被红庙子当家鲁师傅请来，为附近乡民操持诵经请神之事，平时这些师傅各自忙于自家生计，有的在家种地，有的出外打工。从香会的香客看，并不是从各地赶来的虔诚的道教信徒，而是生活于斯和长于斯的附近乡民，乡民们到此并不关涉对道教本身的信仰，仅仅是祈祷神灵护佑保平安、祛病消灾、送子延寿等这些生活现实问题。可见，红庙子是一处承载着广元地方民间信仰及文化的活化石，在这里每年最具代表性的活动要数农历三月初三的朝山进香香会和春节期间挨家挨户的舞龙灯仪式，可将二者视为民间庙会中常有的“坐会”和“巡会”两种基本形式，前者指神灵在庙中接受供奉者的香火，后者则指神灵在出游中接受人们的朝拜。至晚在南北朝时期就已有巡会一说，《洛阳伽蓝记》中记有：“于时，金华映日，宝盖浮云，幡幢若林；香烟似雾，梵乐法音，聒动天地；百戏腾骧，所在骈比；名僧德众，负锡为群；信徒法侣，持花成薮；车骑填咽，繁衍相倾。”① 遗憾的是，红庙子的舞龙灯活动在每年春节初一至十五期间举行，笔者没能有机会前往亲自体验，以下着重介绍笔者田野时参与其中的红庙子三月三朝山进香香会。

三月三的庙会当地人称作香会，从农历二月二十六日开始一

① （北朝）杨衔之撰，周祖谟校释：《洛阳伽蓝记校释》卷3，北京：中华书局，1963年，第115页。

直到三月初三，持续七天。香会主要分两大部分，从第一日到三月三凌晨三四时为做道场的时间，其间也包括庙宇当家的操持各项后勤准备工作，这六日内庙内所有人均需素食，最后一日，即三月三日，为开斋上香日，这一天即真武祖师的诞辰之日，附近众多乡民会前来红庙子朝山进香。当地人称真武祖师为“老爷”，其实，大部分乡民并不了解道教中的真武大帝，但因其灵验他们对“老爷”的供奉却很虔诚，反映了民间信仰的世俗性和实用性特点。

做道场的团队由五人组成，他们由红庙子的当家鲁师傅出钱请来，每年都是这些师傅，已形成惯例，他们借老爷诞辰日为乡民祈福消灾，具体说，是为红庙子附近十八个大队的村民，这十八个大队每年出两个大队负责提供香会中的各项人力物力支持，九年一轮回，红庙子当家鲁师傅则具体筹划安排香会中的各项事务。可以看出，庙子当家、十八个大队、做道场师傅，三者间经济上形成了闭合循环的互利关系。红庙子的经济来源主要是十八个大队乡民拜老爷的香火收入，庙子管家将这些钱用于庙子的各项基建，以及举办各项与庙子相关的各种活动，包括请做道场的师傅，乡民们希冀从中获得神明的赐福护佑，而红庙子的日常经营运作也需以乡民的经济支持为前提，这样，各方形成互利共赢的互补关系。

在做道场之前，道场师傅会制定好一张“七日行持”表，即这几日坛场法事的具体流程和内容，他们将其视为自己从事行当的秘密，不可外传，笔者在出示了自己的学生证和盖了公章的田野调研函后，五位师傅仍然犹豫不决，在笔者再三诚恳请求之下，并承诺自己的论文仅用于学术研究，不会向他们同行传播的前提下，他们才掏出此表，实感不易，表中内容如下：

七日行持表

二十六日　安镇　请水　进厨

二十七日（启白）竖幡　土地　四置　开经　签职　迎僧　誊录　三元

二十八日（请佛表）上元词　王帝　星主　梵王　天宫　诸天

二十九日（玄帝表）中元词　匡阜　洞渊　天福　明觉　川主　天宝礼请　皇经　皇忏

初一日（王帝词）下元词　文昌　瘟部　千佛忏二　小忏一　天宝斋　皇经　皇忏

初二日（驱瘟词）千佛忏一　小忏二　赈济　供天　三界

初三日　和瘟摄送①

从表中可得知，七日道场是由大大小小多场坛场法事组成，一般每坛法事时间在半小时至一小时左右，每天要做3—9场不等。从坛场法事流程看，遵循着这样的逻辑内涵：开坛前的准备→请神→迎神→送神。每坛法事所诵经文各有不同，笔者想翻阅下这些经文，遗憾未被允可，其中一位谭师傅告诉我，他们做坛事所需用到的经书足足满一箱，很多都是清朝道光年间的印本，如果问及其渊源，则可推及唐初，是唐玄奘从印度取回来的经书。这未必不是事实，广元地处川陕交界，距当时首都长安不

① 红庙子三月三道场师傅提供。

远，玄奘取来的经书经传抄很可能传播到广元，此后又在这里一代代流传下来。当问及红庙子法事属佛还是道时，师傅们都宣称他们做的是佛教法事，但看其所诵经文，并不乏道教的，例如，除了有《佛门般若坛前施食》《佛门告宿仪》《瑜伽施食》《慈悲六根水忏法》这类佛教经文外，还有《皇皇后帝王母消劫救世宝忏全卷》《玉帝天尊解罪消愆皇经》《玄穹上帝玉皇宝训救世经》《玄穹上帝玉皇新训消灾救世经》等道教经文。从“七日行持”表上也能看出其佛道兼有的属性，如反映佛教的“梵王”“诸天”“千佛忏”，也有反映道教的“星主”“洞渊”“川主”“瘟部”等。这可能因为红庙子最早为佛寺，古称石竹寺，早先仅举行佛教法事，随着后世庙宇的流变，以及适应当地百姓的信仰需求，逐渐加入了越来越多的道教元素，于是呈现出今天这种复合样态。这也是民间信仰特色之所在，老百姓并不关注教门门派之别，只要是有利于满足自身现实生活需要的东西，都可以拿来为我所用。

图5.6　红庙子道场所诵经书（笔者摄）

红庙子道场名曰“觉皇宝坛”，多数道场是在主殿老爷神像前进行的，每场道场所诵经文虽不同，但形式上大同小异，每场开坛前均先长鸣一声海螺，接着师傅们开始唱经，同时敲打着手中的法器，法器包括钩锣、铰子、铙、铛锣、大锣、钹、鼓等，其中钩锣和铙是上手打，大锣和钹由下手打，下手需配合上手的敲打节奏，上手师傅位于神像左手方一侧，下手师傅位于神像右手方。在所唱经书旁还放有一长方体状的“佛尺”，坐于中间的师傅在唱到经文的关键处时，会用它敲击桌案以示强调。在唱经师傅们背后，有一位五六十岁的大爷一直跪拜行礼，他是十八大队选出的代表，表示对神的尊敬，及对神的恩惠赐福回以谢意。在老爷神像前做的每场道场末尾，师傅们都会走出殿堂来到四合院挂有功曹的画像前，在此，道场师傅们继续唱诵敲打一会，时不时地向功曹鞠躬行礼，刚才那位跪拜的大爷也走出来在功曹挂像下的火炉旁烧纸，接着道场结束。细问其含义，谭师傅形象地将功曹比作邮递员，通过他才能将坛场上的祈福及祝语上达给天界神明。

图 5.7　红庙子道场所使用法器（笔者摄）

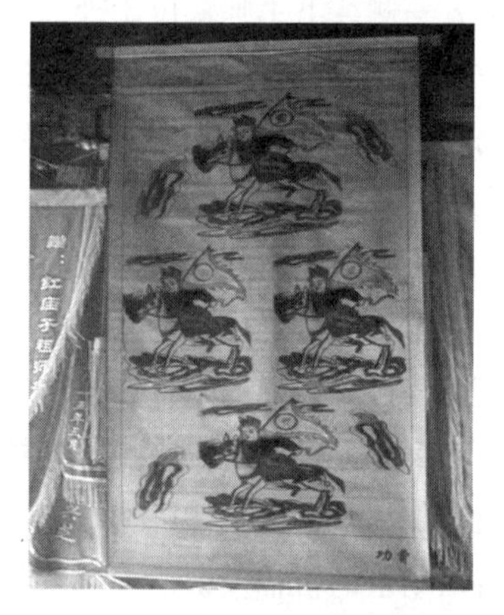

图 5.8　红庙子道场“报送功曹”环节（笔者摄）

“皇经”“皇忏”“赈济”“和瘟摄送”等坛场是在四合院天

井下开坛，从坛场布置看彼此也有区别，其中“赈济”那场需在坛场前贴出一幅鬼王的图画，坛场桌案香炉里前后点上两根蜡烛和三支香，香炉前放置有三个碗，分别装满面团、大米和水。

香会期间，最热闹的时间要数初二夜晚到初三凌晨四时，庙子里的活动主要安排在这个时间段里，附近乡民会在初二晚上来这里凑热闹，一夜留驻于此。为了准备晚上的活动，红庙子当家鲁师傅也早就开始张罗。

图 5.9　红庙子“拜皇忏”坛场（笔者摄）

图 5.10　红庙子“赈济”坛场（笔者摄）

初二午饭后，笔者见三四位师傅在院子内忙着制作蜡烛。蜡烛的原料由植物油、青蜡和黄蜡组成，将三者放入热锅里加热，融化为液态后倒入一个桶内并不断搅拌，然后将十几支带有蜡芯的木签一齐插入熔化的油蜡中，最后放置冷却制成蜡，此工序称作“浇蜡”。笔者向师傅询问，为何不直接买蜡烛，岂不更便捷省事，师傅说这是为了表示对神灵的尊敬，这样制作出的蜡是纯天然的，没有受到任何污染，因蜡烛是通达神明的媒介，象征智慧和光明，不能使之沾染上尘世之气。

图 5.11　“浇蜡”工序（笔者摄）

下午三四点时分，一位六十岁左右的大爷拎着一袋面粉来到红庙子，鲁当家用一红色面巾替他蒙住脸后，他便径直向红庙子后的厨房走去。他也是十八大队选出的代表，专门来此制作晚上供神的供果。供果也是与神灵沟通的神圣之物，照当地风俗，制作供果过程中这位大爷不能开口说话，这样才能保证做的供果不被世俗之气所污染，因此被蒙上面巾就体现这一意涵。这其间，妇女们也必须回避开，制供果时，只见平时都在厨房里忙活的妇女们都来到院子中，厨房门紧闭，仅留那位大爷一人在厨房内。这也是为了保证供果的制作过程中不沾染上尘世之气。

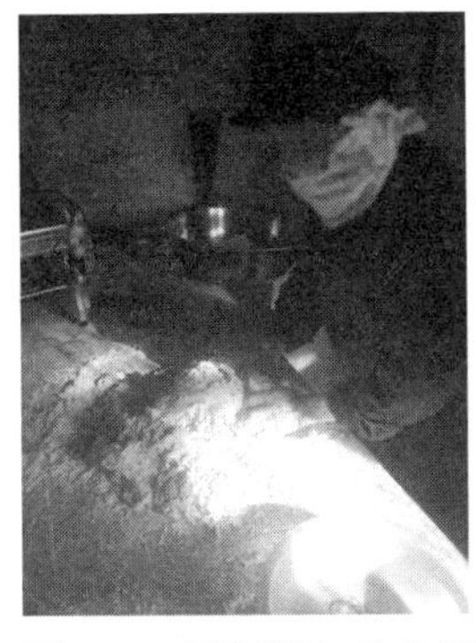

图5.12　制作供果(笔者摄)

图5.13　十八大队开会讨论红庙子事宜(笔者摄)

到晚上九时左右，红庙子已挤满了人，依照惯例，庙子里准备了夜宵馒头供乡民们食用，此时正处于阳历四月初，夜晚时分山上略感凉意，此时的馒头可谓是雪中送炭，热喷喷的馒头吃起来有滋有味，四个馒头下肚顿时身上也热乎乎的。接下来是为神献供品环节，除了供果还要献上新鲜的鸡肉，鸡必须在老爷神像前宰杀，然后拿去烹饪，之后一处供在老爷神像前供桌上，一处供于瘟神牌位前。从供品上看，民间信仰与道教间有着很大区别，道教对供品并不以丰厚为佳，而以心诚为本，《吕祖真君无极宝忏》强调“我以诚至，不为财临”①。至于血牲则更加反对，道教供品名类皆指香、花、灯、水、果、茶、斋之物。而民间祭献对此没有限制，多以鸡肉、猪蹄等为供品。摆放完供品是插蜡、上香仪式，老爷神像左侧摆放57个蜡台，代表诸天，右侧摆45个蜡台，代表护法。下午制作的蜡摆在蜡台上，点好后，再于庙子每个神像前上三炷香。操作这一仪式的同时，庙子外面

① 李远国，刘仲宇等著：《道教与民间信仰》，上海：上海人民出版社，2011年，第236页。

也开始点放起烟花，将这些敬神的仪式上达给神明。

图 5.14　上供果（笔者摄）

图 5.15　摆蜡台（笔者摄）

临近午夜时分，香会期间还有最后两坛道场——“拜三界”与“和瘟摄送”。“拜三界”中最大的看点是乡民们也参与其中，天井下的院落里站满人，他们在道场师傅的口令下，迅速转变身体，向四个方位连续磕头朝拜。可以感受到，此时的乡民已将自己对神明的虔诚之心注入进这一集体仪式之中，他们快速地磕着头，生怕自己的节奏慢于其他人，以此证明自己最为虔诚。通过这种仪式能够使人们暂时忘记“小我”的存在，将不同的人联结在一起为一个愿望——敬神而努力，人们此刻成为彼此心灵相通的人，这应当是道场仪式的意义所在。凌晨三点时分开始送瘟神仪式，一只事先用竹枝编好的船置于天井下的场地，道场师傅们围着场地转圈，一边唱诵一边敲打着铜锣，大概含义是“瘟神啊！你吃好喝好，你想要的我们都愿意给你，请你不要来伤害我们一方百姓，保我们长寿安康”。转了几十圈后，只见一位师傅拿起竹船走出门外，径直朝山下走去，嘴里还一边念叨着什么，其他几位师傅驻足于门口，敲锣目送。竹船是被拿到山下焚化，表示瘟神已被送走，也送走了病患灾厄。

图5.16　红庙子“拜三界”坛场(笔者摄)

图5.17　红庙子“和瘟摄送”坛场(笔者摄)

三月三日这天是香客们来此朝山进香的时间，一大早红庙子外山路两旁就摆满了摊位，因来上香的香客不少，也刺激了香会经济的发展。香客们进香也有一个较为程式化的流程，进入庙子一般先去交香火钱，庙子天井下右侧摆放了一张桌子，上面放有一本记账簿，两位庙里管事人员负责记录。交香火钱是自愿的，但一般来此的香客多多少少会表示一些，几元到几百元不等，多在五十至一百元之间。

接着是上香，庙里每尊神像前都需进香，每个神有各自的神职，且都与百姓生活日用相关，如保一方平安的真武老爷，保家族人丁繁盛的送子娘娘，保家畜健康肥硕的牛王神等等。这体现了民间信仰的多元性、实用性特点。不仅如此，在上香时香客会许下自己的愿望，如日后灵验，还需来此还愿向神明表示谢意，庙子里挂满的各式锦旗及神像头上顶的盖头就是明证，这一“请”一“还”从深层次上折射出的是人际交往中“礼尚往来”“投桃报李”的利益关系，反映了民间信仰的世俗性特点。

图 5.18　神像上头顶的“盖头”（笔者摄）

上香许愿后，有的香客会请鲁当家给打卦问卜一番。打卦学名称“掷珓”，是一种流行于南方古老的占卜方法，《演繁露·卜教》说：“后世问卜于神有器名杯珓者，以两蚌壳投空掷地，观其俯仰，以断休咎……或以竹，或以木，略斫削使如蛤形，而中分为二，有仰有俯，故亦名杯珓。”① 可见，打卦的器具一般为形如牛角的蚌壳或竹木，通过观察它们俯仰和朝向来判定吉凶。打卦的地点必须是在老爷神像前，这样打出来的卦才显示的是神的旨意。不管是打卦灵验还是一种巧合，重要的是“来庙子打个卦”已成为当地居民生活内容的一部分。不仅是香客，鲁当家平日里遇到难以决策的事时，也会在神像前打个卦，笔者在红庙子田野期间就见到过不少次。前来上香的香客多自己备有烧纸，红庙子山腰有焚烧池，上香打卦完毕的香客就来此烧纸。

① （宋）程大昌：《演繁露》卷 3，爱如生数据库，清学津讨原本，第 16 页。

香客朝山的最后环节是“鸣钟击磬”“燃放爆竹”，通过这一方式将前来朝拜之事上传给天上神明。《说文解字》云：“磬，器中空也。”① 可见磬呈钵形状。钟、磬、爆竹都是交通神灵之物，《洞玄灵宝道学科仪》云：“治舍左前台上，有悬钟磬，依时鸣之，非唯警戒人众，亦乃感动群神。”② 《上清灵宝大法》曰：“坛场将肃，钟磬交鸣。韵奏钧天，仿佛神游于帝所；高音梵唱，依稀境类于玄都。”③ 例如，平时在道观中进香后向神明叩拜时，一旁道士会击磬以示通报，因其有通报神灵、消灾解厄之功。

四　民间真武信仰衍生神——青林祖师

广元地区有一地方神，当地人称其为青林祖师，在广元东坝黑石坡上建有其庙宇。据当地传说，青林祖师本是一条黄猴蛇，出生在广元朝天区鱼洞乡漕子沟，笔者亲自前往察看过此地，为一天然的背日崖壁，下面有沟渠流经，环境比较阴暗潮湿，确为鱼蛇喜居之所。现崖壁岩厦里置有一神龛和香炉，上面还插有一三角状的小锦旗，附近居民将此处视为灵应之所。黄猴蛇从这里出发向南爬行，经过“七十二道后门”来到黑石坡，于此修炼成精，屡著灵异，当地人把其视为神灵。因广元浓郁的真武信仰氛围，民间附会黄猴蛇被真武祖师收纳为手下龟蛇二将之一，辅

① （汉）许慎撰，汤可敬译注：《说文解字》，北京：中华书局，2018年，第1056页。

② 《洞玄灵宝道学科仪》卷上，《道藏》第24册，第771页。

③ （宋）金允中：《上清灵宝大法》卷20，《道藏》第31册，第467页。

佐其斩妖除魔，消灾解厄，黄猴蛇也逐渐蜕去蛇身，换上人形，其形象是一慈眉善目、正义平和的老者形象，被尊称为青林祖师。

图 5.19　青林祖师诞生地——广元鱼洞漕子沟（笔者摄）

现黑石坡建有两处青林祖师庙，一处在山顶，建于 20 世纪 80 年代初，当时山上有一个采矿场，经常发生事故，当地百姓认为是惊扰到了青林祖师，于是为其立庙供奉，自此后确实再无事故发生，人们的日子也过得风调雨顺。另一处建于山腰，最近几年才建成，为一三重歇山式建筑，庙子外旁有“青龙神泉”，据说可医治百病。在此建庙是因山顶的庙子香客来往很不方便，影响到祖师的香火，据当地人讲，此处庙子的选址用了前后十八年时间，现在这一基址位于山体的中心，乃阴阳和合的宝地。目前，黑石坡这边正在建设为省级森林公园，将其打造成现代康养旅游之地，青林祖师庙也将成为景区内的一处景点。

图 5.20　广元黑石坡青林祖师观新殿

（笔者摄）

五　民间真武信仰的现代意义

通过上述对广元地区真武信仰的探究，可获知民间信仰具有世俗性、实用性、多元性交融的特征。当地百姓对真武的供奉出于他能保佑一方百姓的平安，他们并不关心真武神的来历、神格、所司神职怎样，也不清楚他与道教中其他神仙的关系，有的乡民甚至不知此神明就是真武大帝，因为在他们那里只是将其称作“老爷”。百姓们敬神、祀神并非受到道教所描绘的彼岸世界的感召，而是取决于具体的生活现实和神灵的灵验与否。例如，若想求子就去拜送子娘娘，想升官发财就去拜文昌和财神，想要五谷丰登就需拜地母娘娘和土地神，想要问卜未来就要请示真武老爷……总之，生活中遇到的各种问题几乎都有相应的神灵来司管。民间信仰这种实用主义态度造就了信仰的多元化特性，老百姓们不会受教门、教派藩篱的束缚，以“拿来主义”的心态将各宗教、教门之神明拿来为己所用。

在科技文明高度发达的今天，广元地区民间信仰在诸多方面肯定会显得迷信而落后，但从整体意义上讲，这些信仰在现代社会仍然有着重要意义。首先，民间信仰为乡民们提供了一个交流互动的社交平台。乡民们一年到头忙于生计之事，平日聚在一起交谈的机会并不多，民间香会给他们创造了这个条件，乡民们借此即可以增深了解，加深感情，还能获取各种有用信息。正如红庙子中的香客，大部分人并非以一种严肃恭谨的心态来朝拜神灵，而是以轻松快活的心情来此凑凑热闹，会会熟人。其次，民间信仰从精神上为当地百姓提供了某种寄托。老百姓们的生活固然是现实的、世俗的，但并不意味着他们没有形而上的追求，平安、和美、康宁、长寿是每个人对幸福生活的向往，民间信仰给当地百姓为实现这些愿望提供了精神上的依凭。并且，信仰本身都是劝导人们对美好事物进行追求，这有利于一个地区淳朴民风的构建。再次，从社会层面上讲，民间信仰还有整合社区的意义。通过民间信仰将群体团结起来，大家共同商议，共同行动，共享成果，构建起属于自己区域的人文环境。例如，每年三月三的红庙子香会，将附近十八个大队组织在了一起，十八大队的成员共同关心商议香会之事并参与其中，潜移默化中增进了十八个大队间的凝聚力和向心力。复次，民间信仰也有利于促进道教自身的发展。民间信仰很多来源于道教，又通过民间集体智慧对道教加以改造以适应当地百姓的心理需求，例如，真武神在道教中最初只是北方水神或主兵革的战神，经过民间信仰改造而成为消灾去厄、福佑一方的神灵。另一方面，民间信仰也可能被纳入进道教信仰之中，根据李远国的观点，民间信仰神灵被纳入道教神祇主要有三种方式：一是尊神赐生说；二是有功受封说；三是拜师学法说。[①] 例如，广元地方神青林祖师本为地方上民间传说的精怪，最后被真武祖师收纳后名气大增，专门有为此神立庙，虽然青林祖师尚不见于制度化道教的神仙体系中，但至少已与道教神明攀上关系。质而言之，民间信仰与道教间是一种双向互动的关系，客观上，民间信仰扩大了道教的影响力，使道教信仰及文化得以扎根于广大民众之中。

① 李远国、刘仲宇、许尚枢著：《道教与民间信仰》，上海：上海人民出版社，2011 年，第 204 页。

第二节　群仙会聚、堪天舆地之所——南充

一　南充境域内的仙真遗迹

位于南充城西郊有一块巨大的城市绿肺——西山风景区，此景区由一南北走向的连绵山脉构成，由北向南依次有栖乐山、火凤山、官宝山、马鞍山、人头山、插旗山、乳泉山等12座特色山峰，这里还留存有栖乐寺、开汉楼、万卷楼等多处历史人文景观，是南充城市文脉见证和传承之地。其中栖乐寺建于群山之冠的栖乐山上，始建于唐代，历史上这里佛道相易，多有兴废，山上有“栖乐灵池”，为南充八景之一。开汉楼是纪念汉初名将纪信之所，公元前204年，刘邦被困荥阳，其手下大将纪信诈降楚军，刘邦得以乘机逃脱，纪信却被项羽杀害。因此，开汉楼是体

图5.21　栖乐寺（笔者摄）

现儒家忠、义、信精神的物化载体。万卷楼则是为纪念史学家陈寿而建，最初建于金泉山上，这里是陈寿青少年时代读书治学之

处，后因年久失修，万卷楼于20世纪90年代又有重建，新址选在与金泉山毗邻的玉屏山上。

万卷楼原址所在的金泉山，属于西山山脉南端余脉的低矮山岭，附近还有宝台山、乌龟山、玉屏山等多个类似山丘，其中金泉山与乌龟山呈对峙之势，两山之间有一涓涓细流流经，当地人称之“会仙溪”，跨溪流而上连接两山山麓处有一单孔石板桥，名之“会仙桥”，金泉山一侧建有道观会仙观，乌龟山一侧则留存有已破败不堪的天罡庙，天罡庙不远处又有一古井，名为“金泉井”。20世纪70年代前，会仙溪一侧还立有一块硕大的石头，上面刻有“飞仙石”三个大字。在这不大的山谷内，是一个充满着传奇色彩的场域，流传有众多仙真事迹，正应了所谓的“山不在高，有仙则名”之说。

图5.22　开汉楼（笔者摄）

图 5.23　万卷楼

乌龟山上的天罡庙为一单檐悬山式建筑，庙门口有一对石狮，庙内由堂室与天罡洞两部分构成，传说唐初术士袁天罡修炼于天罡洞内，洞口书有“山异石尤异；洞奇心更奇”的楹联。现在的天罡庙已长久无人住持，建筑破败不堪，似有随时倾毁之势，尽管如此，此庙确有着特殊的意义，它是当年袁天罡居住修炼之地，后人于此立庙以祀之。可见，这一穴场是经袁天罡精心

图 5.24　天罡庙外景（笔者摄）

考察过的，民国《南充县志》上说：“乌龟山，在天罡庙后，以形似名。金泉、宝台诸山四围如屏，双溪夹泻会于山前，下方直

流出会仙桥，堪舆家指为大吉穴。山后多宋明人茔墓，张永，其著者也。”① 对天罡庙的记录是：

> 天罡庙，在乌龟山侧，隔溪与去思亭正对，旧名飞仙阁，相传为袁天罡住宅。崖上石刻：“危石才通鸟道，空山更有人家。桃源定在深处，涧水流来落花。”不载作者，旧志云此山主人，似出袁天罡。审其书法，又酷似黄山谷，山谷曾游县境，疑是其遗迹也。其侧复有崖刻一诗，云：“草褐聊自温，豆粥常一饱。静坐此山中，逍遥学黄老。”书法亦遒劲，惟与前字体略异，旧志不载，当是万历时人作。历因厂宇庇覆，刻画犹完，惜因光绪十年俗夫修庙，切上段为龛，已缺数字矣②。

图 5. 25　天罡庙内景（笔者摄）

袁天罡本为成都人，乃唐初著名的玄学家、天文风水术士，长期寓居于南充。雍正《四川通志》载有：

> 唐袁天罡，成都人，好道艺，以相术闻。贞观中为火井

① 民国《南充县志》卷 4，爱如生数据库，民国十八年刻本，第 585—586 页。
② 同上，第 584—585 页。

令，尝登山相县治，后人因名其为“相台”。秩满入京，太宗召见，谓曰：“巴蜀古有君平，卿自愿何如?”对曰：“彼运不逢时，岂若臣遇圣主，臣固胜也。”一时如王、杜辈，天罡皆于风尘中识之，所决祸福无不立验，善教学者推袁氏云[①]。

当时，杜淹、王珪、韦挺三人曾请袁天罡为其相面，天罡谓淹“必得亲纠察之官，以文藻见知”[②]，谓王“十年已外，必得五品要职”[③]，谓韦“公面似大兽之面，交友极诚，必得士友携接，初为武职”[④]，又对三人说“二十年外，终恐三贤同被责黜，暂去即还”[⑤]，这些预言后都应验。又曾为襁褓中的武则天看相，“此郎君子龙睛凤颈，贵人之极也”[⑥]，又惊曰：“必若是女，实不可窥测，后当为天下之主矣!”[⑦] 历史上是否真对此有预测姑且不论，至少从中可获知袁天罡相术在当时已声名远播。

天罡庙外一百米处有金泉井，井口现被一木板覆盖，井上建有井房，红砖垒砌，若无旁边南充政府立的市级文物保护单位“金泉井”的石碑，丝毫没有给人圣迹之感。目前井水被污染，此井已弃而不用，只是作为一种遗迹而存在着，据说以前当地百姓生活用水均是取自这里，其水甘甜，冬暖夏凉，大旱不竭。过去未建井房前，夜晚于井中观月，可感受到水天相映、双月交辉

---

① 雍正《四川通志》卷7，爱如生数据库，文渊阁《四库全书》本，第1157页。

② (后晋) 刘昫：《旧唐书》，上海：上海古籍出版社，1986年，第4088页。

③ 同上。

④ 同上。

⑤ 同上。

⑥ 同上。

⑦ 同上。

的清幽之感，故有“金泉夜月”之称，为南充八景之一。清康熙年间，顺庆府通判王以丰曾作《金泉夜月》一诗咏叹此景，诗曰：“清光闪烁一轮圆，浸入波心不计年。明是神仙藏玉镜，何尝有月在金泉。”① 关于金泉井的来历，源于袁天罡与李淳风的斗法传说。康熙《顺庆府志》载：“李淳风，知星象，闻南充袁天罡名，访之，瘗钗袁宅外以试其术。袁曰：‘子有金气，然已化为水矣。’李出，视之，果成泉，遂为金泉。”② 民国《南充县志》载：“金泉井，在殉难坊北十余步，田间独柳树下，传李淳风瘗钗所化者。此井也，今为附近农民汲饮之所，‘金泉夜月’为果城八景之一。”③ 可见，乌龟山对面的金泉山，其名来源于此处的金泉井，嘉靖《四川总志》载：“金泉山下唐李淳风于此藏金，化为泉，宋江万里书‘金泉’二字于崖上。”④ 传说金泉井附近还曾是袁天罡卖卜处，民国《南充县志》云：“在钗泉庵右十步，

图 5.26　金泉井（笔者摄）

① 蒋小华、王积厚编：《南充文物旅游揽胜》，成都：四川大学出版社，2003年，第37页。

② 康熙《顺庆府志》，爱如生数据库，清嘉庆二十五年刻本，第642页。

③ 民国《南充县志》卷4，爱如生数据库，民国十八年刻本，第577页。

④ 嘉靖《四川总志》卷7，爱如生数据库，明嘉靖刻本，第530页。

崖刻‘卧云’二字，传为袁天罡手迹，□□漫灭，道光二十八年县人补镌其崖下，传为天罡卖卜处。”①

李淳风，岐州雍人（今陕西凤翔），初唐著名天文学家、历算家。其父李播曾任隋朝高唐尉，后弃官为道士，自号黄冠子，史载“以秩卑不得志，弃官而为道士，颇有文学，自号‘黄冠子’，注《老子》，撰方志图文集十卷”②，这些对李淳风的天文造诣产生深远影响。概而言之，李淳风的科学成就主要体现在编制《麟德历》、改进浑天仪、撰写《晋书》《隋书》天文志书，编定和注释算经等领域。一般认为，袁天罡与李淳风是师徒关系，李淳风曾来南充拜访袁天罡，二人长期于南充境内观测天象。

袁李二人除曾活动于南充城西的金泉山附近外，南充境域内还流传有其多处遗迹，民国《南充县志》讲“李淳风、袁天罡居游吾邑，妇孺知名”③。袁天罡曾到阆中城北的蟠龙山观测天象，并于此筑宅，县志上有“袁天罡宅在蟠龙山之侧”④一说。又筑有观星台，嘉靖《四川总志》载：“占星台在蟠龙山前，唐袁天罡尝于此筑台以占天象，遗址尚存。”⑤道光《保宁府志》云：“观星台在蟠龙山，唐袁天罡筑以占天象，嘉庆二十四年川北道黎学锦重建。”⑥作为阆中古城案山的锦屏山，也是重要的观象地点，在此山山巅可一览阆中古城全貌，此山也必是袁天罡

① 民国《南充县志》卷4，爱如生数据库，民国十八年刻本，第578页。
② （后晋）刘昫：《旧唐书》，上海：上海古籍出版社，1986年，第3802页。
③ 民国《南充县志》卷10，爱如生数据库，民国十八年刻本，第1789页。
④ 雍正《四川通志》卷2，爱如生数据库，文渊阁《四库全书》本，第4465页。
⑤ 嘉靖《四川总志》卷6，爱如生数据库，明嘉靖刻本，第481页。
⑥ 道光《保宁府志》卷15，爱如生数据库，清道光二十三年刻本，第386页。

观测走访之地，嘉靖《四川总志》载：“袁天罡题‘锦屏山’，云：‘此山磨灭，英灵乃绝。’”[①] 因此，锦屏山也成为后世求道之士青睐的访仙问道之所，山上留存有吕祖殿、八仙洞等道教圣迹。传说吕洞宾为拜访好友严君平，云游至阆中锦屏山，但不巧严君平已云游至他处，之后八仙相会于锦屏山上的八仙洞。吕洞宾在阆中期间，以瓜汁为墨，瓜皮为笔，作有《锦屏山》诗二首。

据《历世真仙体道通鉴》，有“（吕洞宾）后南游巴陵，西还关中，冲升于紫极山”[②]，“巴陵”为湖南岳阳一带，吕洞宾的云游路线当是从岳鄂地区向西进入蜀地，经川北回到关中地区，因此，吕洞宾曾到访过阆中一说也在情理之中。袁天罡与李淳风还都曾在南充城南的朱凤山上修炼过，康熙《顺庆府志》云：“袁天罡，南充人，居朱凤山修炼，丹井尚存。”[③] 嘉靖《四川总志》云：“朱凤山，府治南十里，相传尔朱仙、李淳风修炼之地。”[④] 雍正《四川通志》载：“朱凤山，在县南十里，周回二十里，高一百七十二丈。相传尔朱仙及李淳风修炼之地，丹井尚存。苏子瞻偕黄鲁直居此，

图 5.27　新建的朱凤寺

（笔者摄）

① 嘉靖《四川总志》卷 34，爱如生数据库，明嘉靖刻本，第 2121 页。

② （元）赵道一：《历世真仙体道通鉴》卷 45，《道藏》第 5 册，上海：上海书店出版社，1988 年，第 358 页。

③ 康熙《顺庆府志》，爱如生数据库，清嘉庆二十五年刻本，第 650 页。

④ 嘉靖《四川总志》卷 7，爱如生数据库，明嘉靖刻本，第 521 页。

岁余，鲁直书准、提咒、刻石，今尚在。昔有凤凰集此，因置凤山观。”① 凤山观早已辟为佛教道场，现名朱凤寺。

上面引文中提到的“尔朱仙”，本名尔朱洞，字通微，自号归元子，乃蜀八仙之一，道教传说认为蜀地有八位仙真于此得道成仙，另外七位分别是容成公、老子、董仲舒、张道陵、严君平、李八百、范长生。尔朱洞曾来南充的朱凤山上修炼，《历世真仙体道通鉴》云：“通微则又往客果州，尝大醉天封精舍，呕丹于其井中，曰：‘后当为良药。’至今炎夏病痛者饮之，必差。果州朱凤山，州之南尔，朱仙及李淳风养炼之地。”② 又曾于南充的蓬安、营山一带修炼，“唐懿宗朝，至蓬州。州有大小蓬山，世传周穆王时，有人于此刻木为羊，跨而仙去。通微曰：‘是与海上三山名同，又有跨羊仙迹，吾期成道于兹乎。’乃援修蔓，蹑绝壁，得石室，喜甚。曰：‘足办吾事矣。’”③ 尔朱洞还曾在绵阳涪城仙云观内修炼，民国《绵阳县志》载：

> 西山，一名凤凰山，治西六里许，上有观，古名仙云观，相传尔朱仙修炼之所，山畔有子云亭，倾圮，民国初经里人重修。山左畔有石如阙，就石罅取道，榜曰“洞天”，右畔有泉名“玉女泉”，距山阿里许有汉蒋恭侯、明鲍光禄卿墓，左畔旧有蒋恭侯祠、欧阳崇公祠，民国七年经王师参谋长蒋纶、县知事李凤梧捐募改修合为一祠，栋宇一新④。

尔朱洞最后在涪州境得道飞升，万历《四川总志》云：“尔

① 雍正《四川通志》卷24，爱如生数据库，文渊阁《四库全书》本，第4078页。
② （元）赵道一：《历世真仙体道通鉴》卷45，第361页。
③ 同上。
④ 民国《绵阳县志》卷1，爱如生数据库，民国二十一年刻本，第73—74页。

朱洞，其先出于元魏尔朱族，遇异人，得道。唐僖、懿间落魄成都市中，于江滨取白石投水，众莫测，后自果至合。卖丹于市，价十二万。刺史召问其值，更增十倍，以其反，覆盛以篾笼弃诸江。至涪州，渔人姓石者得之，授以丹，二人俱仙去。"①

关于金泉山与乌龟山间的会仙桥，也有一段仙话。明初时，张三丰云游四方来到了南充，一日他路过金泉山下的会仙桥，遇见八个叫花子吃完饭后在溪水边洗锅。其中一位抱怨道："老三热饭时烧起的锅巴真不好洗!"一位老者说："你把锅里子翻出来用砂子磨嘛!"果见那位抱怨者将锅底轻松地翻出来，然后用砂石将锅底灰磨掉，洗完后又将锅底回复到原状。张三丰意识到此八位叫花子绝非凡人，正要上前搭讪，八人已消失得无影无踪。张三丰不灰心，天天在这座桥边等候，直到等了一百零八个夜晚，终于又遇见了这八位叫花子。原来这八人乃八仙所化，张三丰的诚心感动了他们，八仙于是收张三丰为徒。自此之后，此桥才被称作"会仙桥"，桥下流经的溪水被称为"会仙溪"，金泉山上的道观则被称作"会仙观"。不过，这毕竟仅是美妙而玄幻的传说，会仙桥的建造年代要晚于张三丰时代，民国《南充县志》载："会仙桥，跨会仙溪飞瀑上，当上省大道，咸丰十年建桥，首石坊镌'回头是佛'四大字，光绪己酉郡守耆年书。"②在古代会仙观所在位置本是一座佛寺，名"甘露寺"，始建于唐代，那时连同附近的万卷楼，金泉山上曾形成规模宏大的建筑群，甘露寺的摩崖石刻现已风化破坏严重，但仍可依稀辨认出其遗迹，它们向世人诉说着这里往日的辉煌。

---

① 万历《四川总志》卷9，爱如生数据库，明万历刻本，第793页。
② 民国《南充县志》卷4，爱如生数据库，民国十八年刻本，第542页。

图 5.28　会仙桥

在会仙溪岸一侧原本立有一块巨石，上面刻有“飞仙石”，据《南充文物旅游揽胜》，“石高、广各4米，形似石卵。相传，唐代女道人谢自然贞元十年（794）十一月二十日在金泉寺白日飞升时，此石自栖乐山顶随风雨飞来，故名。石上刻‘飞仙石’三个大字，小字刻宋人律诗两首”①。可知，飞仙石之名源于谢自然升仙传说，可惜该石在20世纪70年代遭到人为毁坏，已不存。

谢自然其人，杜光庭描述有：

谢自然，其先兖州人。性颖异，不食荤血，年七岁，所言多道家事。其家在大方山下，顶有古像老君。自然因拜礼，不愿却下。母从之，乃徙居山顶。年十四绝粒，食柏叶，七年之后，柏亦不食，九年之外，乃不饮水。贞元九年，筑室于金泉山居之。一日有一大蛇，围三尺，长丈余，有两小白角，以头枕房门，吐气满室。斯须云雾四合，及雾

① 蒋小华、王积厚编：《南充文物旅游揽胜》，成都：四川大学出版社，2003年，第54页。

散，蛇亦不见。白蛇去后，常有十余小蛇，旦夕在床左右。又有两虎，出入必从，人至则隐伏不见。贞元十年三月三日，移入金泉道场。明日，上仙送白鞍一具。此后自金母以下，神仙屡降。有神力，日行二千里，或至千里，人莫知之。冥夜深室，纤微无不洞鉴。又不衣绵纩，寒不近火，暑不摇扇。人问吉凶善恶，无不知者。后于金泉道场白日升天，士女数千人，咸共瞻仰①。

图 5.29　谢自然像

可知，谢自然最初在其家附近的大方山上修道，关于大方山，县志上说在“府治西三十里，谢自然尝栖真于此，又有小方山，与此山相峙，千峰百岭，周回缭绕，拟若洞天”②。“顶有

① 栾保群编：《中国神怪大辞典》，北京：人民出版社，2009 年，第 588 页。
② 嘉靖《四川总志》卷 7，爱如生数据库，明嘉靖刻本，第 521 页。

古像老君”当是指当时山顶上的道观紫府观，它与现在建于山腰崖壁处的乳泉山老君观属同一道脉，仅是宫观基址发生了变迁，谢自然最初就是于此与道结缘的。民国《南充县志》载：“老君观，在小方山北侧滴乳崖下，因崖石凿老君立像及二侍者，皆高丈六七尺，工甚佳，唐时已有此像，大抵后魏时工也。谢自然家山下，年九岁至是顶礼，遂出家于此。”[①] 之后，谢自然又来到金泉山修道并于此得道升仙，“年十四修道不食，筑室于金泉山。贞元十年十一月二十日辰时白日升天，士女数千人咸共瞻仰，须臾五色云遮亘一川，天乐异香散漫。刺史李坚表闻诏，褒美之”[②]。传说谢自然升天之日，周边还出现其他各种奇异之象。南充城东，即今天白塔公元内的小山丘，其名鹤鸣山，是因“相传谢自然升仙之日有鹤栖鸣于上，旁有紫云亭”[③]。而西山山脉最高峰栖乐山，其名则源于“谢自然飞升日，仙乐振响于峰顶，故名。旧有御风亭，今圮。栖乐池，已涸”[④]。传说这一天此山上又有大石飞来，落至金泉山上，即为飞仙石。白日飞升之事又有《鹤栖山古碑》详载其事，据嘉靖《四川总志》：

> 鹤栖山在冀都镇，有吉碑，字虽漫灭，尚仿佛可识其大略。天唐贞元十年，岁在甲戌，果州女子谢自然白日升仙，刺史李坚以秋闻，有为之传。于时，先有双鹤栖宿此山，然后飞迎，自然驾之而去，自是俗呼为鹤栖山。按自然升仙在果州金泉山，李坚上其事，唐德宗赐诏，今刻于金泉，年月

---

① 民国《南充县志》卷4，爱如生数据库，民国十八年刻本，第627页。
② 嘉庆《四川通志》卷13，爱如生数据库，清嘉庆二十一年木刻本，第3216页。
③ 嘉靖《四川总志》卷7，爱如生数据库，明嘉靖刻本，第521页。
④ 民国《南充县志》卷2，爱如生数据库，民国十八年刻本，第230页。

日与此碑所载不差①。

谢自然升仙之事，刺史李坚有上表其事，唐德宗为此特作有两份敕文：

敕果州刺史手书

敕李坚正亮守官：

公诚奉国，典兹郡邑，正洽人心。所部之中，灵仙表异，玄风益振，治道弥彰。斯盖圣祖垂光，教传不朽，归美于朕，良所竞怀，省览上陈，载深喜叹。冬寒，卿平安好，遣书指，不多及。

敕果州女道士谢自然白日飞升书

敕果州僧道耆老将士人等：

卿等咸蕴正纯，并资忠义，禀温良之性，钦道德之风，志尚纯和，俗登清净。女道士超然高举，抗迹烟霞，斯实圣祖光昭，垂宣至教，表兹灵异，流庆邦家，钦仰之怀，无忘鉴寐。卿等义均乡党，喜慰当深，特为宣慰，想悉朕怀。卿等各平安好，州县官吏并存问之，遣书指，不多及②。

关于谢自然升仙一事，文人们也多有作诗评说，最著名者当数韩愈作的《谢自然诗》：

谢自然诗

果州南充县，寒女谢自然。童騃无所识，但闻有神仙。轻生学其术，乃在金泉山。繁华荣慕绝，父母慈爱捐。凝心

① 嘉靖《四川总志》卷52，爱如生数据库，明嘉靖刻本，第2764页。

② 龙显昭，黄海德编：《巴蜀道教碑文集成》，成都：四川大学出版社，1997年，第34页。

感魑魅，恍惚难具言。一朝坐空室，云雾生其间。如聆笙竽韵，来自冥冥天。白日变幽晦，萧萧风景寒。檐楹暂明灭，五色光属联。观者徒倾骇，踯躅讵敢前。须臾自轻举，飘若风中烟。茫茫八纮大，影响无由缘。里胥上其事，郡守惊其叹。驱车领官吏，氓俗争相先。入门无所见，冠履同蜕蝉。皆云神仙事，灼灼信可传。余闻古夏后，象物知神奸。山林民可入，魍魉莫逢旃。逶迤不复振，后世恣欺谩。幽明纷杂乱，人鬼更相残。秦皇虽笃好，汉武洪其源。自从二主来，此祸竟连连。木石生怪变，狐狸骋妖患。莫能尽性命，安得更长延。人生处万类，知识最为贤。奈何不自信，反欲从物迁。往者不可悔，孤魂抱深冤。来者犹可诫，余言岂空文。人生有常理，男女各有伦。寒衣及饥食，在纺绩耕耘。下以保子孙，上以奉君亲。苟异于此道，皆为弃其身。噫乎彼寒女，永托异物群。感伤遂成诗，昧者宜书绅①。

南充金泉山步虚堂为谢自然飞升处，宋代郑方庭就此作诗云：

平生酷好退之诗，谢女仙踪颇自疑。
不到步虚台下看，琼瑛瑶佩有谁知②。

明代黄辉曾游金泉山，并留有诗作：

一上飞仙石，飘飘千古情。

① 《四部丛刊初编（116）·昌黎先生文集》卷1，上海：上海书店出版社（据商务印书馆1926年版重印），1989年。

② 雍正《四川通志》卷26，爱如生数据库，文渊阁《四库全书》本，第4498—4499页。

仙人不可见，秋月绕林生。

高旻淡无影，独酌依空明。

却望来时路，微茫烟际城[①]。

明代嘉靖八才子之一的任翰，乃南充人士，为官正直清廉，淡泊名利，中年时弃官回到家乡，长期于栖乐山“读易洞”中研读易经，在此留有《读易记》石刻。另外，他还曾作有《题谢自然上升》一诗：

华阳仙人谢自然，上朝玉京乘紫烟。

下瞰红尘满城郭，空令落日悲黄泉。

丹井丹台查何处，江南江北秋可邻。

片云且就檐下宿，我欲长啸飞青天[②]。

谢自然曾拜南充西充县的程太虚为师，县志载有“谢自然，南充闺女也。贞元三年师事程真人太虚，受仙术”[③]。程太虚曾于多处修道，但几乎都在西充县境内。“程太虚宅，在县东十里，双图山后”[④]，“隐居山，治北十里，上有清泉宫，唐程太虚尝居于此”[⑤]，“南岷山，治南五里，上有九井十三峰，汉何岷隐居处，程太虚修炼于此”[⑥]，“降真寺，在县南十五里，相传唐程

① 嘉庆《四川通志》卷13，爱如生数据库，清嘉庆二十一年木刻本，第3218页。

② 蒋小华，王积厚编：《南充文物旅游揽胜》，成都：四川大学出版社，2003年，第42页。

③ 民国《南充县志》卷10，爱如生数据库，民国十八年刻本，第1783页。

④ 雍正《四川通志》卷26，爱如生数据库，文渊阁《四库全书》本，第4501页。

⑤ 康熙《顺庆府志》，爱如生数据库，清嘉庆二十五年刻本，第81页。

⑥ 同上，第82页。

太虚修炼于此”①，“程太虚墓，在西充县南十里岷山下”②。道教典籍中的程太虚是一位懂得绝谷之术，手持法印，并通晓一些玄幻之术的世外高人。《三洞群仙录》云：

> 《高道传》：程太虚，果州西充人，幼好道，年十五登所居之东山，飘然有凌虚意，寻有五色云霞拥其身。及长，绝粒坐忘，常有二虎随侍出入，师因名之曰“善言”“善行”，乃抚其背而授以三归之戒。二虎跪伏以听，自后呼名则至③。

又云：

> 《仙传拾遗》：程太虚者，果州西充人，潜心高静，居南岷山，绝粒坐忘。一夕迅风拔木，雷电大雨，庭前坎陷之地水犹沸涌，以杖搅之，得碧玉印两纽，用之颇验。每岁远近祈求，或受符箓者诣其门，以印印箓，则受者愈加丰盛，所得财利拯贫救乏，无不称叹④。

《历世真仙体道通鉴》云：

> 宣宗大中十年，有命使自峡入蜀，道由南岷访太虚之祠，谓出门人曰：“去年冬过商山，宿逆旅，出门见岭上花木稍繁，忽忽跻石蹑险，几五六十步。至其下，异花夹道，约一里余。有居第如公馆，青童引入，见一道士，自云姓程名太虚，祖居西充，今憩此已。而留连极勤，厚嘱曰：‘明

---

① 雍正《四川通志》卷28，爱如生数据库，文渊阁《四库全书》本，第4859页。
② 同上，卷29，第4933页。
③ （宋）陈葆光：《三洞群仙录》卷7，第281页。
④ 同上，卷17，第347页。

年君自蜀入岷，无忘访我。’今熟视其像，果与见者无异。”①

综上所述，南充境域是一个充满着仙真传奇及遗迹的洞天之所，仙真们青睐此地并不是一种巧合，此场域必然有某种符合求道之士心中的道教神圣空间的诸多特质，而南充地区浓郁的堪天舆地的历史传统和文化氛围又赋予了这一境域更多的仙界气韵，进一步强化了其空间的神圣性。

二　天文观象的历史传统

在阆中锦屏山公园内，矗立着一座三层塔楼式建筑，此楼名“观星楼”，楼高24米，六角攒尖顶，红墙绿瓦，楼前有嘉陵江水蜿蜒而过，江水对岸即为阆中古城，甚为壮观。观星楼内塑有塑像，他们都是阆中历史上著名的天文学家，其中三楼塑有落下闳像和西汉时任文孙、任文公父子像，二楼塑有三国蜀汉时周舒、周群、周巨祖孙三代像，一楼则是来阆中进行天文观象的袁天罡与李淳风塑像。在一地区内出了这么多知名天文领域大家，在别地是少有的，这主要源于其地观星望象的天文研究的学术传统。

落下闳，西汉武帝时人，《益部耆旧传》曰：“闳字长公，巴郡阆中人也。明晓天文地理，隐于落亭。武帝时，友人同县谯隆荐闳，待诏太史，更作《太初历》。拜侍中，辞不受。”② 可

① （元）赵道一：《历世真仙体道通鉴》卷42，第340页。

② 查有梁：《世界杰出天文学家落下闳》，成都：四川辞书出版社，2001年，第13—14页。

见，落下闳本是一位来自民间的天文学者，对官场仕途之路并不感兴趣，宁愿坚守于自己热爱的天文领域而沉寂一生。落下闳在天文学领域的贡献主要体现在参与制定《太初历》、完善浑天说理论和发明浑天仪三个方面。

图5.30　阆中观星楼

《太初历》的编定是在之前《颛顼历》弊端百出的背景下而展开的，武帝朝，公孙卿、司马迁等上疏，认为“历纪坏废，宜改正朔”，于是武帝下诏改历，唐都、落下闳、邓平等20余人共造。《史记》载：“招至方士唐都，分其天部；而巴落下闳运算转历，然后日辰之度与夏正同。”[①] 可知，《太初历》是一项集体工程，落下闳主要负责“运算转历”部分。当时还提出有其他17种历法方案，经过淳于陵组织评定，最终认为《太初历》优于其他历法，于元封七年（前104）五月公布实行，并改此年年号为太初元年。《太初历》是我国第一部有完整文字记载的历法，是中国历法史上第一次大改革，按照查有梁的观点，较之前历法，《太初历》在以下三个方面取得巨大进步：“第一，

① （汉）司马迁：《史记》，北京：线装书局，2010年，第522页。

在《太初历》中采用了135个月为交食周期。……根据历法可对日食进行预测，同时根据已发生的日食，又可对历法上的'朔望'进行调整。第二，《太初历》在天文观测数据的基础上，进行推算，形成了一个完整的系统。……在时间周期方面，《太初历》确定了'以孟春正月为岁首'的历法制度，使国家历史、政治上的年度与人民生产、生活的年度，协调统一起来，改变秦和汉初'以冬十月到次年九月作为一个政治年度'的历法制度。……在空间周期方面，'落下闳系统'包括了日月及五大行星运行的'空间恒星背景'，即'28宿'。……具体说就是以四组恒星黄昏时在正南方天空出现来定季节。第三，提出了一套'算法'体系，大大促进了中国数学的发展。"①

我国古代关于宇宙形态主要持有三种学说，即盖天说、宣夜说、浑天说。"盖天说"视宇宙与地球的形态为"天圆地方"的关系，认为天如同半球扣在大地之上。"宣夜说"认为宇宙是一个无限延伸的空间，《庄子·逍遥游》曰："天之苍苍其正色邪？其远而无所至极邪？"②"浑天说"早在战国时就有提出，汉落下闳加以完善，它将地球视作一完整的球体，而天也是一球体，包裹在地球之外。张衡在《浑天仪注》中对其阐释说：

> 浑天如鸡子。天体圆如弹丸，地如鸡子中黄，孤居于内，天大而地小。天表里有水，天之包地，犹壳之裹黄。天地各乘气而立，载水而浮。周天三百六十五度四分度之一，又中分之，则一百八十二度八分之五覆地上，一百八十二度

---

① 查有梁：《落下闳的贡献对张衡的影响》，《广西民族大学学报（自然科学版）》2007年第3期。

② 《老子·庄子》，北京：北京出版社，2006年，第173页。

> 八分之五绕地下，故二十八宿半见半隐。其两端谓之南北极。北极乃天之中也，在正北，出地上三十六度。然则北极上规径七十二度，常见不隐。南极天之中也，在南入地三十六度。南极下规七十二度常伏不见。两极相去一百八十二度半强。天转如车毂之运也，周旋无端，其形浑浑，故曰浑天也。①

扬雄评说到："或问浑天。曰：落下闳营之，鲜于妄人度之，耿中丞象之。"② 又有《隋书·天文志》载："汉末，扬子云难盖天八事，以通浑天。"③ 落下闳就是在这一认识架构下对天象进行观测推算的，不得不承认，"浑天说"较"盖天说"更为符合宇宙自然样态，较"宣夜说"更为具体，具有现实可操作性。

落下闳在"浑天说"理论的指引下研制出浑天仪，它是"浑天说"的物化形态，是直观演示天体运行规律的载道之器。浑天仪由浑仪和浑象两部分构成，"浑仪是一观测仪器，内有窥管，又称望管，用以测定昏、旦和夜斗中星以及天体的赤道坐标，也能测定天体的黄道经度和地平坐标。浑象是一个演示性的仪器，在一大球上刻画或镶有星宿、赤道、黄道、恒隐圈、恒显圈等。"④

任文孙、任文公父子为西汉哀帝时人，也为巴郡阆中人士。

① （唐）瞿昙悉达：《开元占经》卷1，爱如生数据库，文渊阁《四库全书》本，第2—3页。

② （汉）扬雄撰，韩敬注：《法言注》卷10，北京：中华书局，1992年，第225页。

③ （唐）魏征：《隋书》，上海：上海古籍出版社，1986年，第3316页。

④ 查有梁：《世界杰出天文学家落下闳》，《中华文化论坛》2002年第1期。

《后汉书·方术列传七十二上》载："任文公，巴郡阆中人也。父文孙，明晓天官风角秘要，文公少修父术，州辟从事。"① 可知，父子二人善于观测天象以预时害。又载：

> 时天大旱，白刺史曰："五月一日当有大水，其变已至，不可救防，宜令吏人豫为其备。"刺史不听，文公独储大船，百姓或闻，颇有为防者。到其日旱烈，文公急命促载，使白刺史，刺史笑之。日将中，天北云起，须臾大雨，至晡时，湔水涌起十余丈，突坏庐舍，所害数千人②。

任氏父子还曾记录有两次日食发生事件，一次是在成帝永始二年（前15），一次是平帝元始元年（公元元年）。

周舒、周群、周巨子孙三代为三国蜀汉巴西阆中人士，周舒"少学术于广汉杨厚"，"数被征，终不诣"，"群少受学于舒，专心候业"③。周群勤于对天象资料的搜集，对发生的灾异之事多有言中，相较前圣落下闳，被蜀人奉为"后圣"。《三国志》载："（群）于庭中作小楼，家富多奴，令奴更直于楼上视天灾，才一见气，即白群，群自上楼观之，不避晨夜。故凡有气候，无不见之者，是以所言多中。"④ 周巨，官博士，"群卒，子巨颇传其术"⑤。

因阆中地区天文观象上浓郁的文化氛围，唐初的袁天罡与李淳风也远赴此地进行天象观测，袁李二人尽管不是阆中本地人，

---

① （南朝宋）范晔：《后汉书》，上海：上海古籍出版社，1986年，第1038页。
② 同上。
③ （晋）陈寿：《三国志》，上海：上海古籍出版社，1986年，第1189页。
④ 同上。
⑤ 同上。

同样被视作阆中地区古代天文学发展史上的代表人物。文献上载，“占星台，在蟠龙山前，唐袁天罡尝于此筑台以占天象，遗址尚存”[1]，“李淳风，知星象，访袁天罡，于蜀曾寓宕渠”[2]，“李淳风识东方七星之精，通玄象，识气候”[3]。不过袁天罡为方外隐逸之士，文献上关于其观象活动及天文成就的记载十分匮乏，李淳风此方面的内容则较为厚实，概而言之，李淳风在中国古代天文学上最大的贡献体现在编制《麟德历》和改进浑天仪两个方面。

唐代《麟德历》实行以前，采用的是道士傅仁均的《戊寅历》，《旧唐书·历志一》载：“高祖受隋禅，傅仁均首陈七事，言戊寅岁时正得上元之首，宜定新历，以符禅代，由是造《戊寅历》。祖孝孙、李淳风立理驳之，仁均条答甚详，故法行于贞观之世。”[4] 因该历推日食不准，疏误日多，自颁行后一直受到李淳风等人的诟病。《新唐书》曰：“贞观初，与傅仁均争历法，议者多附淳风。”[5] 这场争论持续近40年，最后终于被李淳风主持修撰的《麟德历》取代。《全唐文》收录有李治创作的《颁行麟德历诏》文：

> 夫气象初分，乾坤之位斯定；刚柔递运，寒暑之节攸施。而晦朔相循，炎凉再革，归乎推步，方纪岁时。颛顼应期，重黎司天地之职；放勋承统，羲和掌日月之官。屡端之

① 嘉靖《四川总志》卷6，爱如生数据库，明嘉靖刻本，第481页。

② 雍正《四川通志》卷38，爱如生数据库，文渊阁《四库全书》本，第6343页。

③ 《太上洞神五星著宿日月混常经》，《道藏》第11册，第431页。

④ （后晋）刘昫：《旧唐书》，上海：上海古籍出版社，1986年，第3623页。

⑤ （宋）宋祁、欧阳修等：《新唐书》，上海：上海古籍出版社，1986年，第4745页。

> 道无睽，举正之典斯在。洎乎末代，渐至疏阔。邓平之术，既已多乖；朱浮之言，罕能遵用。九章五纪，莫究精微；日次月躔，宁循旧度。朕御天抚历，君临万方，眷言兹道，将恐沦缺。钦若垂化，曷为凭焉，爰命所司，研穷详正。仰稽七曜，傍综五家，去其烦衍，裁以要密。古所未通，今则备载。阴阳之数可测，盈缩之理无愆。改元履初，占考此历。岁唯甲子，得于天正，合朔之后，应以嘉祥。五纬若连珠，二曜若合璧。虽上元致瑞，实增祇愧，而推测所详，固以精悉。气序恒顺，分余弗舛，以授农时，升平可致。昔落下闳造汉历，云后八百岁，当有圣人定之。自火德洎我，年将八百，事合当仁，朕亦何让。宜即宣布，永为昭范，可名曰《麟德历》，起来年行用之①。

《麟德历》自唐麟德二年（665）至开元十六年（728）实行，长达六十余年，《旧唐书》对其评论到："近代精数者，皆以淳风、一行之法，历千古而无差，后人更之，要立异耳，无逾其精密也。"②

李淳风继承完善了落下闳的"浑天说"理论，他在《乙巳占·天数第二》中指出：

> 周天三百六十五度、五百八十二分度之百四十五半。半覆地上，半在地下。其二端谓之南极、北极。北极出地三十六度，南极入地亦三十六度，两极相去一百八十二度半强。

① （清）董诰等编：《全唐文》第1册卷12，北京：中华书局，1983年，第150页。

② （后晋）刘昫：《旧唐书》，上海：上海古籍出版社，1986年，第3623页。

> 绕北极径七十二度，常见不隐，谓之上规；绕南极七十二度，常隐不见，谓之下规；赤道横络，谓之中规①。

进而，李淳风对浑天仪进行了改进，增加了一个“三辰仪”，即赤道、白道、黄道三仪的合称。他说：“汉孝武时，落下闳复造浑天仪，事多疏阙。故贾逵、张衡各有营铸，陆绩、王蕃递加修补。或缀附经星，机应漏水；或孤张规郭，不依日行。推验七曜，并循赤道。今验冬至极南，夏至极北，而赤道当定于中，全无南北之异，以测七曜，岂得其真？”② 如果对浑天仪作浑仪和浑象功能的区分，这次改进可视作浑仪发展史上的第二座里程碑。

南充地区尤其阆中一带成为古代天文研究圣地并不是偶然的，主要出于以下几方面因素。第一，从地理位置上说，这一地区地势高朗，天气清明，为天文观测创造了有利条件。第二，阆中先秦时曾为巴子国国都，汉唐时期为巴西郡首府，经济文化较为发达，并且位于长安与成都之间，信息较为灵通，为天文观象活动提供了必要的物质基础。第三，这一地区属张道陵五斗米道发源地，道教信仰氛围浓郁，道教向来重视“观星望气”之术，讲究“下则镇于人心，上乃参于星宿”③，并由此衍生出道教占星之术，这为南充天文学研究注入了信仰基因。第四，自西汉落下闳参与编制历法以来，其天文领域上取得的建树不断鼓舞激发着后学者，从此，在这一地区开启了天文研究的风尚。

---

① （唐）李淳风：《乙巳占》卷1，爱如生数据库，清《十万卷楼丛书》本，第3页。

② （后晋）刘昫：《旧唐书》，上海：上海古籍出版社，1986年，第3802页。

③ （唐）朱法满：《要修科仪戒律钞》卷10，《道藏》第6册，第966页。

三 察形观势的风水文化氛围

南充地区天文研究的兴盛直接促进了这一地区风水文化的繁荣。我国古代意义上的天文学不同于西方近代分门别类意义上的天文学，它是在“天人合一”思维模式下发展起来的天人之学，认为天事与人事间密切联系且相互作用。《隋书·天文志》曰：“若夫法紫微以居中，拟明堂而布政，依分野而命国，体众星而效官，动必顺时，教不违物，故能成变化之道，合阴阳之妙。爰在庖牺，仰观俯察，谓以天之七曜、二十八星，周于穹圆之度，以丽十二位也。在天成象，示见吉凶。”① 在古代，风水又被称作“堪舆”，东汉许慎对其解释为：“堪，天道；舆，地道。”② 可见，风水之术本来就是一种天地之道。古人将天空划分出不同的区域，这些区域与地面的方国相对应，通过观测星象可以预测其所对应方国的吉凶祸福。郑玄注《周礼·春官宗伯第三》中有云：“保章氏掌天星，以志星、辰、日、月之变动，以观天下之迁，辨其吉凶。以星土辨九州之地，所封封域皆有分星，以观妖祥。”③ 史箴在其《风水典故考略》一文将古代风水术划分为两大系统，其中一个系统是“职‘掌建邦之天神人鬼地祇之礼’的‘春官宗伯’辖官所负责，主要以占星、卜筮、占栻等抉择城市、宫宅、陵墓、宗庙等建筑方位吉凶及兴造时辰”，可知古代天文学及占星术对风水学的影响之大。因此，南充境域内风水

① （唐）魏征：《隋书》，上海：上海古籍出版社，1986 年，第 3315 页。
② （汉）班固：《汉书》，上海：上海古籍出版社，1986 年，第 532 页。
③ 杨天宇：《周礼译注》，上海：上海古籍出版社，2004 年，第 379—380 页。

文化氛围浓郁，在城市、寺观、民宅的设计上多是在风水学理论指导下展开的，前文在舞凤山道观一节已介绍南充城的风水格局，下面着重对阆中古城的风水意涵作番探究。

考察阆中之名，《太平寰宇记》中载："阆中山，其山四合于郡，故曰阆中。"[①]《资治通鉴·汉纪四十二》载："阆水迂曲，经其三面，县居其中，取以名之。"[②] 从中可窥见其名中的山水意象。阆中古城因其完美的山水形局常被世人喻为"阆苑仙境"，杜甫曾盛赞阆中山水，写下《阆山歌》与《阆水歌》诗二首：

阆山歌

阆州城东灵山白，阆州城北玉台碧。
松浮欲尽不尽云，江动将崩未崩石。
那知根无鬼神会，已觉气与嵩华敌。
中原格斗且未归，应结茅斋著青碧。

阆水歌

嘉陵江色何所似？石黛碧玉相因依。
正怜日破浪花出，更复春从沙际归。
巴童荡桨欹侧过，水鸡衔鱼来去飞。
阆中胜事可肠断，阆州城南天下稀[③]。

阆中城周边有众多山系汇聚，最具风水意涵的当属城北的蟠

---

① （宋）乐史：《太平寰宇记》卷86，爱如生数据库，文渊阁《四库全书》补配《古逸丛书》景宋本，第557页。

② （宋）司马光编，（元）胡三省注：《资治通鉴》卷50，北京：中华书局，2013年，第1363页。

③ 查有梁：《世界杰出天文学家落下闳》，成都：四川辞书出版社，2001年，前言。

龙山和城南的锦屏山。蟠龙山处于大巴山山系南端，充当着阆中古城的靠山，阻挡住来自北方的寒风，迎纳着南部的阳光和暖湿气流，使阆中城内的气候温暖宜人。据县志载："蟠龙山，为阆城之镇山也，在县治北三里，蜿蜒磅礴，横阔十余里，西至西岩，东至东岩，皆其旁支。"① 城南的锦屏山相当于风水中的案山，站在锦屏山巅北望可一览阆中古城全貌。《阆中县志》云："锦屏山，在嘉陵江南岸，濒江，石壁陡绝。其上蔓衍处横竖一脊，左平右突，中段微凹，端正峭茜，斫削不能及，盖县治之案山也。每当斜阳倒射，暮霭欲生，自山北望之，诸峰环绕其后，交辉互射，秀绝寰区。"② 袁天罡曾题锦屏"此山磨灭，英灵乃绝"。古代文人多有歌咏。李猷卿作有《南楼诗》：

三面江光抱城郭，四围山势锁烟霞。
马鞍岭上浑如锦，伞盖门前半是花③。

诗中的"马鞍岭"即指锦屏山。陆游作有《游锦屏山谒少陵祠堂》一诗：

城中飞阁连危亭，处处轩窗临锦屏。涉江亲到锦屏上，却望城郭如丹青。虚堂奉祠子杜子，眉宇高寒照江水。古来磨灭知几人，此老至今元不死。山川寂寞客子迷，草木摇落壮士悲。文章垂世自一事，忠义凛凛令人思。夜归沙头雨如

① 王其亨编：《风水理论研究》，天津：天津大学出版社，1992 年，第 50 页。
② 同上。
③ （明）曹学佺：《蜀中广记》第 1 册卷 24，上海：上海古籍出版社，1993 年，第 306 页。

注，北风吹船横半渡。亦知此老愤未平，万窍争号泄悲怒①。

图5.31　阆中古城风水形局（笔者摄）

风水理论认为"吉地不可无水"，"地理之道，山水而已"，"风水之法，得水为上"。嘉陵江流经阆中古城段，以"丽水成垣"和"金城环抱"之势经其三面，使此地生气汇聚于城内，这一水形便是风水中所推崇的吉利水象——眠弓水。另风水理论还认为"山管人丁水管财"，"水深处民多富，浅处民多贫"，而阆中自古为川北重要的商贸中心，不可不归于是嘉陵江的恩惠，《阆中县志》云："阆城当水路之冲，商贾列肆而居，杂致远方货物，色色俱足。"②

阆中古城的中心位置为中天楼所在处。我国古代向来有"尚中"观念，营建中重要殿堂均设置于中位。《荀子·大略》

① （宋）陆游撰，钱仲联校注：《剑南诗稿校注》第1册卷3，上海：上海古籍出版社，1985年，第249页。

② 王其亨编：《风水理论研究》，天津：天津大学出版社，1992年，第57页。

讲："王者必居天下之中，礼也。"① 不仅于此，中天楼还是阆中的风水坐标，正应了风水中的"天心十道"之喻，这里是四方主干道的交会之处，古城的靠山与案山均位其十道线上，城内的府衙、文庙、寺观等重要建筑也围绕中天楼来设置。《地理人子须知·穴法》云：

天心十道者，前后左右四应之山也。穴法得后有盖山，前有照山，左右两畔有夹耳之山，谓之四应登对，盖照夹拱。故以此证穴，不可有一位空缺。凡真穴必有之。点穴之际，须详审，勿使偏脱。才有偏脱，即为失穴，吉地变为凶地。故左右夹耳之山，不可脱前，不可脱后。前后盖照之山，不可偏左，不可偏右，如十字登对为美。《琢玉集》云："发露天机真脉处，十字峰为据。"②

道教与风水中视"东方""南方"为贵方，因此有城市"南门、东门，生方，宜高昂轩朗"③ 之说，所以风水上讲究在东门、南门区域营建衙署、文昌祠、魁星楼、城隍庙、关帝庙、火神庙、财神楼等建筑。阆中古城共开有四门，东西南北各有一门，东门、南门、北门均加筑了瓮城，唯独西门没有，这是由于西门临近嘉陵江空间局促所致。为缓解这种"空间狭小""水患将至"的心理感受，风水上需要做些人为处理，即在西门外增设了阆风亭、石匮阁、王爷庙、铁水铁犀、览胜山房、新鱼翅等地物。其风水意象正如《阳宅会心集》所言："城门者，关系一

① 王天海校释：《荀子校释》，上海：上海古籍出版社，2016 年，第 1035 页。
② （明）徐善继、徐善述撰，郑同点校：《地理人子须知》，北京：华龄出版社，2012 年，第 157 页。
③ 赵建昌：《阆中古城风水旅游文化探讨》，《乐山师范学院学报》2011 年第 2 期。

方居民，不可不辨，总要以迎山接水为主。”[①] 又言：“如有月城者，则以外门收之；无月城者，则于城外建一亭或做一阁以收之。”[②] “月城”即指翁城。通过这一番风水构件，也为阆中增添了“西津晚渡”“石匮凌云”等古阆胜景。

袁天罡与李淳风师徒二人除了在天文学上造诣深厚，也是当时著名的风水大师。据《古今图书集成》载：“唐贞观中，候气者言西南千里外有王气，太宗令人（袁天罡）入蜀，次阆中，果见山气葱蔚，后开破山脉，水流如血，今号‘锯山’，咸亨初尝徙阆中县于此。”[③] 其徒李淳风也于唐高宗显庆元年（656）来到阆中，二人在此共同进行天文观象记录之事。为了更好地观测天象，他们走访了南充各地，最后选在位于阆中城西南二十里外的一座土冈处，这里便是有着“九龙捧圣”形局之称的天宫院所在地。此冈名“圣宝冈”，在其四周有九条山脊，如九条奔驰的巨龙汇聚于圣宝冈。这九座砂山分别是观稼山（玄武山）、团鱼岭（青龙砂）、王家岭（白虎砂）、刘家梁（朱雀砂）、松林坪、回龙山、赵家梁、凤山嘴、葫芦包。袁李二人晚年均活动于此，死后都葬在附近。近世，人们为纪念他们在圣宝冈上建起一座道观，名曰“天宫院”，现有崇圣楼、正殿、观音殿、厢房等建筑，袁天罡与李淳风塑像供于正殿之中。天宫院不仅是袁、李二人的纪念地，也已成为风水文化的物化载体，其所在地名也被命名“天宫乡”，其毗邻的乡镇名原名“淳风乡”，今为柏垭镇。

① 赵建昌：《阆中古城风水旅游文化探讨》，《乐山师范学院学报》2011年第2期。
② 同上。
③ （清）陈梦雷编：《古今图书集成》第11册卷597，北京：中华书局，成都：巴蜀书社，1987年，第13104页。

图 5.32　阆中天宫院

完美的风水形局或许真能对此地区人民的仕途之路产生影响，据统计，历史上四川籍的状元共有 15 人，而阆中地区就占了 4 人，占全川的四分之一强。《阆中县志》载：“自唐初开科至清末废科举，阆中有状元 4 人，进士 115 名，举人 402 人。”① 因此，阆中有“蜀之人物，惟阆为盛，科名之盛，甲于天下”的美誉。巧合的是，这四位状元之名又分别由两家同胞兄弟摘得，他们是唐代的尹枢、尹极和北宋的陈尧叟、陈尧咨，时人赞为“梧桐双凤”“兰桂齐芳”。另陈氏三兄弟还有一人名陈尧佐，为端拱年间进士，其人才华横溢，兼水利专家、诗人、书学家于一身，官至宰相，因此陈氏兄弟被并称为“三陈”。基于此，阆中也被冠以“状元之乡”之名，这一地区留下了不少与之相关的地名，如状元街、解元乡、三陈街、三陈书院、书院街、状元洞、状元牌坊、紫微亭、将相堂、捧砚亭、龙爪滩等。一个地区名人数量的多寡归结为风水未免牵强附会，不过好的风水形局的确反映了此地优良的人居生活环境，这为此地区经济文化的发展

① 汪文忠：《阆中古城地名的文化语言学考察》，《中国地名》2018 年第 5 期。

创造了有利条件，进而又可促进生活于斯的人民的全面和谐发展。

综而论之，南充地区是一个仙真荟萃之境，又有着深厚的天文研究历史底蕴，同时还是一处充满着风水文化氛围的阆苑仙境，而这些特质间并不是各自孤立的存在，而是彼此影响相互促进而建构起来的地域文化模态，这些已成为南充自身的文化资源，也是道教文化地方化的具体体现。

结　语

综上所述，宫观建筑除了作为道教教徒们生活、修炼、传道、举行宗教仪式的场所外，还是道教思想文化的重要载体，从不同视角审视会获得不同收获，可以做如下总结。

从历史的维度审视，道教建筑作为我国古典建筑的一部分，是从我国早期的宫、观、寺、庵、祠、庙等建筑形态发展而来。在佛教东渡和道教创立的时代背景下，推进了道教宫观制度的建立，这一过程大抵经过了早期山中石室→汉末“领户治民”的二十四治→魏晋致诚之所静（靖）室→南北朝时期道观与道馆→隋唐时道教宫观的发展过程，隋唐后道教宫观制度基本定形。需要强调的是，以上各形态道教建筑时间上尽管有着接续关系，但不同时期对道教建筑功能的定位各有不同。例如，早期山中石室主要满足隐逸之士个人修行之用，汉末二十四治更多的则是政教合一式的宗教组织形式，魏晋时静（靖）室是道教信徒用于修炼和斋戒之所，而南北朝时道教馆观，更体现了当权者对道教的承认又管制的态度，所以要建馆以“招揽幽逸”，唐代道教宫观制度基本成形，充当者道士祀神、修炼、居住之用，但一般仅将规模较大且祀老子的道场名之为“宫”，这一点与现在略有不同。关于静室与靖室，以往学术上未作区分，其实两者内涵也稍有区别。“静室”更强调入室修行者“静心入定”状态，通过进入物我两忘之境以达到治病消灾的目的。而“靖室”则赋予入室修行者更多“诚”“恭敬”的品性，并且常常配有一套斋戒仪式和修持程序。与此相类，道观与道馆内涵上也有不同。以“观”为名源于关令尹“以结草为楼，观星望气”之说，而“馆”本义是为来此的宾客提供栖息膳食之处，在此基础上引申为礼待贤人之所，由精舍这一形态而发展为道馆。入唐后，道教宫观经济来源也更加多元化，除了庙产、香火钱和国家资助外，每座宫观都配有一定数量的观户，观户不用向政府缴纳税收，其劳动收入主要用于道教宫观的日常运作。

从道教宫观建筑本身审视，在建筑择址中，是我国古代堪舆理论的具体应用，体现了“天人合一”理念、阴阳五行学说和古代气论思想。具体实践层面，即是对“觅龙”“观水”“辨土”等风水原则的应用。与传统民居建筑不同的是，道教建筑并不太强调“藏风聚气”，而更加追求“山巅之境”的超越，展现出超凡脱俗的仙界气韵。在建筑布局中，秉持“贵中尚和”和“自由灵动”两种不同的布局取向。前者以中轴线来组织各重要殿堂，中轴线两侧置有性质功能相近或互补的建筑，形成一体现等级尊卑的建筑群体系，此布局形态适合那些过去官制性质的道教宫观，典型代表有绵阳三台云台观和南充顺庆老君山道观。后者则跳出礼制规范的束缚，根据地形地势特点来主导殿堂的设置格局，完美地表达出道教的灵动理念，典型代表有绵阳梓潼七曲山大庙和广元旺苍青林山玉皇观。两种不同的建筑布局形态，也揭示了道教“援儒入道”“以道辅儒”的思想旨趣。在建筑单体形制上，又多将深刻的象数玄机融入建筑中，如“天圆地方”“三生万物”“九九归一”等意涵都借助建筑得以体现。审视建筑各细部，道教建筑同古代官制建筑一样，也由台基、屋身、屋顶三部分构成。较官制建筑和礼制建筑不同的是，道教建筑多表现出不拘一格、灵活多变的包容情怀，少了些许威严庄重之感，代之几分活泼灵动之气。这些，从道教建筑的台基、立柱、梁枋、斗拱、雀替、屋檐、脊饰等构件中得到鲜明表现。另外，道教建筑中还透出一股生活气息，从建筑上选用的色彩和纹饰看，往往直接借鉴传统民居的建筑样式，这也说明了川北道教在自明清以后的道教世俗化历史进程中，也迎合了与当地民俗深度融合的历史趋势。

从道教建筑神圣空间角度说，宫观内的神像、壁画、楹联等要素是神圣空间生成的重要显圣物，在此场域下更能够使信众心中升起宗教神圣性之感，更好地揭示出道教的思想义理，达到教化信众从善去恶的目的。并且，塑像、绘画与书法这些艺术形式本来就与道家和道教有着千丝万缕的联系，历史上的著名画家和书法家往往是那些道教中人或崇道人士，如顾恺之、吴道子、张旭、陶弘景、颜真卿、杜光庭、苏轼等。不过，川北道教宫观建筑内的神像、壁画、楹联的整体的艺术水准并不算高，究其原因，当是川北地区的道教宫观多位于较僻静的山区，主要充当着当地居民道教信仰的现实需要，其营建的规模、品质都不能与重要的道教宫观相提并论。尽管如此，它们还是以较为形象、浅显的形式，并与当地民俗特点相结合，达到了传播道教义理和教化世人的功能。从神位的供奉看，川北道教宫观中供奉最多的是慈航真人，排在第二位的是真武大帝，王灵官与财神并列第三，紧随其后的是文昌帝君，而道教中的尊神三清、老子、玉皇大帝等却在以上诸神之后。这反映了当地道教信仰民间化的现状，广大老百姓更青睐那些与自己生活日用相关性更高的神明。川北地区道教建筑还有一大特点，就是历史上这里佛道相争的现象比较突出，表现在道教建筑上，就是佛寺和道观相易、相融的现象很普遍，存在不少佛道混合的寺观，这从道教宫观中道佛神像并立及宫观楹联中大量的“道释联”中也反映出这种佛道融通的现实。道教神像、壁画、楹联又以形象化的方式向人们营造出道教信仰的气场，赋予道教宫观内空间具有了神圣性特质。道教诸神造像神态、服饰、法器、手诀各异，无不彰显着所司神职的特点，使前来瞻仰者们肃然起敬。道教壁画的题材多为对彼岸世界的描绘或是劝世人行善积德，前者更能激发人们对道教信仰的热情，后者则更起到教化世人的目的，较繁琐的道德说教更发挥出实际作用。道教宫观楹联则是整个道教宫观文化品位的点睛之笔，其从书法形态和思想义理两个层面向世人传递出道教的恬淡放达、超凡脱俗、瑰丽多彩。

从宫观史层面看，因川北地区属张道陵创立道教之地，自古就有道教信仰的传统和文化氛围，这一区域不少道教宫观的历史相当久远。例如，广元苍溪云台观自汉末大致经历了汉末云台山治→隋唐凌霄观→宋明永宁观→清后云台观的演变脉络。除了广元苍溪云台观，川北地区以“云台”命名的道观至少还有 3 处，它们是绵阳三台云台观、南充嘉陵云台山道观和广元昭化云台山道观。其中绵阳三台观是四川第二大道教宫观，也是四川最大的真武道场，曾是明代官制道观，自宋绍熙年间营建以来，基址一直在此，后世各殿堂虽多有重建，但基本保持着明以来的建筑格局。据万历十九年郭元翰《云台胜纪》载，当时云台观已有正殿（玄天宫）、中殿、拱宸楼、天一阁、圈洞门（券拱门）、石合门（三合门）等十三重建筑。现今，已无天一阁，拱宸楼已毁，在其原址上建有降魔殿。此道观的不少文物也有幸保存至今，包括明万历四十四年敕谕、明万历《道大藏经》残卷、万历铁钟、太监象笏、清代碑刻、《云台胜纪》墨本等。绵阳七曲山是供奉川内大神文昌帝君的祖庭，大庙经历了从春秋的善板祠→两晋张亚子庙→唐代七曲庙→宋代灵应庙→元代佑文成化庙→明末七曲山太庙→清后七曲山大庙的流变路径。庙宇的变迁实质上也是所奉神明流变的反映，文昌帝君源于梓潼当地的一个小神，大抵经历了从梓树神→蛇神（亚子）→张亚子（主兵革）→文昌帝君（主文运）的流变过程。这一漫长过程中，经历了两大飞跃，第一次为由图腾信仰性质的蛇神依附到了具体人物张育身上，第二次为由文昌星辰信仰依附到了具体人物张亚子身上。通过这两次飞跃，承接了远古先民的万物有灵式信仰，同时又发展了文昌信仰，衍生出丰富多彩的文昌文化。南充舞凤山道观历史上有过多次重建，以每次重建为节点，大致经历了隋唐飞霞洞→五代衍庆宫→宋元衍庆宫→明代衍庆宫→明末文昌宫→清代文昌宫→当代舞凤山道观这一发展过程。在这一过程中，主祀神的角色前后发生了置换，从早期的王君演变为后世的文昌帝君，再到当今的“三清”。在舞凤山道脉的延续过程中，有一些人功不可没，他们是蜀地苟氏父子、前蜀后主王衍、王基后人、何子、马云龙将军、李兆襄偏将军、龚至友道长、吴理剑道长、李荣普先生等。此外，据当地人讲，像绵阳盐亭真常观、广元昭化牛头山道观、广元昭化云台山道观、南充嘉陵乳泉山老君观等道观早在汉代山上就已建有庙子，还有不少宫观始建于隋唐时期，年代也较久远，只可惜这些宫观目前留存下来的实物材料都十分有限，还有待于考古界、宗教界、史学界人士联合，进一步发现新证据以深入探究。

以道教宫观为载体，川北地区的道教文化呈现出鲜明的个性特征，这一地区的道教更大程度上是经民间世俗化改造后的道教，尽管这里有绵阳三台云台观、广元苍溪西武当山真武宫、广元天曌山灵台观、南充高坪凌云山玄天宫、绵阳涪城玉皇观等较大规模的制度化宫观，但大量的道教庙宇则散布于广大乡间地区。当地人对道教神明的信仰与自身生活日用联系在一起，更为大众接受的道教神明并非道教中三清、老子、玉皇大帝等尊神，而是主管财禄和保一方平安的财神、文昌帝君、慈航真人、真武祖师等神明。所做道场并不遵守制度化道教中严格的斋戒科仪，而更加贴近民俗，迎合百姓的心理需求。另外，川北地区素有仙真于此修道的传说和事迹，是充满着仙界气质的洞天福地，如张道陵、葛洪、陈抟老祖、窦子明、谢自然、程太虚、袁天罡、李淳风、尔朱洞、吕洞宾、八仙等都与此地域有着不解之缘。川北地区还是观星望气、堪天舆地氛围浓郁之地，历史上出了不少天文学者和风水大师，如落下闳、任文孙、任文公、谯玄、周舒、周群、周巨、袁天罡、李淳风等，《太初历》、阆中古城、南充城、阆中观星楼、阆中天宫院等就是这种堪天舆地文化下塑造出的物质化形态。值得一提的是，川北的广元地区的道教宫观中供奉真武大帝的明显更多，究其原因，可从地理原因、政治原因和历史原因角度加以解释。广元朝天鱼洞乡的红庙子，是其中最有代表性的，可视为此地区真武信仰的活化石，每年农历三月初三的此地举办的朝山进香香会很有特色。香会从农历二月二十六日开始一直到三月初三，持续七天。香会主要分两大部分，从第一日到三月三凌晨三四时为做道场的时间，最后一日，即三月三日，为开斋上香日。从坛场法事流程看，遵循着的逻辑内涵是：开坛前的准备→请神→迎神→送神，重要的坛场包括：皇经、皇忏、千佛忏、赈济、拜三界、和瘟摄送等。上香日前日的后勤准备开始忙碌起来，其流程是：制蜡→制供果→开乡民大会→进献贡品等。最后上香日的进香流程包括：进香火钱→上香→打卦→烧纸→鸣钟击磬→燃放爆竹等环节。

参考文献

[1] 释道宣. 广弘明集 [M]. 上海：上海书店出版社，1989.

[2] 道藏 [M]. 上海：上海书店出版社，1988.

[3] 许慎撰，汤可敬译注. 说文解字 [M]. 北京：中华书局，2018.

[4] 邹德文，李永芳注解. 尔雅 [M]. 郑州：中州古籍出版社，2013.

[5] 张永祥，肖霞译注. 墨子译注 [M]. 上海：上海古籍出版社，2016.

[6] 黄寿祺，张善文译注. 周易 [M]. 上海：上海古籍出版社，2007.

[7] 陆德明. 经典释文 [M]. 济南：山东友谊书社，1991.

[8] 刘熙撰. 释名 [M]. 北京：中华书局，2016.

[9] 宋敏求. 长安志 [DB/OL]. 爱如生数据库，文渊阁《四库全书》本.

[10] 班固撰，(唐) 颜师古注. 汉书 [M]. 北京：中华书局，1962.

[11] 陈寿撰，(南朝) 裴松之注. 三国志 [M]. 上海：上海古籍出版社，2011.

[12] 司马迁撰. 史记 [M]. 北京：线装书局，2010.

[13] 二十五史 [M]. 上海：上海古籍出版社，1986.

[14] 孔丘编. 诗经 [M]. 北京：北京出版社，2006.

[15] 徐正英，常佩雨译注. 周礼 [M]. 北京：中华书局，2013.

[16] 魏收. 魏书 [M]. 北京：中华书局，2017.

[17] 萧子显. 南齐书 [M]. 北京：中华书局，2017.

[18] 司马光撰，李之亮笺注. 司马温公编年笺注 [M]. 成都：巴蜀书社，2009.

[19] 李史峰编. 四书五经 [M]. 上海：上海辞书出版社，2007.

[20] 胡平生，张萌译注. 礼记 [M]. 北京：中华书局，2017.

[21] 秦蕙田. 五礼通考 [DB/OL]. 爱如生数据库，文渊阁《四库全书》本.

[22] 吕不韦编，刘生良评注. 吕氏春秋 [M]. 北京：商务印书馆，2015.

[23] 葛洪撰，张松辉译注. 抱朴子内篇 [M]. 北京：中华书局，2011.

[24] 刘向撰，王叔岷编. 列仙传校笺 [M]. 北京：中华书局，2007.

[25] 葛洪撰，胡守为校释. 神仙传校释 [M]. 北京：中华书局，2010.

[26] 郦道元. 水经注 [DB/OL]. 爱如生数据库，清武英殿聚珍版丛书本.

[27] 于吉撰，杨寄林译注. 太平经 [M]. 北京：中华书局，2013.

[28] 李昉编. 太平御览 [M]. 北京：中华书局，1985.

[29] 张澍编. 辛氏三秦记 [DB/OL]. 爱如生数据库，清二酉堂丛书本.

[30] 释法琳. 破邪论 [DB/OL]. 爱如生数据库，《大正新修大藏经》本.

[31] 李山译注. 管子 [M]. 北京：中华书局，2009.

[32] 汤用彤. 汉魏两晋南北朝佛教史 [M]. 上海：上海人民出版社，2015.

[33] 费长房. 历代三宝记 [DB/OL]. 爱如生数据库，金刻赵城藏本.

[34] 宋敏求. 长安志 [DB/OL]. 爱如生数据库，文渊阁《四库全书》本.

[35] 陆心源编. 唐文拾遗 [DB/OL]. 爱如生数据库，清光绪刻本.

[36] 王钦若等编纂，周勋初等校订. 册府元龟 [M]. 南京：凤凰出版社，2006.

[37] 周谊等. 道教建筑——神仙道观 [M]. 北京：中国建筑工业出版社，2010.

[38] 胡孚琛. 中华道教大辞典 [M]. 北京：中国社会科学出版社，1995.

[39] 卿希泰，詹石窗. 道教文化新典 [M]. 上海：上海文艺出版社，1999.

[40] 吴保春，盖建民. 道教建筑意境与道教体道行法关系范式考论 [J]. 世界宗教研究，2017.

[41] 李敖编. 周子通书·张载集·二程集 [M]. 天津：天津古籍出版社，2016.

[42] 孟子 [M]. 北京：中华书局，2006.

[43] 郭璞撰，程子和点校. 图解葬书 [M]. 北京：华龄出版社，2015.

[44] 青乌先生等. 黄帝宅经青乌先生葬经葬图青乌绪言 [M]. 台北：新文丰出版公司，1987.

[45] 董仲舒撰，董天工笺注. 春秋繁露笺注 [M]. 上海：华东师范大学出版社，2017.

[46] 管辂撰，一苇点校. 管氏地理指蒙 [M]. 济南：齐鲁书社，2015.

[47] 贾德永译注. 老子 [M]. 上海：生活·读书·新知三联书店，2013.

[48] 黄士毅编，徐时仪，杨艳汇校. 朱子语类汇校 [M]. 上海：上海古籍出版社，2016.

[49] 谢明瑞. 博山篇风水术注评 [M]. 台北：新潮社，2002.

[50] 缪希雍等. 葬图葬经翼青乌绪言山水忠肝集摘要难解二十四篇 [M]. 北京：中华书局，1991.

[51] 慧明居士编. 中国风水一本通 [M]. 西安：陕西师范大学出版社，2011.

[52] 徐善继，徐善述撰，郑同点校. 地理人子须知 [M]. 北京：华龄出版社，2012.

[53] 郭晋纯撰，赵普订，刘基阅，蒋平阶辑，李峰注解. 水龙经 [M]. 海口：海南出版社，2003.

[54] 龙显昭，黄海德编. 巴蜀道教碑文集成 [M]. 成都：四川大学出版社，1997.

[55] 许慎撰，段玉裁注，许惟贤整理. 说文解字注 [M]. 南京：凤凰出版社，2015.

[56] 邬国义，胡果文译注. 国语译注 [M]. 上海：上海古籍出版社，2017.

[57] 杨天宇译注. 周礼译注 [M]. 上海：上海古籍出版社，2016.

[58] 庄周撰，郭象注，成玄英疏. 南华真经注疏 [M]. 北京：中华书局，1998.

[59] 米尔恰·伊利亚德著，王建光译. 神圣与世俗 [M]. 北京：华夏出版社，2002.

[60] 老子·庄子 [M]. 北京：北京出版社，2006.

[61] 刘安编，陈广忠译注. 淮南子译注 [M]. 上海：上海古籍出版社，2016.

[62] 陈才俊译注. 列子 [M]. 北京：海潮出版社，2012.

[63] 陈秉才译注. 韩非子 [M]. 北京：中华书局，2007.

[64] 梁思成. 中国建筑史 [M]. 北京：三联书店，2011.

[65] 左丘明. 左传 [M]. 长春：吉林人民出版社，1996.

[66] 罗哲文. 中国古代建筑 [M]. 上海：上海古籍出版社，2001.

[67] 何宝通. 中国古代建筑及历史演变 [M]. 北京：北京大学出版社，2010.

[68] 潘谷西. 中国建筑史 [M]. 北京：中国建筑工业出版社，2015.

[69] 华业编. 中华千年文萃·赋赏 [M]. 北京：中国长安出版社，2007.

[70] 萧统编，吕延济等注. 六臣注文选 [DB/OL]. 爱如生数据库，《四部丛刊》景宋本.

[71] 萧统编，李善注. 文选 [DB/OL]. 爱如生数据库，胡刻本.

[72] 潘樱. “祥云”是否吉祥如云 [J]. 沈阳大学学报，2010 (1).

[73] 闻一多. 神话与诗 [M]. 长春：吉林人民出版社，2013.

[74] 王其均编. 中国建筑图解词典 [M]. 北京：机械工业出版社，2016.

[75] 李东阳. 怀麓堂集 [DB/OL]. 爱如生数据库，文渊阁《四库全书》本.

[76] 李诫. 营造法式 [DB/OL]. 爱如生数据库，文渊阁《四库全书》本.

[77] 蔡运生. 剑阁鹤鸣山——道教发源地考证 [M]. 剑内资 2016 [007] 号.

[78] 郭元翰编. 云台胜纪墨稿. 现存绵阳三台县文物管理所.

[79] 王宜峨. 道教美术概说 [J]. 中国宗教, 1997 (2).

[80] 咸丰资阳县志 [DB/OL]. 爱如生数据库·中国方志库, 文渊阁《四库全书》本.

[81] 陈寅恪. 陈寅恪史学论文选集 [M]. 上海: 上海古籍出版社, 1992.

[82] 僧祐编, 刘立夫, 魏建中, 胡勇译注. 弘明集 [M]. 北京: 中华书局, 2013.

[83] 王弼撰, 楼宇烈校释. 周易注 [M]. 北京: 中华书局, 2011.

[84] 梁大忠编. 道教圣地广元 [M]. 北京: 中国文史出版社, 2013.

[85] 苏轼. 东坡题跋 [M]. 杭州: 浙江人民美术出版社, 2016.

[86] 王弼注, 楼宇烈校释. 老子道德经注校释 [M]. 北京: 中华书局, 2008.

[87] 汪受宽译注. 孝经译注 [M]. 上海: 上海古籍出版社, 2016.

[88] 刘向编, 姚宏, 鲍彪等注. 战国策 [M]. 上海: 上海古籍出版社, 2015.

[89] 刘向编, 张涛译注. 列女传译注 [M]. 北京: 人民出版社, 2017.

[90] 欧阳询. 艺文聚类 [DB/OL]. 爱如生数据库, 文渊阁《四库全书》本.

[91] 张瑞图校. 新锲类解官样日记故事大全 [DB/OL]. 爱如生数据库·类书, 日本宽文九年覆明万历刊本.

[92] 司马迁撰, 裴骃集解, 司马贞索引, 张守节正义. 史记 [M]. 上海: 上海古籍出版社, 2016.

[93] 孔晁注. 逸周书 [DB/OL]. 爱如生数据库,《四部丛刊》景明嘉靖二十二年本.

[94] 谢肇淛. 五杂组 [DB/OL]. 爱如生数据库, 明万历四十四年潘

膺祉如韦馆刻本.

[95] 刘昭瑞.《老子想尔注》导读与译注 [M]. 南昌: 江西人民出版社, 2012.

[96] 释赞宁. 宋高僧传 [DB/OL]. 爱如生数据库,《大正新修大藏经》本.

[97] 荀卿, 王威威译注. 荀子 [M]. 上海: 生活·读书·新知三联书店, 2014.

[98] 陈鼓应. 黄帝四经今注今译 [M]. 北京: 商务印书馆, 2016.

[99] 包世臣. 艺舟双楫 [DB/OL]. 爱如生数据库, 清道光安吴四种本.

[100] 朱和羹. 临池心解 [M]. 线装书社.

[101] 孙过庭, 姜夔撰, 陈硕评注. 书谱·续书谱 [M]. 杭州: 浙江人民美术出版社, 2012.

[102] 陈澧. 东塾读书记 [DB/OL]. 爱如生数据库, 清光绪刻本.

[103] 卞永誉. 式古堂书画汇考 [DB/OL]. 爱如生数据库, 文渊阁《四库全书》本.

[104] 陈思. 书苑菁华 [DB/OL]. 爱如生数据库, 宋刻本.

[105] 唐顺之. 荆川稗编 [DB/OL]. 爱如生数据库, 宋刻本.

[106] 张怀瓘撰, 云告译注. 张怀瓘书论 [M]. 长沙: 湖南美术出版社, 1997.

[107] 郝经. 陵川集 [DB/OL]. 爱如生数据库, 文渊阁《四库全书》本.

[108] 董诰辑. 全唐文 [DB/OL]. 爱如生数据库, 清嘉庆内府刻本.

[109] 韩愈. 昌黎先生文集 [DB/OL]. 爱如生数据库, 宋蜀本.

[110] 陶宗仪. 书史会要 [DB/OL]. 爱如生数据库, 文渊阁《四库全书》本.

[111] 王锡侯. 书法精言 [DB/OL]. 爱如生数据库, 清刻本.

[112] 刘熙载. 艺概 [DB/OL]. 爱如生数据库，清同治刻古桐书屋六种本.

[113] 孙岳颁. 佩文斋书画谱 [DB/OL]. 爱如生数据库，文渊阁《四库全书》本.

[114] 李星莲. 临池管见 [M]. 线装书社.

[115] 苏轼. 苏文忠公全集 [DB/OL]. 爱如生数据库，明成化本.

[116] 宗白华. 美学与意境 [M]. 南京：江苏凤凰文艺出版社，2017.

[117] 宣和画谱 [DB/OL]. 爱如生数据库，文渊阁《四库全书》本.

[118] 李昉编. 太平广记 [M]. 北京：中华书局，1961.

[119] 宣和书谱 [DB/OL]. 爱如生数据库，文渊阁《四库全书》本.

[120] 苏轼. 东坡志林 [DB/OL]. 爱如生数据库，明刻本.

[121] 陆游，钱仲联校注. 剑南诗稿校注 [M]. 上海：上海古籍出版社，2005.

[122] 蘅塘退士编，李炳勋注译. 唐诗三百首 [M]. 郑州：中州古籍出版社，2017.

[123] 徐岳撰，甄鸾注. 数术记遗 [DB/OL]. 爱如生数据库，明《津逮秘书》本.

[124] 长阿含经 [M]. 北京：宗教文化出版社，1999.

[125] 智旭撰，于德隆点校. 法华经会义 [M]. 北京：线装书局，2016.

[126] 民国新修南充县志 [DB/OL]. 爱如生数据库·中国方志库，民国十八年刻本.

[127] 罗贯中. 三国演义 [M]. 北京：人民文学出版社，1973.

[128] 苍溪县志 [DB/OL]. 爱如生数据库，清乾隆四十八年刻本.

[129] 道光保宁府志 [DB/OL]. 爱如生数据库，清道光二十三年刻本.

[130] 陈国符. 道藏源流考 [M]. 北京：中华书局，2014.

[131] 本山何真人预修碑志序文碑. 现存广元苍溪云台观.

[132] 广元百科全书 [M]. 西安：西安地图出版社，2005.

[133] 重修云台观报销碑. 现存绵阳三台云台观.

[134] 民国三台县志 [DB/OL]. 爱如生数据库，民国二十年铅印本.

[135] 明万历皇帝诏谕. 现存绵阳三台县文物管理所.

[136] 圣观赋碑. 现存绵阳三台云台观.

[137] 毛亨作传，郑玄笺注，孔颖达疏. 毛诗注疏 [DB/OL]. 爱如生数据库，清嘉庆二十年南昌府学重刊宋本《十三经注疏》本.

[138] 道光龙安府志 · 龙安府武备志目录 [DB/OL]. 爱如生数据库，清道光二十二年刻本.

[139] 常璩撰，刘琳校注. 华阳国志新校注 [M]. 成都：四川大学出版社，2015.

[140] 董斯张. 广博物志 [M]. 长沙：岳麓书社，1991.

[141] 胡奇光，方环海译注. 尔雅译注 [M]. 上海：上海古籍出版社，2016.

[142] 咸丰梓潼县志 [DB/OL]. 爱如生数据库，清咸丰八年刊本.

[143] 孙光宪撰，贾二强点校. 北梦琐言 [M]. 北京：中华书局，2002.

[144] 杨铭. 氐族史 [M]. 北京：商务印书馆，2014.

[145] 四库提要著录丛书 · 史部 [M]. 北京：北京出版社，2011.

[146] 计有功编，王仲镛点校. 唐诗纪事校笺 [M]. 成都：巴蜀书社，1989.

[147] 李商隐著，朱鹤龄笺注，田松青点校. 李商隐诗集 [M]. 上海：上海古籍出版社，2015.

[148] 彭遵泗. 蜀故 [DB/OL]. 爱如生数据库，清乾隆刻补修本.

[149] 黄钧，龙华等校点. 全唐诗 [M]. 长沙：岳麓书社，1998.

[150] 高承. 事物纪原 [DB/OL]. 爱如生数据库，明弘治十八年魏氏仁宝堂重刻正统本.

[151] 刘琳，刁忠民，舒大刚，尹波等校点. 宋会要辑稿 [M]. 上海：上海古籍出版社，2014.

[152] 岳珂，吴企明点校. 桯史 [M]. 北京：中华书局，1981.

[153] 臧励龢等编. 中国古今地名大辞典 [M]. 上海：上海书店出版社，2015.

[154] 李民，王健译注. 尚书 [M]. 上海：上海古籍出版社，2016.

[155] 孔丘编，郑玄注，贾公彦疏，彭林整理. 周礼注疏 [M]. 上海：上海古籍出版社，2010.

[156] 司马迁著，王利器主编. 史记注译 [M]. 西安：三秦出版社，1988.

[157] 戴震. 屈原赋戴氏注 [DB/OL]. 爱如生数据库，清乾隆刻本.

[158] 应劭. 风俗通义 [DB/OL]. 爱如生数据库，明万历《两京遗编》本.

[159] 干宝. 搜神记 [DB/OL]. 爱如生数据库，明《津逮秘书》本.

[160] 盖建民. 道教科学思想发凡 [M]. 北京：社会科学文献出版社，2005.

[161] 洪迈撰，何卓点校. 夷坚志 [M]. 北京：中华书局，1981.

[162] 张玉书，陈廷敬，李光地等编. 佩文韵府 [DB/OL]. 爱如生数据库，文渊阁《四库全书》本.

[163] 马廷鸾. 碧梧玩芳集 [DB/OL]. 爱如生数据库，民国《豫章丛书》本.

[164] 蔡绦. 铁围山丛谈 [DB/OL]. 爱如生数据库，清《知不足斋

丛书》本.

[165] 吴自牧. 梦粱录 [DB/OL]. 爱如生数据库, 清《学津讨原》本.

[166] 俞汝楫. 礼部志稿 [DB/OL]. 爱如生数据库, 文渊阁《四库全书》本.

[167] 张希清, 毛佩琦, 李世愉主编. 中国科举制度通史·宋代卷 [M]. 上海: 上海人民出版社, 2017.

[168] 赵尔巽. 清史稿 [DB/OL]. 爱如生数据库, 民国十七年清史馆本.

[169] 张廷玉. 明史 [DB/OL]. 爱如生数据库, 清乾隆武英殿刻本.

[170] 查继佐. 罪惟录 [M]. 杭州: 浙江古籍出版社, 2012.

[171] 彭遵泗. 蜀碧 [DB/OL]. 爱如生数据库, 清指海本.

[172] 吴任臣. 十国春秋 [M]. 北京: 中华书局, 1983.

[173] 来可泓. 国语直解 [M]. 上海: 复旦大学出版社, 2000.

[174] 周建忠, 常威. 《天问》"大鸟何鸣, 夫焉丧厥体"再考释 [J]. 中州学刊, 2014 (1).

[175] 郦道元注, 戴震分篇, 杨应芹校点. 分篇水经注 [M]. 合肥: 黄山书社, 2015.

[176] 周郧初等编. 全唐五代诗 [M]. 西安: 陕西人民出版社, 2014.

[177] 民国台州府志 [DB/OL]. 爱如生数据库·中国方志库, 民国二十五年铅印本.

[178] 中国地方志佛道教文献汇纂·寺观卷 (351) [M]. 北京: 国家图书馆出版社, 2013.

[179] 朝天记胜·朝天区文史资料第六辑 [M]. 2002.

[180] 广元苍溪西武当山山脚刻书.

[181] 蓝勇, 黄权生著. "湖广填四川"与清代四川社会 [M]. 重

庆：西南师范大学出版社，2009.

[182] 红庙子道光碑. 现存广元朝天红庙子.

[183] 红庙子同治碑. 现存广元朝天红庙子.

[184] 红庙子三月三道场七日行持表. 道场师傅提供.

[185] 李远国，刘仲宇，许尚枢著. 道教与民间信仰 [M]. 上海：上海人民出版社，2011.

[186] 王子涵. “神圣空间”的理论建构与文化表征 [J]. 文化遗产，2018 (6).

[187] 陈金华等编. 神圣空间：中古宗教中的空间因素 [M]. 上海：复旦大学出版社，2014.

[188] 中华大藏经 [M]. 北京：中华书局，1993.

[189] 魏征. 隋书 [M]. 北京：中华书局，2019.

[190] 释法琳. 辩正论 [DB/OL]. 爱如生数据库，《大正新修大藏经》本.

[191] 陈垣编，陈智超校补. 道家金石略 [M]. 北京：文物出版社，1988.

[192] 景安宁. 道教全真派宫观、造像与祖师 [M]. 北京：文物出版社，2012.

[193] 贝逸文. 普陀紫竹观音及其东传考略 [J]. 浙江海洋学院学报，2002 (1).

[194] 董绍鹏. 北京先农坛的太岁殿与明清太岁崇拜 [J]. 北京民俗论丛，2019 (1).

[195] 嘉泰会稽志 [DB/OL]. 爱如生数据库，清嘉庆十三年刻本.

[196] 王象之. 舆地纪胜 [M]. 北京：中华书局，1992.

[197] 曹学佺著，刘知渐点校. 蜀中名胜记 [M]. 重庆：重庆出版社，1984.

[198] 遵义府志 [DB/OL]. 爱如生数据库 · 中国方志库，清道光

刻本.

[199] 陈祥裔. 蜀都碎事 [DB/OL]. 爱如生数据库，清康熙漱雪轩刻本.

[200] 吴曾. 能改斋漫录 [M]. 上海：上海古籍出版社，1979.

[201] 刘义庆著，张撝之译注. 世说新语译注 [M]. 上海：上海古籍出版社，2016.

[202] 赵彦卫撰，傅根清点校. 云麓漫钞 [M]. 北京：中华书局，1996.

[203] 杨秋红. "披袍秉笏"杂剧内涵新证 [J]. 北京科技大学学报，2016 (2).

[204] 宗力，刘群著. 中国民间诸神 [M]. 石家庄：河北人民出版社，1986.

[205] 黄河. 元明清水陆画浅说——中 [J]. 佛教文化，2006 (3).

[206] 刘昫. 旧唐书 [DB/OL]. 爱如生数据库，清乾隆武英殿刻本.

[207] 嘉靖四川总志 [DB/OL]. 爱如生数据库，明嘉靖刻本.

[208] 四川文物志 [M]. 成都：巴蜀书社，2005.

[209] 周承瞻. 天师道二十四治之苍溪云台山 [M]. 广元：苍溪县委员会（内部发行），1990.

[210] 陶渊明作，陈庆元编选. 陶渊明集 [M]. 南京：凤凰出版社，2014.

[211] 苏轼作，冯应榴辑注，黄任轲等校点. 苏轼诗集合注 [M]. 上海：上海古籍出版社，2001.

[212] 王充著，张宗祥校注，郑绍昌标点. 论衡校注 [M]. 上海：上海古籍出版社，2013.

[213] 黄怀信. 逸周书汇校集注 [M]. 上海：上海古籍出版社，2007.

[214] 孔子述，陈涛编. 论语 [M]. 昆明：云南人民出版社，2011.

[215] 张泽洪. 川北道教名胜——云台观 [J]. 中国道教, 1991 (1).

[216] 王泗原. 楚辞校释 [M]. 北京: 中华书局, 2014.

[217] 洪兴祖撰, 白化文等点校. 楚辞补注 [M]. 北京: 中华书局, 2015.

[218] 安居香山, 中村璋八辑. 纬书集成 [M]. 石家庄: 河北人民出版社, 1994.

[219] 段成式, 张仲裁译注. 酉阳杂俎 [M]. 北京: 中华书局, 2017.

[220] 任自垣, 卢重华篡. 明代武当山志二种 [M]. 武汉: 湖北人民出版社, 1999.

[221] 民国广元县志 [DB/OL]. 爱如生数据库, 民国二十九年铅印本.

[222] 民国中江县志 [DB/OL]. 爱如生数据库, 民国十九年铅印本.

[223] 杜甫作, 王学泰校点. 杜工部集 [M]. 沈阳: 辽宁教育出版社, 1997.

[224] 中华大典 [M]. 上海: 上海古籍出版社, 2017.

[225] 张士尊. 明代辽东真武庙修建与真武信仰 [J]. 鞍山师范学院, 2009 (3).

[226] 陶澍. 陶澍全集 [M]. 长沙: 岳麓书社, 2017.

[227] 蓝勇, 黄权生著. "湖广填四川"与清代四川社会 [M]. 重庆: 西南师范大学出版社, 2009.

[228] 魏源. 古微堂集 [M]. 北京: 朝华出版社, 2017.

[229] 民国富顺县志 [DB/OL]. 爱如生数据库, 民国二十年刻本.

[230] 杨衒之撰, 周祖谟校释. 洛阳伽蓝记校释 [M]. 北京: 中华书局, 1963.

[231] 程大昌. 演繁露 [DB/OL]. 爱如生数据库, 清《学津讨

原》本.

[232] 雍正四川通志 [DB/OL]. 爱如生数据库，文渊阁《四库全书》本.

[233] 蒋小华，王积厚编. 南充文物旅游揽胜 [M]. 成都：四川大学出版社，2003.

[234] 康熙顺庆府志 [DB/OL]. 爱如生数据库，清嘉庆二十五年刻本.

[235] 褚人获. 坚瓠补集 [DB/OL]. 爱如生数据库.

[236] 民国绵阳县志 [DB/OL]. 爱如生数据库，民国二十一年刻本.

[237] 万历四川总志 [DB/OL]. 爱如生数据库，明万历刻本.

[238] 栾保群编. 中国神怪大辞典 [M]. 北京：人民出版社，2009.

[239] 四部丛刊初编 [M]. 上海：上海书店出版社，1989.

[240] 查有梁. 世界杰出天文学家落下闳 [M]. 成都：四川辞书出版社，2001.

[241] 查有梁. 落下闳的贡献对张衡的影响 [J]. 广西民族大学学报，2007 (3).

[242] 瞿昙悉达. 开元占经 [DB/OL]. 爱如生数据库，文渊阁《四库全书》本.

[243] 扬雄撰，韩敬注. 法言注 [M]. 北京：中华书局，1992.

[244] 查有梁. 世界杰出天文学家落下闳 [J]. 中华文化论坛，2002 (1).

[245] 李淳风. 乙巳占 [DB/OL]. 爱如生数据库，清《十万卷楼丛书》本.

[246] 乐史. 太平寰宇记 [DB/OL]. 爱如生数据库，文渊阁《四库全书》补配《古逸丛书》景宋本.

[247] 司马光编，胡三省注. 资治通鉴 [M]. 北京：中华书局，2013.

[248] 王其亨编. 风水理论研究 [M]. 天津: 天津大学出版社, 1992.

[249] 赵建昌. 阆中古城风水旅游文化探讨 [J]. 乐山师范学院学报, 2011 (2).

[250] 陈梦雷编. 古今图书集成 [M]. 北京: 中华书局, 成都: 巴蜀书社, 1987.

[251] 汪文忠. 阆中古城地名的文化语言学考察 [J]. 中国地名, 2018 (5).

附　录

附录一

(苍溪云台观)白鹤楼记

是观以东，汉天师飞升于峻仙洞之上，踞西坎其地北，故左其址，向离明而开阖焉。昔汉皇纪其年曰“永寿”，盖取飞升之年也。隋唐曰“凌霄”，皇朝赐名“永宁”，详见工部侍郎（下缺）奉诏所撰观记。惟山之形胜，东西十余里，桧柏蓊郁，若苍云碧霭，横出天际，松根、蟠桃，嶙峋峭拔，诚天下之奇观也。

吾师张好瑞，捐橐金创修门楼，直当观之南二百步，以迎合西南冈脉之胜，使群山拱卫，如朝宗之势。落成后，实淳熙九年（1182）九月十二日也，前三日，有鹤东来，集楼基之前桧树上，复远翔碧空，往来数四。越一日，复来有二，朱顶雪羽，徘徊鸣唳，驯而近人。虽不能言，意若有所喻。及当夜静月明，隐隐返西北而去，自此往来以为常，谓此非门楼得灵秀之气，邀天人之祥应也哉！说者每谓为天师降灵，故名曰“白鹤楼”。

由是遐迩敬赞，羽流响应，合力创修天师殿、紫微宫及九皇楼、司命堂，不年余，次第告竣。以鹤之翔集于此，固非人力所能致也。谨纪于石末勒。

大宋庆元十二年三月，道士王惠明撰

注：此据民国《苍溪县志》。王惠明，当为住观道士，其余事迹不祥。云台山，一名天柱山，在县东四十里，半属阆中，张道陵二十四治之一的云台治，相传为张道陵飞升成仙之处，尚有麻姑洞，葛洪读书处。此山汉末当有观，历代续有增修，隋唐谓之“凌霄”，宋代名“永宁”。此为宋庆元二年（1196）增修告竣所刻，文末署为“庆元十二年”，宋宁宗庆元仅六年，疑当为庆元二年。

附录二

（苍溪）云台山记

钱　旆

县行四十里，有山名云台。或曰汉张道陵得道处，或曰葛稚川读书处。其事儒者多不传，往往散见于他说，长老辈或称道不衰。

予登斯山，历平、峻二仙洞，陟松根、蟠桃，诸崖嶙峋峭拔，俯视一切。寻张、葛遗迹，渺不可追。惟烟云竹树，野鸟飞鸣而已，予低徊留之不能去云。既又自思，神仙者，不可方物，况自汉距今，遥遥千百年耶！虽然，以予所闻，山不在高，有仙则名，则斯山异矣。

注：此据民国《苍溪县志》。钱旆，安徽桐城人，清康熙三十四年（1695）以进士任苍溪县令，清正廉洁，有政声，此文当是钱旆任县令时所写。

附录三

（苍溪云台观）本山何真人预修碑志序文

试思圣君得贤臣而国家之太平可保，名山遇志士而四境之清泰可祈。即如观之云台，自古之仙山也，有仙则名，于此证焉。想当年，师徒相传已经数代，立功者固多，得道者不少。迄今世远年湮，传授几希。幸有本山道会师何真人派智元，自幼事奉师长，固已恭敬而温文；中年训诲弟子，居然循循而善诱。本山之庙宇凋残，累加补修；四围之门壁毁坏，叠次辉煌。所以，阆中广福观、苍溪玉皇宫、千佛寺等慕其风微，迎接到山。赎取四面之常业，未化分文；创造几处之功果，那取锱铢。三头四处，披星戴月，各处皆有碑志功果，罔有亏缺。试问其中费用屈指数百千正，不啻大厦四面独木承当。既奉神而兴香灭，复充实而有光辉。一生之心志有余，四方之声誉非常。愿后世徒子法孙，个个宜遵师训，一一克绍前列也。不枉神得土而神益灵，土处山而山益名。所以修塔、立库、勒石、竖碑，以志不忘云尔。

注：此据苍溪县文史资料委员会编写的内部资料《云台山》一书。

图 1

道派之图

清　云台山碑刻

（详见本书第10页）

本山何真人预修碑志序文

清　云台山碑刻

图 2

附录四

（三台云台观）明万历重修云台观碑记

万　安

上真济世之心不一而足，必若一元之发育万物，无处不有，无时不然，而后已。其灵微瑞应，班班可考者启圣录备之矣，至于潜伏阴翊于冥冥中者，又岂笔舌之可殚记哉？

当赵宋时，自武当飞神降精于蜀之玄武县，托迹赵岩者，首结茅于武曲峰，寻建殿讫，即尸解于中，至今遗蜕如生，伏谒者毛发尽竖，无敢怠而弗虔。绍熙间，屡应祈祷，有司请于朝封以“妙济真人”之号。自时厥后，威灵益著，香火益隆。上自王公大人，下至闾阎小子，莫不争先快睹，奔走恐后。论者以为蜀之太和云。

第年岁浸久，不无倾圮之弊。蜀藩承奉正杨旭，尝斋香诣殿，睹兹废坠，有感于中。是夕圣灯现于圣母山，大如车轮，光耀迥异。还以备闻，睿情欣可，赐以白金，俾葺理之。于是鸠工聚材，克日始事，或持其所欲仆，或足其所未完。殿瓦则易以琉璃，楹栋则文以金碧，下及旁堂、便宇、枋牌、碑亭，莫不以次成就。复陶甓瓶石，合门三重，砻石甃甬道直抵殿廉。视诸畴昔，大不侔矣。且山径修阻，不通舟车，较诸平易，力殆数倍。香炉凡五付，三付出于睿恩，二付则承奉正宋景院亨之所施也。柏凡数千株，则承奉赵昌之所植也。

工甫毕，具始末来帝都，以碑记为属。予蜀产者，于蜀之名胜，素喜谈而乐道之，况重以杨侯之请，不记可乎？

谨按，北方七宿成玄武之形，其神乃武当所奉佑圣真君。此之妙济真人，又自彼一体之分化，其神应不合而同，宜矣。吾儒所谓两在故不测者，于此为益信。原其所以然之故，亦在乎尊主庇民，弥灾捍患而已。今杨侯奉敕新此，以为祝釐之所，是亦以上真之心为心也，非忠爱诚敬之至者，畴克尔耶？姑述此以纪岁月，复系之以诗曰：

惟此有神曰元武，赫赫威灵遍寰宇。粤从飞驾至飞乌，戴振元风福西土。四民奠畴若云屯，欲阳则阳雨则雨。理庙特降真人封，烜赫微称冠今古。巍峨大殿倚云开，上去青苍才五尺。迩来三百有余年，粉藻无文嗟木腐。杨侯自是列仙传，充拓君心真内辅。自今百废一朝兴，功在兹山非小补。仰祈圣寿算乾元，上衍遐龄归睿主。

注：此据民国《三台县志·寺观》。云台观，在三台县南百里云台山，旧名佑圣寺，创建于南宋，屡毁于火而屡修。万安，生卒年不详，字循吉，眉山县人，明正统戊辰进士，曾任大学士、内阁首辅，要结近幸，官声甚秽。此碑记当作于云台观创修三合门（1588）后不久。

附录五

（三台云台观）云台山佑圣观碑

罗意辰

盖闻天辟禹余，聿肇三清之祖；化宏元始，实统万炁之归。立空教于混成，郁为道范；树德基于上景，大启玄宗。开创度人莫考，赤明龙汉；至慈御运难稽，缘玉古苔。苟迹象之可明，已缔宗之先昧。然而圆光七十二色，历劫四十亿年。上世得其真修，金绳辅治；至人传其正教，宝箓灵承。于是贝阙珠宫，玉京夙神其缔造；延寿蹄氏，炎汉宏创于经营。爰逮后来，愈崇景仰。斯以镂尘鼲景，鲜窥先觉之崖；玄象假名，庶得幽通之意者乎？况乎元风历畅，旁流震旦之乡；协气潜孚，更化罗提之国。故洞灵得诀飞步升元者，代有人焉。是以藏真之窟，每辉映于山川；寻乐之窝，遂馨升于俎豆。宁封栖隐之地，黄帝筑坛；无为炼性之乡，后主易宅。关门令尹，周缪招饮而成楼；司元通天，左慈升仙而留迹。开辟以后，更仆难终矣。

吾蜀三台县，出南部百里有一山焉，厥名云台，今隶潼郡，古属飞乌。毓秀钟英，裹灵抱异。前环玉水，孕郪雒而注大江；后枕元岗，连越嶲而藩三蜀。右睨少陵怀忠之地，山表望君；左俯董仲读书之台，峰标圣母。苞诸灵迹，是谓祥峰，诚巴蜀之奥区，宜群仙所高会也。宋绍熙间，有真人姓赵字肖庵者，托迹兹区，倚石筑基，缘椒结屋。把麒嶙之电钥，启貙豸之霞关。连三贷于明威，芝餐鼻观；洞穴灵于璚笈，道悟琴心。郭宏新书，金雌记烧丹之地；旌扬故宅，锦帷还炼汞之乡。岂第玉案珠巾，阳炉阴鼎，厥迹犹存也乎？况复洪稽宝诰，敬溯仙源，柱下即广成之身，宣圣实水精之子，未有不灵根夙具而能恁地圆明者也。则羽俗有肖庵真人为玄帝八十三化身，非臆说也。

夫玉源道君之出世，再作刘沅；金粟如来之后身，便为李白。九垓汗漫，庐敖则到处为家；三径萧条，稚川则庭荆不剪。进刚火，退柔符，而道则玄之又玄矣。升紫府，涉红陂，而身又可无不可矣。真卿尸解，不俟卢刀；刘合还丹，但余蝉蜕。宜其神通沕穆，灵及八百余年；羽士褷褷，师同一十三圣也，爰洎明代，肸蚃尤神。翊化灵兴，长民波属。赵炳之气能禁虎，忠孝全生；寿光之法可驱魔，魍魉自搏，以故阁增太乙，蜀蕃则钱出水衡，楼建拱宸，神宗则经颁内府。象笏昭先朝之物，远超带镇金山；凤书颁胜国之纶，岂侈符留天宝。轮焉奂焉，美矣备矣。

洎乎鼎革之初，兵燹尤甚。灾丁陈隧，智井灭波；毒蹈魏冲，江燕巢木。孔明之庙，斫老柏以为薪；文翁之堂，燔丰楹而当燧。独此巍然长峙，寿世则殿比灵光，岂非跃厥式凭，水德之旺于北极也乎？若夫上巳之吉，揆度记辰，士女缤纷，香烟络绎，人然波律，户贡旃檀。出钟磬于林端，胜历十洲之地；沁氤氲于心曲，如参八会之书。良以三元九府之官，诸神尤当统摄；岂弟百戒千仪之众，私淑乃切尊崇属者。

丙戌之春，直突未防，涂隙不戎，灾流赤舌飞空，则焰起虹霓；世换红羊炖风，则霞明蕤盖。无樊英之漱水，任回禄之飞符。斯盖沧海桑田，又度昆明之劫；并非云軿风驭，遇返武当之旌。所幸者薪蒸灼天，而孔子一履，汉高一剑，并长春而不伤也；廊庑焦土，而玄天一宫，茅庵一窟，为阳候之所护也。特以宝慈丹灶，空留瓦砾之间；葛洪轻棺，不作球琳之宝。凡舍负者共枨触焉。于是旁感黎献，上及官属，各输蚨券，用助龙华。抒大愿于丹峰，复崇模于昭德。范寂则古旃手植，树不乞于麻姑；惠超则役鬼兴工，珠无求于王舍。

意辰以戊子赴都入观，寒暑再经；越二年，眂膳还乡，榱题式奂。虽规模稍异，而局度弥间。诚神人之功，亦山岳精灵之所致也。于是首题宫阙，载印流风。众妙门开，听云中之鸣凤；三生石在，数雨后之梅花。梧两株而月鸣，松千龄而风谡。尘有珠而可避，金碧凝辉；瓴合印以成文，琉璃吐晕。岫云晚纳，启朱鸟之七窗；灵雨翻飞，润文鸳之万瓦。步虚声于何处，吹下天风；究意叶之无根，默诠幽化。五百珠吏，好参太上之经；十二琼楼，即是昆仑之圃。萃以无灰之木，壮兹妙有之天。但愿玄羽台郎，须及观形而饮景，即使黄绢均士，亦可选胜而移情。然而道本彊名，得非瓜枣，俗难径化，性别柳桐。失九道之红泉，沉一粟于沧海。望崆峒之咫尺，请业何人；辕大夏以奔驰，祸车载世。年在弱冠，便志升衢；壮犯红涛，愈殷神契。索误渊林之宝，识昧真意之珠。苟青节之能持，岂素书之懈究。证长生于龙峤，欲问刀圭；寻不死之谷神，敬求门户。有志未逮，何日不思，绀宇重新，用识废兴之故；霞门遥畅，便知缘起之端。王子安《玄武山碑》，敢云遴美；陶通明《白门馆记》，庶有同情。

光绪癸巳孟秋

注：此据民国《三台县志 · 文征上》。罗意辰，三台人，光绪举人，曾任河南淇县知县，此碑记作于光绪癸巳年（1893）。

附录六

（三台云台观）重修云台观报销碑

罗意辰

三台县城南有云台山，山巅一观，厥名佑圣。今人皆以山名观，遂号云台观焉。溯观之由，权舆赵宋绍熙间，爰有真人赵肖庵者，结茅兹峰，采金铸玄帝像，因而作玄天宫并拱宸楼。及尸解后，其徒解以为玄帝八十三化身，果屡彰灵应，光宗遂授为妙济真人，于是香火不绝，自宋历元，洎明尤盛。永乐间，奉敕大建宫殿，蜀藩献王，又创修天一阁，遂栋宇云连，甲于蜀北。万历十五年，中江王家麟复捐资培修。三十二年，毁于火。又大发内帑，复还旧制。又两遣内监，颁道经、诸子数百卷。其诏轴二，象笏一，迄今犹存。每年上巳间，商贾士女景从云集，诚吾乡一名胜地也。光绪丙戌上九，复不戒于火，将前殿及拱宸楼毁去，独遗玄天宫及山门内九间房等处。余等目击心悲，志余力歉，于是禀请邑侯，给予示谕、印簿，募化十方，共得五千五百六十贯零。加本山常业僦户押租，共计钱一千八百四十贯零，就本山伐木庀材，又以其根株为薪，及零瓦料等，鬻得钱三百卅贯零。共成钱七千八百卅贯零。于是攻石之工去钱六百八十五贯零，攻木之工去钱二千七十贯零，攻土之工去钱一千三百贯零，攻金之工去钱卅贯零，设色之工去钱四百五十贯零。其余灰、炭、竹、木、麻、草、钉、椿、纸札、什物、零工杂费，以及酒、食、刊碑、刻字等项，又去钱三千二百七十贯零。通共去钱七千八百几十贯零。为胜地壮色，为明圣栖神，毫厘丝忽，不敢滥入私囊，持筹计之，若合符节。自香亭以下，钟楼以内，皆其新建也。首其事者，时则有若罗世仪、梁已山、任开来、程国藩、邱汝南、任树滋、李化南、武含章、李蟠根、程国霖、杨馥国、程国祯。襄其事者，则有龚登甲，本山主持龚至湖、冷理怀、杨明正、赵明亮、任理权、赵至霖、王理金、张理顺、宋宗清、戴宗科、侯宗德、李宗荣、彭宗杨、杨宗恩、万诚章、苏性端；木工滕加伦、唐朝寿、左海亭。石工左茂荣，土工涂安益、夏万清，金工陈德孝，设色王广兴、王真金，皆与有力焉。是役也，肇工于光绪丁亥，越五年始竣，谨识颠末，用告将来。光绪十九年，岁在癸巳嘉平下浣。首事暨众绅粮并住持等公立。戊子科举人、内阁中书、邑人罗意辰书丹。

注：此据《云台观报销碑》，该碑现保存在三台云台观内，见下图。

图 1

图 2

附录七

南充舞凤山衍庆宫碑记

乩　笔

紫府飞霞洞天，昔为神父王君陛下栖真所。王君仙去，故址犹存。百世之下，无能注意。斩蓬棘而聿新之者，尝以世人以谷缗作不经之务。尚孰念王君有奇勋于蜀，神灵在天，英爽不磨，而一为创始，以召神贶哉！

迨蜀民苟氏父子锐意开辟，于是洞天鼎新。而神王显化有地，则予今日显化何子，以竖行祠者，自非父王君之遗意哉？

古郡城在唐为果州，今皇明更名郡曰顺庆也。城北五里许，有山名曰舞凤，特出诸峰，俯窥江浒，势如彩凤回翔，真胜境也。王君倦而憩此，以本郡人王基之子而获弃母，后人感而建祠食报，为不知年，几变迁而神之旺气不泯。岂非人以地灵，地由人显哉！旧有大殿妥王君像，莅之以受享祀，设中小殿，以妥吾祖清河帝、王君二太尊，又名家庆堂。堂右设小祠，妥九天圣母。左稍下，则为五鬼堂，前虚阁数楹，以居奉祭者，诚尽美矣。

独予兄弟，每从王君驰云驭汉，而此山亦数所经历者，无祠以为寓所，宁非缺典乎？予将默募城中好事者，举不便乃已。己巳春，自飞霞洞天，适趋雷杼过者，社令执符道迎，至则公车何子以鸾叩休咎，予不知未来，因不报。察其人，当隶善籍，非恶丑类，遂以祠托之。渠欣欣然领诺，念在速成。

吁，王君得荀子而有洞，予得何子而有祠，前后缘同，古今事一，不其异哉！祠未告成，先属余作文以垂诸坚石，用昭不朽，何子见其远且大欤！因付鸾书篆，表其首末，而何子之德泽，与此山为悠久哉！谨志。

天王隆庆己巳夏

注：此据康熙《顺庆府志》，扶乩人盖托一张姓者，故称“吾祖”云，乩语立碑被保存下来的尚属罕见。

附录八

重修舞凤山文昌宫记

李兆襄

乙未五月，大将军马公奉命镇嘉陵，余从将军为偏将，抵郡。

予等楼橹顾形胜，美哉山川，而城中草木人物皆非矣。越秋，军政稍暇，乃延绅士，进耆老，探诸古迹。相携登舞凤山，绝顶有文昌宫遗址，蓟棘坐阶次，千里皆豁眸焉。山势绵亘如游龙、如惊蛇、如翔凤翩跹、如天马腾踏。右带西溪，明如长练，下则北湖，汪洋十里尽荷香。平原沃野，想见盛时耕夫牧童，渔歌樵唱之境，雉堞隐隐在微茫烟际间。白塔、龙门、栖乐、朱凤诸山，各以其插汉之势，横侧之态，相望争雄而取妍，大江万顷绕城而东之。《志》云：嘉陵奇峰环绕，仙人窟宅斯固未足以尽之也，因历言所锺诸大老，而感治乱兴废之在乎人也。

宋之游仲鸿父子皆大拜，明陈公松谷父子相神宗皇帝，辅少主、摄国政。则大总宪王南岷，太子司直任忠斋，则远绍圣学；慎轩为儒林宗，文冠当时，书法独绝。秉节钺、专征伐，后骑箕报主，忠烈如生。则总督杨斗望，志气才华，铮铮表见者，不下数百人。岂非邦有老成人，固宜其海晏河清哉！

呜呼，今之君子犹有昔之君子乎？使诸先正所旧祀神明之宇，仅借予武人而谋复新之夫？孰为之而令至此，相与欷觑者久之。予乃召工人计其木石砖铁，金漆丹垩，逾年而庙成，后之君子其惕然有思乎？愿诸君子读书明道，深考治乱之原，远取百代古人，近法里闬先正。为臣为子，全忠全孝、登斯堂也，无愧神明。所以防坚冰，保大有，如先正之身系安危，有治无乱，则斯庙可巍然于舞凤山顶矣，讵不有待于后之贤士哉。

注：此据康熙《顺庆府志》。李兆襄，清顺治时南充人，曾为代陈副戎，顺治十三年（1656）重建文昌宫，李兆襄为之记。

附录九

仙云观大业造像题记

（一）

黄法暾

大业六年，太岁庚午，十二月廿八日，三洞道士黄法暾奉为存亡二世，敬造天尊象一龛供养。

（二）

文托生母

大业十年正月八日，女弟子文托生母为儿托生造天尊象一龛，愿生长寿子，福沾存亡，恩被五道供养。

注：此据《金石苑》卷二，以《八琼室金石补正》互校。仙云观，在绵阳市西郊，俗称西山观。随前佛教造像多见，而道教造像罕观，故这里的天尊造像在中国道教造像史上有重要意义。造像时间分别是大业六年（610）与大业十年（614）。

仙云观武德造像题记

文□□

武德二年，太岁己卯，三月八日，三洞弟子文□□敬造天尊像一龛供养。

注：此据民国《绵阳县志·艺文·金石》。记中“武德”《道家金石略》作“至德”，后有陈智超按云：“至德二年为丁酉，非己卯。”据《绵阳县志》云：“原本武德二年，太岁己卯”，“首‘武’字漫灭，为谬妄子刻作‘至’字。考至德年号，前属陈后主，后属唐肃宗，岁甲均非己卯。惟高祖二年为己卯，始建唐基。与大业造像为一石，字体亦相近。”按此造像题石，五十年代初犹存，《绵阳县志》编者亲历所考可从，故此造像年代应为武德二年（619）。

仙云观题记

顿　起

绍圣丁丑仲冬己卯，提点刑狱公事顿起，邀新永川太守文辂同游仙云观。至玉女常，读王助所作汉大夫杨公真像记。巴西主簿岑磁、尉陈升偕行。

注：此据《道家金石略》，此题记实为宋哲宗绍圣四年（1097）四位地方官游仙云观的题名。顿起、文辂、岑磁、陈升事迹俱不详。

附录十

窦圌山东岳庙碑记

朱　樟

圌山之绝顶，有杰阁焉。飞甍四起，层崖高张，要必凭灵爽以为之主宰。山不必神，而神能神之。

山之有岳殿，由来旧矣。其神主东方，判生死，延寿算。龙绵梓剑之民，奔走络绎。当首春时，吹笙鸣钹，婆娑而飨之，日以千百计，而不虞庙之日即于倾圮矣。了然上人住锡有年，病且休矣，行将拂衣而去。予闻而固留之，谓："夫檀那之供养，云水之护持，孰如上人？及今不改修，谁与改修者？"上人辞益力，然而邑宰不能留也。无已，则请诸岳神，则其所以留上人者，必最亲且切。乃上人病果起，年愈高而貌加丰，疑默相然。上人虽欲不改修焉，而不可得已。采木于山，范土为穴，布置岳体，指挥匠石。工将告竣矣，朱门洞启，绛节高居，帝敕云开，鬼呼星遁。而后登绝巘者，若美发之束于簪，而见其髻也。

夫人有不畏人，未有不畏神者。其居家倨傲鲜腆，一入庙而彷徨瞻顾，心震目骇，举生平不可告人之事，皆骈而闯伺之，措身其间，愧恧无地。心望若神之恻然哀怜，脱不测之区，而丐须臾之命者，屡矣。则非山之灵，而神从而灵之，亦非神之必欲灵其山，而乞恩于山者之若或灵之也。上人有徒八岁，能援索飞渡百丈绳桥，捷如猱戏，拔崣崒之峰，登欢喜之岸。则福善祸淫之说，遍告檀越，应无不合掌称赞者，其必以是为普救之津梁也。

功既成，上人乞予序，以勒诸石。予因叙修庙之始末以记之。

注：此据光绪《江油县志·艺文·记》，并以《龙安府志》校之。窦圌山东岳庙，在江油县北。朱樟，字鹿田，浙江钱塘人。清康熙四十六年至五十五年任江油知县。本文作于康熙五十五年（1716）。

附录十一

西充程太虚祠记

马云锦

距城东五里许，地名程村，李唐时隐士程太虚修炼处也。太虚生于隋炀帝朝，避乱栖于南岷之阳，脱化在宪宗元和之四年。厥后以灵显，敕号道济真人。历来往迹，已觅片石书之矣，无多赘。为村有见阙，实据形胜，群峰敞秀，溪水环潆，沆瀣可餐，朝露可漱，真仙居也。

先是，充人或因年不顺成，灾疫时至，投忱默运，其应如响，缘以地处幽僻，人迹鲜至，廊房湫隘，羽士无停，而真人上寝，半属鼯鼪借窟。昔时所称于菟听经，陈宝迎道，玉印星砌者，杳不可睹。只惟兔葵燕麦，摇动春风，殊足动今昔之感耳！

乙亥春，旱魃嘘炎，饥馑洊至，川北诸路辄嗟无雨。考雩鼓而不灵，鞭蜥蜴而不应，人咸患之，佥虑厄毙。于岁乃谓真人遗语，将欲驾八龙之蜿蜒，载云骑之逶迤，复还旧馆。一人扬言百人和应。嗟乎，鹤归华表，地是人非。岂独丁令威之绻怀故国，而真人之不挂念慈肠哉！若夫仙驾所临，呵香鸣奏，灵晔耀光，少女煽风，雨师洒润，有穗之获，较他邑倍多焉。此盖非关造物，实由仙惠也。充邑人士，荷仙鸿祐，乃虔而衷，涤而虑，鸠工庀材，辉煌其琳宇，黝恶其芳檽，且置田若干，以供青云子之具。匪以崇报实，惠依福庇，使人谓上界仙班，有益人国，不沦虚寂。充人报祀，与天无极，即高真之晏然受享，理宜世祚，故敢以镌之石。

注：此据康熙《顺庆府志》，并以《西充县志》校之。马云锦，字时章，号制仙，西充县人，明天启七年（1627）举人。曾为江西南城县知县。程太虚，唐代道士，西充城东五里程村人。因灵显而赐道济真人，并建祠以祀。此文作于明崇祯八年（1635）。

后　记

道教建筑属道教器物层面研究，在本书的写作过程中，除了要参考大量文献，还需前往川北地区进行田野考察。尽管需要花大量时间，但也获得了更多丰富鲜活的材料，如古代碑刻、民间道书、当地传说、建筑择址环境等。田野考察也是一个览胜问道的好机会，不仅自身学术上得以提升，也能从中收获友谊。

本书的写作来自多方的支持和帮助，首先要感谢我的恩师盖建民教授，他对我过去的学习和工作非常了解，为我的研究指明了方向。在写书过程中，恩师提供了多方面的支持，并对论文反复修改。那耳提面命的场景，至今让我怀念。

其次，我要感谢四川大学宗教所的老师们，詹石窗、张泽洪、张钦等教授就本书的篇章结构、目录标题和材料组织方式等问题提出了诸多宝贵意见。

最后，我要感谢我的家人，是你们在理解和帮助，让我在学术的道路上继续前行。

王鲁辛

2021 年 11 月

《儒道释博士论文丛书》已出书目

第一批(1999 **年**)

道教斋醮科仪研究　张泽洪著

道教炼养心理学引论　张　钦著

道教劝善书研究　陈　霞著

道教与神魔小说　苟　波著

净明道研究　黄小石著

第二批(2000 **年**)

神圣礼乐
——正统道教科仪音乐研究　蒲亨强著

魏晋玄学人格美研究　高华平著

明清全真教论稿　王志忠著

佛教与儒教的冲突与融合　彭自强著

经验主义的孔子道德思想及其历史演变　邓思平著

第三批(2001 **年**)

宋元老学研究　刘固盛著

道教内丹学探微　戈国龙著

汉魏六朝道教教育思想研究　汤伟侠著

般若与老庄　蔡　宏著

刘一明修道思想研究　刘　宁著

晚明自我观研究　傅小凡著

第四批(2002 **年**)

近现代以佛摄儒研究　李远杰著

礼宜乐和的文化思想　金尚礼著

生死超越与人间关怀
——神仙信仰在道教与民间的互动　李小光著

近现代居士佛学研究　刘成有著

生命的层级
——冯友兰人生境界说研究　刘东超著

第五批(2003 **年**)

中国佛教僧团发展及其研究　王永会著

实相本体与涅槃境界　余日昌著

斋醮科仪　天师神韵　傅利民著

荷泽宗研究　聂　清著

精神分析与佛学的比较研究　尹　立著

太虚对中国佛教现代化道路的抉择　罗同兵著

终极信仰与多元价值的融通　姚才刚著

第六批(2004 年)

西学东渐与明清实学　李志军著

上清派修道思想研究　张崇富著

北宋《老子》注研究　尹志华著

相国寺

——在唐宋帝国的神圣与凡俗之间　段玉明著

熊十力本体论哲学研究　郭美华著

关于知识的本体论研究

——本质　结构　形态　昌家立著

明代王学研究　鲍世斌著

中国技术思想研究

——古代机械设计与方法　刘克明著

朱熹与《参同契》文本　钦伟刚著

中国律宗思想研究　王建光著

第七批(2005 年)

元代庙学

——无法割舍的儒学教育链　胡　务著

牟宗三"道德的形而上学"研究　闵仕君著

隋唐五代道教美学思想研究　李　裴著

宋元道教易学初探　章伟文著

杜光庭《道德真经广圣义》的道教哲学研究　金兑勇著

天台判教论　韩焕忠著

杜光庭道教小说研究　罗争鸣著

魏源思想探析　李素平著

泰州学派新论　季芳桐著

《文子》成书及其思想　葛刚岩著

傅金铨内丹思想研究　谢正强著

第八批(2006 年)

汉末魏晋南北朝道教戒律规范研究　伍成泉著

两性关系本乎阴阳

——先秦儒家、道家经典中的性别意识研究　贺璋瑢著

陈撄宁与道教文化的现代转型　刘延刚著

扬雄《法言》思想研究　郭君铭著

《周易禅解》研究　谢金良著

明清道教与戏剧研究　李　艳著

王弼易学解经体例探源　尹锡珉著

唐代道教管理制度研究　林西朗著

四念处研究　哈　磊著

天人之际的理学新诠释

——王夫之《读四书大全说》思想研究　周　兵著

第九批(2007 年)

晚明狂禅思潮与文学思想研究　赵　伟著

先秦儒家孝道研究　王长坤著

致良知论

——王阳明去恶思想研究　胡永中著

伍守阳内丹思想研究　丁常春著

贝叶上的傣族文明
——云南德宏南传上座部佛教社会考察研究　吴之清著

朱子论“曾点气象”研究　田智忠著

二十世纪中国道教学术的新开展　傅凤英著

道教与基督教生态思想比较研究　毛丽娅著

汉晋文学中的《庄子》接受　杨　柳著

马祖道一禅法思想研究　邱　环著

道教自然观研究　赵　芃著

第十批(2008年)

王船山礼学思想研究　陈力祥著

王船山美学基础
——以身体观和诠释学为进路的考察　韩振华著

马来西亚华人佛教信仰研究　白玉国著

《管子》哲学思想研究　张连伟著

东晋佛教思想与文学研究　释慧莲著

北宋禅宗思想及其渊源　土屋太祐著

早期道教教职研究　丁　强著

隋唐五代道教诗歌的审美管窥　田晓膺著

道教与明清文人画研究　张明学著

道教戒律研究　唐　怡著

第十一批(2009年)

驯服自我
——王常月修道思想研究　朱展炎著

道经图像研究　许宜兰著

阳明学与佛道关系研究　刘　聪著

清代净土宗著述研究　于海波著

宗教律法与社会秩序
——以道教戒律为例的研究　刘绍云著

老子及其遗著研究
——关于战国楚简《老子》、《太一生水》、《恒先》的考察　谭宝刚著

汉唐道教修炼方式与道教女性观之变化研究　岳齐琼著

宋元三教融合与道教发展研究　杨　军著

都市佛寺的社会交换研究　肖尧中著

早期天台学对唯识古学的吸收与抉择　刘朝霞著

第十二批(2010年)

道教社会伦理思想之研究　何立芳著

印度佛教净土思想研究　汪志强著

社会转型下的宗教与健康关系研究　冯小林著

教化与工夫
——工夫论视域中的阳明心学系统　陈多旭著
心性灵明之阶
——早期全真道情欲论思想研究　刘　恒著
中古道书语言研究　冯利华著
近现代禅净合流研究　许　颖著
永明延寿心学研究　田青青著
中国传统社会宗教的世俗化研究
——以金元时期全真教社会思想与传播为个案　夏当英著
成玄英《庄子疏》研究　崔珍哲著

第十三批(2011年)
道医陶弘景研究　刘永霞著
汉代内学
——纬书思想通论　任蜜林著
一心与圆教
——永明延寿思想研究　杨文斌著
三教关系视野中的陈景元思想研究　隋思喜著
蒙文通道学思想研究　罗映光著
敦煌本《太玄真一本际经》思想研究　黄崑威著
总持之智
——太虚大师研究　丁小平著
明清民间宗教思想研究
——以神灵观为中心　刘雄峰著
东晋宋齐梁陈比丘尼研究　唐　嘉著
《贞观政要》治道研究　杨　琪著

第十四批(2012年)
老子八十一化图研究　胡春涛著
马一浮思想研究　李国红著
《老子》思想溯源　刘鹤丹著
“仙佛合宗”修道思想研究　卢笑迎著
方东美论道家思想　施保国著
湛甘泉哲学思想研究　王文娟著
仪式的建构与表达
——滇南建水祭孔仪式的文化与记忆　曾　黎著
智旭佛学易哲学研究　张韶宇著
悟道·修道·弘道
——丘处机道论及其历史地位　赵玉玲著
隋唐道教与习俗　周　波著

第十五批(2013年)
庄子哲学的后现代解读　郭继明著
法藏圆融之“理”研究　孙业成著
汉传佛教寺院经济演变研究　于　飞著
魏晋南北朝社会生活与道教文化　刘　志著

中古道官制度研究　刘康乐著

金元道教信仰与图像表现
　——以永乐宫壁画为中心
　　刘　科著

元代道教戏剧研究　廖　敏著

明代灵济道派研究　王福梅著

中国宗教的慈善参与新发展
　及机制研究　明世法著

两晋南北朝时期河陇佛教
　地理研究　杨发鹏著

第十六批(2014年)

道教气论学说研究　路永照著

历史中的镜像——论晚明
　僧人视域中的《庄子》　周黄琴著

从玄解到证悟——论中土
　佛理诗之发展演变　张君梅著

回归诚明——李翱《复性书》
　研究　韩丽华著

图像与信仰——中古中国
　维摩诘变相研究　肖建军著

中国道教经籍在十九世纪
　英语世界的译介研究　俞森林著

四川道教宫观建筑艺术研究
　　李星丽著

道与艺——《庄子》的哲学、
　美学思想与文学艺术　胡晓薇著

李光地易学思想研究　冯静武著

显隐哲学视域中的文艺
　审美　杨继勇著

第十七批(2015年)

赞宁《宋高僧传》研究　杨志飞著

自我与圣域——现代性
　视野中的唐君毅哲学　胡　岩著

明代道教文化与社会生活
　　寇凤凯著

道教医世思想溯源　杨　洋著

近代以来中国佛教慈善事
　业研究　李湖江著

现代性和中国佛耶关系
　(1911—1949)　周晓微著

西域佛教演变研究　彭无情著

藏族古典寓言小说研究
　　觉乃·云才让著

藏传佛教判教研究　何杰峰著

藏彝走廊北部地区藏传
　佛教寺院研究　李顺庆著

第十八批(2016年)

重庆华岩寺佛教仪式音乐
　与传承　陈　芳著

明末清初临济宗圆悟、法
　藏纷争始末考论　吕真观著

《文子》思想研究　姜李勤著

汉末至五代道教书法美学
　研究　沈　路著

佛教传统的价值重估与重建

——太虚与印顺判教
思想研究　邓莉雅著
边缘与归属:道教认同的
文化史考察　郭硕知著
道教时日禁忌探源　廖　宇著
清代清修内丹思想比较
研究——以柳华阳、闵
一得、黄元吉为对象　张　涛著
闵一得研究　陈　云著

第十九批(2017年)

中医运气学说与道教关
系研究　金　权著
《道枢》研究　张　阳著
全真教制初探　高丽杨著
道教师道思想研究　孙瑞雪著
生命哲学视域下的道教
服食研究　徐　刚著
"真心观"与宋元明文艺
思想研究　曹　磊著
礼法与天理:朱熹《家礼》
思想研究　彭卫民著
儒佛融摄视野下的马一
浮、熊十力思想
比较研究　王　毓著
道教与书法关系研究　阳志辉著
近代城市宫观与地方
社会——以杭州玉
皇山福星观为中心　郭　峰著

第二十批(2018年)

法相唯识学认知思想研究
石文山著
禅观影像论　史　文著
早期道教经韵授度体系
研究　陈文安著
明清禅宗"牧牛诗组"之
研究　林孟蓉著
道教内外丹关系研究　盖　菲著
先秦道家人性论研究　周　耿著
王弼易学研究
——以体用论为中心　张二平著
究天人之际
——从《尚书》上探儒
家本色　黄靖雅著
上阳子陈致虚生平及思想
研究　周　冶著

第二十一批(2019年)

《春秋》纬与汉代思想世界
王小明著
道教与唐前志怪小说专题
研究　徐胜男著
康有为、梁启超与谭嗣同佛
教思想研究　赵建华著
先秦儒道本体论研究　王先亮著
张万福与唐初道教仪式
的形成　田　禾著

“三纲九目”:朱子《小学》思想研究 徐国明著

先秦儒家天命鬼神观研究 胡静静著

汉末道教的“真道”观及其展开——基于《太平经》《老子想尔注》《周易参同契》的研究 孙功进著

道德与解脱:中晚明士人对儒家生死问题的辩论与诠释 刘琳娜著

王阳明与其及门四大弟子的情论研究 张翅飞著

大道鸿烈——《淮南子》汉代黄老新“道治”思想研究 高 旭著

第二十二批(2020年)

元代理学与社会 朱 军著

《晏子春秋》研究 袁 青著

明代寺院经济研究 周上群著

《老子指归》的哲学研究 袁永飞著

南宋士人笔记中的宋代道士形象研究 武清旸著

唐玄宗道儒佛思想研究——以注疏三经为中心 王玲霞著

陈景元美学思想研究 罗崇蓉著

敦煌本《大乘百法明门论》注疏研究 张 磊著

川北地区道教宫观建筑思想及历史文化研究 王鲁辛著

德国巴伐利亚州立图书馆藏三类金门瑶经书抄本研究 肖 习著

图书在版编目（CIP）数据

川北地区道教宫观建筑思想及历史文化研究/
王鲁辛著．—成都：巴蜀书社，2021.12
（儒道释博士论文丛书）
ISBN 978-7-5531-1586-3

Ⅰ.①川… Ⅱ.①王… Ⅲ.①道教—宗教建筑—建筑艺术—研究—四川②道教史—四川 Ⅳ.①TU—098.3
②B959.2

中国版本图书馆 CIP 数据核字（2021）第 244599 号

川北地区道教宫观建筑思想及历史文化研究
CHUANBEI DIQU DAOJIAO GONGGUAN JIANZHU SIXIANG JI LISHI WENHUA YANJIU
王鲁辛 著

责任编辑 陈 礼
出　　版 巴蜀书社
成都市槐树街 2 号 邮编 610031
总编室电话：(028) 86259397
网　　址 www.bsbook.com
发　　行 巴蜀书社
发行科电话：(028) 86259422 86259423
经　　销 新华书店
印　　刷 四川宏丰印务有限公司
电话：(028) 85726655 13689082673
版　　次 2021 年 12 月第 1 版
印　　次 2021 年 12 月第 1 次印刷
成品尺寸 203mm×140mm
印　　张 15.625
字　　数 400 千字
书　　号 ISBN 978-7-5531-1586-3
定　　价 78.00 元